大学本科教材·计算机教学丛书

Visual Basic 程序设计

主　编　张银霞

参编者　张银霞　迟立颖　耿　蕊

　　　　刘　明　廉佐政　刘　玲

　　　　孙海涛

主　审　邓文新

北京航空航天大学出版社

内 容 简 介

本书是根据教育部高等学校计算机科学与技术教学指导委员会编制的《关于进一步加强高等学校计算机基础教学的意见暨计算机基础课程教学基本要求》中的 Visual Basic 程序设计大纲编写的，内容涵盖了 Visual Basic 6.0 集成开发环境、VB 语言基础、VB 流程控制、常用控件、数组、过程、界面设计、文件等内容。此外，为了让读者更好地了解 Visual Basic 的数据处理能力，增加了数据库部分。在内容的处理上，结合大量的实例由浅入深、循序渐进地进行阐述，并附有丰富的习题。

本书既可以作为高校本科学生的教材，又可以作为社会相关领域的培训教材，还可以作为有一定自学能力的自学教程。

图书在版编目(CIP)数据

Visual Basic 程序设计/张银霞主编. —北京：北京航空航天大学出版社，2008.2

ISBN 978-7-81124-292-8

Ⅰ.V… Ⅱ.张… Ⅲ.BASIC 语言—程序设计 Ⅳ.TP312

中国版本图书馆 CIP 数据核字(2008)第 003708 号

Visual Basic 程序设计

张银霞 主编

邓文新 主审

责任编辑 许传安

*

北京航空航天大学出版社出版发行

北京市海淀区学院路 37 号(100083) 发行部电话：010-82317024 传真：010-82328026

http://www.buaapress.com.cn E-mail：bhpress@263.net

涿州市新华印刷有限公司印装 各地书店经销

*

开本：787×1092 1/16 印张：16.75 字数：429 千字

2008 年 2 月第 1 版 2011 年 1 月第 3 次印刷 印数：5 601~7 600 册

ISBN 978-7-81124-292-8 定价：26.00 元

总　前　言

随着科学技术、文化、教育、经济和社会的发展，计算机教学进入了我国历史上最火热的年代，欣欣向荣。就计算机专业而言，全国开办计算机本科专业的院校在2004年之初有505所，到2006年已经发展到771所。另外，在全国高校中的非计算机专业，包括理工农医以及文科(文史哲法教、经管、文艺)等专业，按各自专业的培养目标都融入了计算机课程的教学。过去出版界出版了一大批计算机教学方面的各类教材，满足了一定时期的需求，但是还不能完全适应计算机教学深化改革的要求。

面对《国家科学技术中长期发展纲要(2006年—2020年)》制订的信息技术发展目标，计算机教学也要随之进行改革，以便提高培养质量。教学要改革，教材建设必须跟上。面对各层次、各类型的学校和各类型的专业都要开设计算机课程，就应有多样化的教材，以适应各专业教学的需要。北京航空航天大学出版社是以出版高等教育教材为主的，愿对计算机教学的教材建设做出贡献。

为计算机类教材的出版，北京航空航天大学出版社成立了"大学本科教材・计算机教学丛书"编审委员会。出版计算机教材，得到了北京航空航天大学计算机学院的大力支持。该院有三位教育部高等学校计算机科学与技术教学指导委员会(下称教指委)的成员参加编审委员会的工作。其他成员是北京航空航天大学、北京交通大学等6所院校和中科院计算技术研究所对计算机教育有研究的教指委成员、专家、学者和出版社的领导。

我们组织编写、出版计算机课程教材，以大多数高校实际状况为基点，使其在现有基础上能提高一步，追求符合大多数高校本科教学适用为目标。按照教指委制订的计算机科学与技术本科专业规范和计算机基础课教学基本要求的精神，我们组织身居教学第一线，具有教学实践经验的教师进行编写。在出书品种和内容上，面对两个方面的教学：一是计算机专业本科教学，包括计算机导论、计算机专业技术基础课、计算机专业课等；二是非计算机专业的计算机基础课程的本科教学，包括理工农医类、文史哲法教类、经管类、艺术类等的计算机课程。

教材的编写注重以下几点。

1. 基础性。具有基础知识和基本理论，以使学生在专业发展上具有潜力，便于适应社会的需求。

2. 先进性。融入计算机科学与技术发展的新成果；瞄准计算机科学与技术发展的新方向，内容应具有前瞻性。这样，以使学生扩展视野，以便与科技、社会发展的脉络同步。

3. 实用性。一是适应教学的需求；二是理论与实践相结合，以使学生掌握实用技术。

编写、出版的教材能否适应教学改革的需求，只有师生在教与学的实践中做出评价，我们期望得到师生的批评和指正。

"大学本科教材・计算机教学丛书"
编审委员会

“大学本科教材·计算机教学丛书”
编审委员会成员

前 言

Visual Basic 是 Microsoft 公司开发的可视化软件开发工具，具有简单易学、灵活高效、功能强大等特点，是 Windows 环境下优秀的程序设计工具之一，因此，近年来诸多高校已将其作为程序设计的入门语言。

本书是具有丰富教学经验的教师，根据教育部高等学校计算机科学与技术教学指导委员会编制的《关于进一步加强高等学校计算机基础教学的意见暨计算机基础课程教学基本要求》中的 Visual Basic 程序设计大纲编写的，共分 9 章，其中 1 至 8 章是大纲范围的内容；第 1 章以一个简单实例介绍 Visual Basic 6.0 的集成开发环境以及程序设计的基本步骤；第 2 章详细介绍 VB 的数据类型、常量、变量、表达式和函数等基础语法知识；第 3 章介绍利用顺序结构、分支结构和循环结构的语句进行结构化程序设计的方法；第 4 章介绍 VB 中常用控件的主要属性、方法和事件以及利用常用控件设计程序的方法；第 5 章介绍利用静态数组、动态数组、控件数组、自定义类型数组进行程序设计的方法；第 6 章介绍 VB 中过程的设计方法；第 7 章介绍 VB 的界面设计，包括对话框、菜单、工具栏和状态栏、RichTextBox、多重窗体和多文档界面等内容；第 8 章介绍利用 VB 文件进行程序设计的方法；第 9 章通过一个综合实例介绍利用 VB 提供的 Data、ADO Data 等控件开发数据库应用程序的基本方法。

文中侧重基础知识讲解、基本应用能力的训练，具有通俗易懂、实例丰富、实用性强等特点。

全书由张银霞任主编，参编者有张银霞、迟立颖、耿　蕊、刘　明、廉佐政、刘　玲和孙海涛。其中张银霞、孙海涛负责第 1、5 章编写，迟立颖负责第 4、7 章编写，耿　蕊负责第 8 章编写，刘　明负责第 2、3 章编写，廉佐政负责第 9 章编写，刘　玲负责第 6 章编写，邓文新教授审校了全书，并提出了宝贵意见。

由于编者水平有限，书中疏漏之处，衷心希望广大读者不吝赐教。

编　者

2007 年 12 月

目 录

第 1 章 Visual Basic 程序设计概述

Visual Basic(简称 VB)是一种可视化的面向对象的编程工具。它提供了大量的可视化控件,用户可以方便地借助这些控件来组织程序结构。因为 Visual Basic 具有程序结构框架代码自动生成功能,用户只须适当地在框架中添加部分程序代码,即可设计出界面美观、实用可靠的 Windows 应用程序。

本章首先介绍程序设计语言的分类、Visual Basic 的发展概况、Visual Basic 的集成开发环境(IDE),然后以一个简单的应用程序为例,介绍 VB 应用程序的开发步骤以及 VB 面向对象的基本概念。

1.1 程序设计语言

程序设计语言是人与计算机交流的工具。计算机中运行的各种软件均是由各类程序设计语言编制而成的。编制程序的过程就如同使用某种自然语言写作文一样,不过这个“作文”要按照某种程序设计语言的语法编写,并且要在计算机上运行。因此,要编程必须学习程序设计语言。不同的程序设计语言适合编写不同类别的程序,自从程序设计语言诞生到现在,已经出现了上百种,按特点基本可以分为以下三类。

1.1.1 面向机器的语言

面向机器(machine oriented)的语言是与机器相关的,用户必须熟悉计算机的内部结构及其对应的指令序列才可以使用。面向机器的语言又分为两类:机器语言和汇编语言。

机器语言是以二进制代码组成的机器指令集合。这种语言编制的程序运行效率极高,但程序很不直观,编写很简单的功能就需要大量代码,重用性差,而且编写效率较低,很容易出错。

汇编语言比机器语言直观。它用助记符代替二进制代码,编程工作相对机器语言简化,使用起来方便了很多,错误也相对减少;但不同指令集的机器仍使用不同的汇编语言,程序重用性也很低。

1.1.2 面向过程的语言

开发现代应用程序多数都是使用高级语言。高级语言是与机器不相关的一类程序设计语言,比较接近人类的自然语言,因此,使用高级语言开发的程序可读性较好,便于维护。同时,由于高级语言并不直接和硬件相关,其编制出来的程序的移植性和重用性较好。

高级语言又分为面向过程的语言和面向对象的语言两种。

所谓面向过程(procedure oriented)的程序设计就是以要解决的问题为核心,分析问题中所涉及的数据及数据之间的逻辑关系(数据结构),进而确定解决问题的方法(算法)。因此,面向过程的程序设计语言注重高质量的数据结构和算法，研究采用什么样的数据结构描述问题，以及采用什么样的算法高效地解决问题。由于面向过程的程序设计语言是以要解决的问题为核心编程，因此如果问题稍微发生改变，就需要重新编写程序。在 20 世纪 70 年代和 80 年代，大多数流行的高级语言都是面向过程的程序设计语言，如 Basic、Fortran、Pascal 和 C 等。

1.1.3 面向对象的语言

面向对象(object oriented)的基本思想就是以一种更接近人类一般思维的方式去看待世界，把世界上的任何一个个体都看成是一个对象，每个对象都有自己的特点，并以自己的方式做事，不同对象之间存在着交往，因此构成了大千世界，而世界上的对象又分为不同的类别。面向对象的程序设计就是通过定义类来描述自然界中的类别。类具有继承性和多态性，通过创建类的对象模拟自然界中的对象，对象的特点就是它的属性，而对象能做的事就是它的方法。这样的机制可以很方便地实现代码重用，提高了程序的重复使用能力和开发效率。常见的面向对象的程序设计语言包括 Visual Basic、Delphi、C++和 Java 等。

1.2 Visual Basic 的发展及特点

Visual Basic 是 1991 年美国微软公司推出的基于 BASIC 语言的软件开发工具。它是一种面向对象的可视化编程语言。其中，Visual 指的是可视的，是开发图形用户界面(GUI)的方法。它不需要编写大量代码去描述界面元素的外观和位置，只要把预先建立好的对象拖放到屏幕上相应的位置即可。Basic 指的是 BASIC(Beginners All - Purpose Symbolic Instruction Code)语言，它是一种在计算机技术发展史上应用最为广泛的语言。

1.2.1 Visual Basic 的版本

自从 1991 年 Visual Basic 1.0 诞生以来，其版本不断改进，1992 年推出 2.0 版，1993 年推出 3.0 版，1995 年推出 4.0 版。这些版本只有英文版。从 1997 年的 5.0 版开始，推出了相应的中文版，方便中国用户学习；到 1998 年出现了 Visual Basic 6.0 版本；2002 年跨入. net 时代，出现了 Visual Basic. net 2002；之后出现 Visual Basic. net 2003；现在的版本为 Visual Basic. net 2005。

鉴于 Visual Basic 6.0 的功能强大，简单易学，因此本书选用 Visual Basic 6.0 作为开发环境。Visual Basic 6.0 又分为三个版本：学习版、专业版和企业版。三种版本所适合的用户不同，以满足不同的开发需要。学习版适用于普通学习者及大多数使用 Visual Basic 开发一般 Windows 应用程序的人员；专业版适用于计算机专业开发人员，包括了学习版的全部功能以及 Internet 控件开发工具之类的高级特性；企业版除包含专业版全部的内容外，还有自动化构件管理器等工具，使得专业编程人员能够开发功能强大的组内分布式应用程序。本书使用的是 Visual Basic 6.0 企业版。

1.2.2 Visual Basic 的特点

Visual Basic 是一种面向对象的可视化的程序设计语言，既适合于应用软件的开发，也可用于开发系统软件。其具体特点如下：

1. 面向对象的可视化程序设计

VB 提供的大量的可视化设计工具，在程序的界面设计中，用户只须根据设计要求，借助这些工具在屏幕上安放相应的控件对象，并设置这些对象的属性即可。这种“所见即所得”的方式简单易学，非常方便。

2. 事件驱动的编程机制

VB 是通过事件驱动来执行程序的，用户不必考虑程序执行的过程顺序，只要设计出当某一事件发生时要执行的代码即可。这大大提高了编程效率。

3. 结构化程序设计语言

VB 是由子程序、函数实现结构化的程序设计的，采用顺序结构、分支结构、循环结构的语句来表达程序流程。

4. 开放的数据库功能

VB 系统具有很强的数据库管理功能。利用数据控件和数据库管理窗口，可以直接建立或处理 Microsoft Access 格式的数据库，同时 VB 提供开放式数据连接（Open DataBase Connectivity，即 ODBC）功能，可通过直接访问或建立连接的方式使用，并操作后台大型网络数据库，如 SQL Server，Oracle 等。

5. 多媒体功能

VB 采用对象的链接与嵌入（Object Linking and Embedded，即 OLE）技术，将每个应用程序都看作是一个对象，将不同的对象链接起来，再嵌入到某个应用程序中，从而可以得到具有声音、影像、图像、动画、文字等各种信息的集合式的文件；此外借助媒体控制接口 MCI（Media Control Interface），通过调用 Windows 的 API 函数，可以实现强大的多媒体功能。

6. 网络支持功能

VB 提供了大量的 AcitveX 控件，其中包括许多创建超客户端 Internet 应用的构造模块，能够提供 SMTP 和 POP 邮件服务、FTP、NewsGroup 和 Web 访问等功能。此外，利用 OLE 也可以实现 Web 访问的自动化。

7. 调用其他语言程序

VB 是一种高级程序设计语言，不具备低级语言的功能；但它可以通过动态链接库（Dynamic Linking Library，即 DLL）技术将 C/C＋＋或汇编语言编写的程序加入到 VB 应用程序中，可以像调用内部函数一样调用其他语言编写的函数。

8. 完善的联机帮助

在安装 VB 时，最好同时安装 MSDN 帮助系统。该系统提供了强大的帮助功能，用户在程序设计过程中可随时获得详细的帮助。

1.3　Visual Basic 的集成开发环境（IDE）简介

Visual Basic 6.0 采用微软典型的集成开发环境（Integrated Develop Environment，简称 IDE）。该环境将代码编辑、代码生成、界面设计、调试、编译等功能集成于一体，具有操作简单，方便易学的特点。

启动 Visual Basic 6.0 的集成开发环境，可以从 Windows 2000/XP 的【开始】菜单中选择

【程序】|【Microsoft Visual Basic 6.0 中文版】|【Microsoft Visual Basic 6.0 中文版】。启动 Visual Basic6.0 后，会出现如图 1-1 所示的对话框，可以在此对话框中选择对应的应用程序类型，例如选择【标准 EXE】之后，进入如图 1-2 所示的集成环境主界面。集成环境主界面由主窗口、窗体窗口、工程资源管理器窗口、属性窗口、窗体布局窗口等组成。

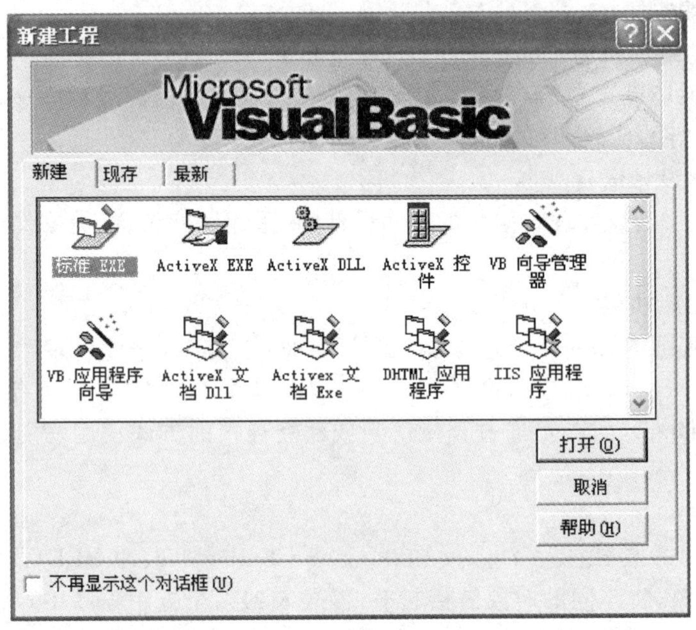

图 1-1 【新建工程】对话框

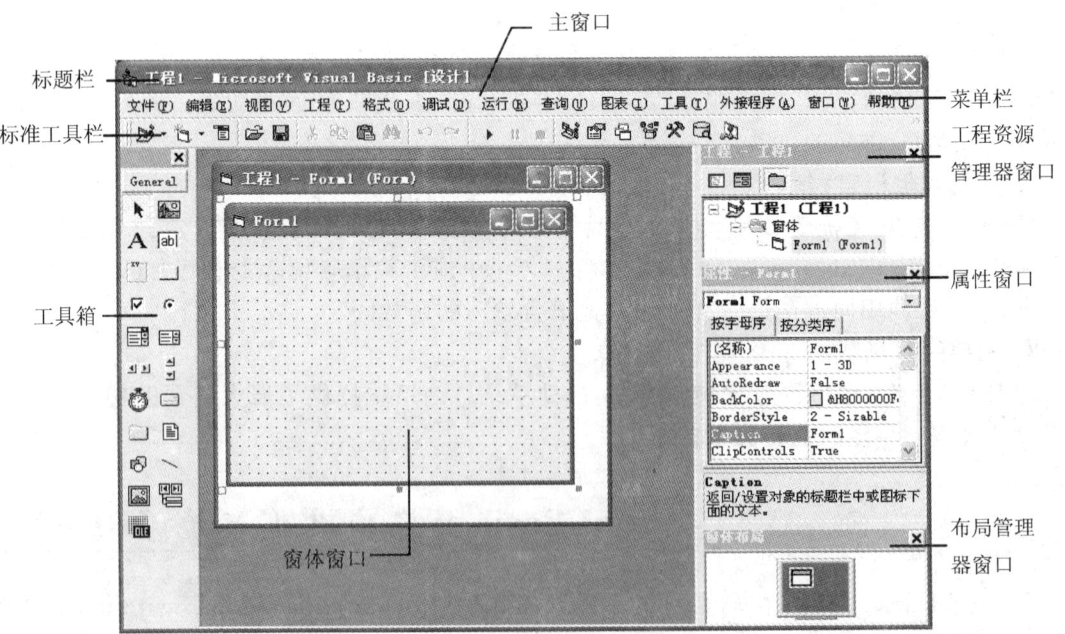

图 1-2 Visual Basic 6.0 的集成开发环境界面

当需要退出 Visual Basic 时，可以关闭 Visual Basic 集成环境窗口，或通过【文件】菜单的

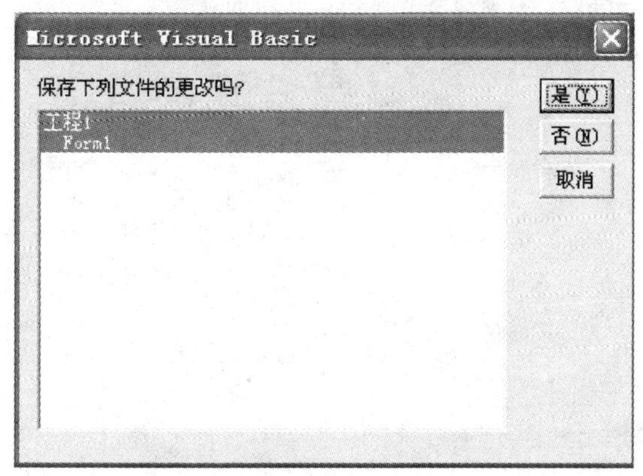

图 1-3 【保存文件】询问对话框

【退出】菜单命令。如果当前程序已修改过,并且没有存盘,系统将显示一个对话框,如图 1-3 所示,询问用户是否保存更改,此时选择【是】按钮则保存,选择【否】按钮则不保存。

1.3.1 主窗口

VB 的主窗口位于屏幕的顶部,包括标题栏、菜单栏、工具栏三部分。

1. 标题栏

显示当前工程的名称和状态等信息,例如,工程 1 - Microsoft Visual Basic[设计],表示当前工程名称为"工程 1",方括号中的"设计"说明当前程序处于设计状态,当程序进入其他状态时,方括号中的文字将作相应的变化。

VB 程序共有三种工作状态,也称为工作模式:1) 设计模式,可以进行用户界面的设计和代码的编写,来完成应用程序的开发;2) 运行模式,表示应用程序正在运行,这时不可以编辑界面和代码;3) 中断模式,表示应用程序运行暂时中断,这时可以编辑代码,但不可以编辑界面。

2. 菜单栏

VB 的菜单栏包含 13 个菜单,用于管理应用程序的设计、管理 VB 窗口界面、配置 VB 环境、获得在线帮助等。具体功能如下:

1) 文件:创建、打开、保存、工程文件、保存窗体文件、生成可执行文件、显示最近访问的工程文件。

2) 编辑:输入、修改和查找程序源代码。

3) 视图:控制显示集成开发环境的各个功能窗口和工具。

4) 工程:向工程添加或删除窗体、模块等对象。

5) 格式:设置窗体控件的大小、对齐方式、位置、间距等格式。

6) 调试:实现程序的调试和查错等功能。

7) 运行:实现程序的启动、中断和停止等功能。

8) 查询:用于数据库表的查询及相关操作。

9) 图表:使用户能够用可视化的手段来表示表及其相互关系,而且可以创建和修改应用程序所包含的数据库对象。

10) 工具:向工程中添加过程、菜单、设置过程属性,以及定制集成环境。

11) 外接程序:为工程增加或删除外接程序。

12) 窗口:用于屏幕窗口的层叠、平铺等布局以及列出所有已打开的文档窗口。

13) 帮助:帮助用户系统地学习和掌握 VB 的使用方法。

3. 工具栏

VB 工具栏中提供了许多快捷按钮,用户可以通过这些按钮实现菜单中的对应功能,VB 启动后,默认出现的是标准工具栏,如图 1-4 所示。除标准工具栏外,VB 还包括编辑、窗体编辑器、调试等工具栏，用户可以通过【视图】菜单中的【工具栏】菜单项添加和取消。

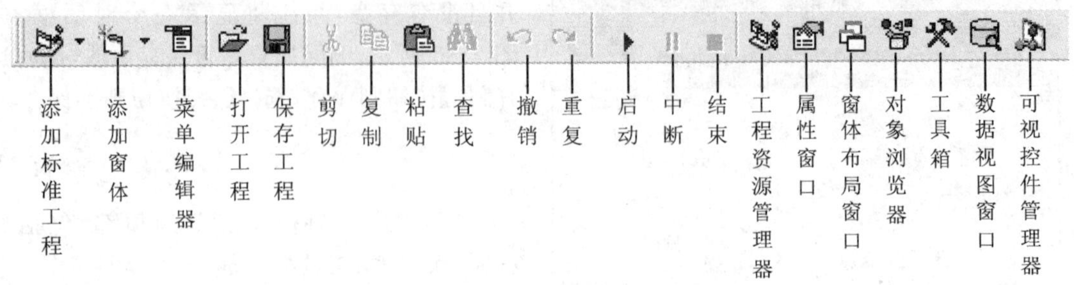

图 1-4　标准工具栏

1.3.2　工具箱

工具箱提供了开发 VB 应用程序的各种控件。其上的每个图标对应一类控件，利用这些图标，用户可以在窗体上设计各种控件。

工具箱只能在设计状态下显示；在运行状态下，工具箱会自动隐藏。在设计状态下，当单击【工具箱】的关闭按钮可以使其隐藏，使用【视图】菜单的【工具箱】菜单命令可以使其显示。

1.3.3　窗体窗口

窗体是开发 VB 程序的工作区，用户可以将各种控件按设计需要放入窗体，构造程序界面。窗体是程序开发时的界面，也是程序运行时的界面。

一个工程中可以包含一个或多个窗体。每个窗体必须有一个唯一的窗体名字，建立窗体时的默认名为 Form1，Form2 等。

在设计状态下窗体是可见的，窗体上布满了网格，窗体的网格点间距可以通过单击【工具】菜单的【选项】菜单命令，在【通用】选项卡的【窗体设置网格】中输入【宽度】和【高度】来改变。运行状态下，窗体的网格始终不显示。当在设计状态下窗体窗口关闭后，可以通过【视图】菜单的【对象窗口】菜单命令使其显示。

1.3.4　工程资源管理器窗口

一个 VB 应用程序通常对应一个工程。工程文件的扩展名为. VBP，每个工程中可能用到不同的文件。工程资源管理器用来管理工程中相关的文件。VB 工程中可以包含以下三种类型的文件：窗体文件(. frm 文件)、标准模块文件(. bas 文件)和类模块文件(. cls 文件)，其中窗体文件存储窗体上使用的所有控件对象(包括窗体)及其相关属性、对象的事件过程以及程序代码；标准模块文件存放所有模块级变量和用户自定义的通用过程；类模块文件用于存放用户自定义的类。工程资源管理器采用树形层次结构显示各类文件，如图 1-5 所示。一个应用程序至少包含一个窗体文件。

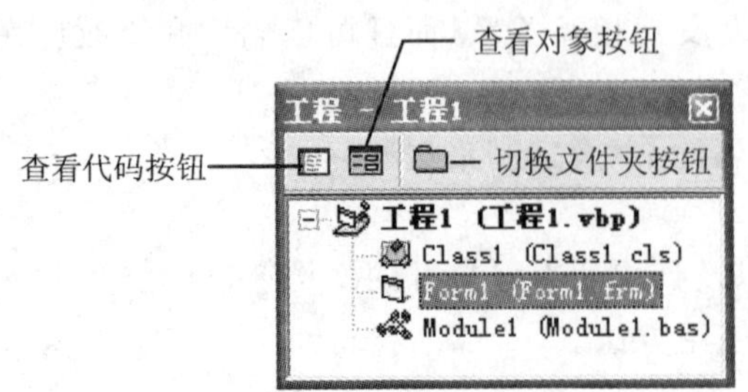

图 1-5　工程资源管理器

工程资源管理器窗口中面有 3 个按钮，分别为：查看代码按钮、查看对象按钮和切换文件夹按钮。查看代码按钮用于切换到选定文件的代码窗口，进行代码的显示和编辑；查看对象按钮用于切换到窗体窗口，进行对象的显示和编辑；切换文件夹按钮用于切换工程中的文件的显示方式。工程中的文件包括文件夹树形结构和文件树形结构两种显示方式。

工程资源管理器窗口关闭后，可以通过【视图】菜单中的【工程资源管理器】菜单命令使其显示。

1.3.5　属性窗口

用于设置程序中各个控件对象的属性值，例如标题（Caption）、字体（Font）、高度（Height）、宽度（Width）等。如图 1－6 所示，属性窗口由对象选择下拉列表框、属性排序选项卡、属性设置列表框、属性说明区组成。对象选择列表框用于选取当前窗体中要设置属性的对象，用户可以通过单击其右边的下拉按钮，打开选定窗体所含对象的列表，从中进行选取；属性排序选项卡包括“按字母序”和“按分类序”两个选项，控制属性按字母顺序或按分类顺序排列显示；属性设置列表框中左侧是属性名称，右侧是属性值，用户可以选定某一属性，然后对该属性值进行设置或修改；属性说明区显示当前选中属性的作用。

属性窗口关闭后，可以通过【视图】菜单中的【属性窗口】菜单项使其显示。

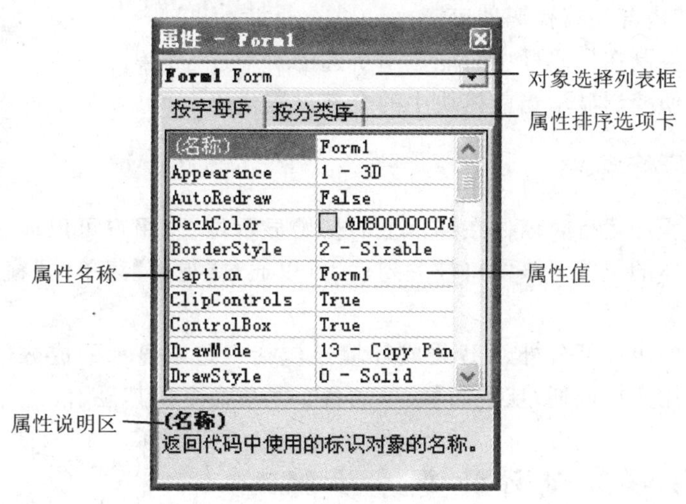

图 1－6　属性窗口

1.3.6　代码窗口

代码窗口是进行程序设计的窗口，可以显示和编辑程序代码。每个窗体或模块都有一个单独的代码编辑窗口，打开代码窗口有以下 3 种方法：

1）从工程资源管理器窗口中选择一个窗体或模块，并单击【查看代码】按钮；

2）在窗体窗口中双击一个控件或窗体本身；

3）从【视图】菜单中选择【代码窗口】菜单命令。

如图 1－7 所示，代码窗口主要由对象下拉列表框、过程下拉列表框、代码框、过程查看按钮和全模块查看按钮组成。

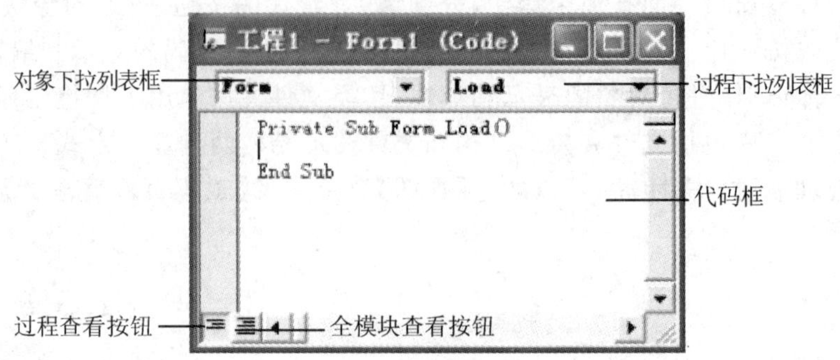

图 1-7　代码窗口

对象下拉列表框用于选择要编写代码的对象名称，可以单击右边的下拉按钮，来显示此窗体中的对象列表，并进行选择，其中【通用】表示与特定对象无关的通用代码，一般在此声明模块级变量或编写自定义过程。

过程下拉列表框用于确定所选对象的事件过程名称或用户自定义的过程名称，可以单击右边的下拉按钮，在展开的下拉列表中选择过程名称，其中【声明】表示声明模块级变量。

代码框用于输入程序代码。当用户选择了对象及过程名称后，在代码框中会出现过程框架，用户只需在框架内部编写代码即可。

过程查看按钮控制在代码框中只能显示所选的一个过程代码。

全模块查看按钮控制显示当前模块中的全部过程代码。

1.3.7　窗体布局窗口

用于控制应用程序运行时窗体在屏幕上的初始显示位置，用户可以通过鼠标拖拽该窗口中的小方框改变窗体的位置。该窗口被关闭后，可以通过【视图】菜单的【窗体布局窗口】菜单命令使其显示。

除了以上介绍的组成部分外，VB 集成环境还包括一些未显示的成分，比如立即窗口、本地窗口、调色板等，用户可以通过【视图】菜单的各个菜单命令使其显示。

1.4　VB 程序设计的基本步骤

使用 VB 设计应用程序一般包括以下几个步骤：设计用户界面，添加程序代码，调试运行程序，保存文件，生成可执行文件。下面通过一个简单的实例说明程序设计的基本步骤。

当该程序运行时，在窗口中设有三个按钮，当用户单击【显示】按钮时，在窗口上显示【欢迎学习 Visual Basic 程序设计!】；单击【清除】按钮时，窗口上显示的内容消失；单击【关闭】按钮，窗口关闭，退出程序。

1.4.1　设计用户界面

1. 建立一个新工程

创建一个应用程序必定对应一个工程文件，因此首先要建立一个新工程。启动 VB 后，会自动建立一个新工程，其默认的名称为“工程 1”，也可以使用【文件】菜单的【新建工程】菜单命

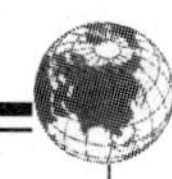

令建立一个新工程。

2. 创建窗体

窗体是程序运行的界面。在 VB 启动后，在工程内部会自动生成一个空白窗体，用户也可以使用【工程】菜单的【添加窗体】菜单命令添加一个新窗体。

创建窗体后，可以通过属性窗口设置该窗体的外观。

本程序的窗体属性设置如下：设置窗体的标题，在属性窗口中找到 Caption（标题）属性，将其内容改为【程序举例】；设置窗体的大小，将 Width（宽度）属性设为 5000，将 Height（高度）属性设为 3000，窗体效果如图 1-8 所示。

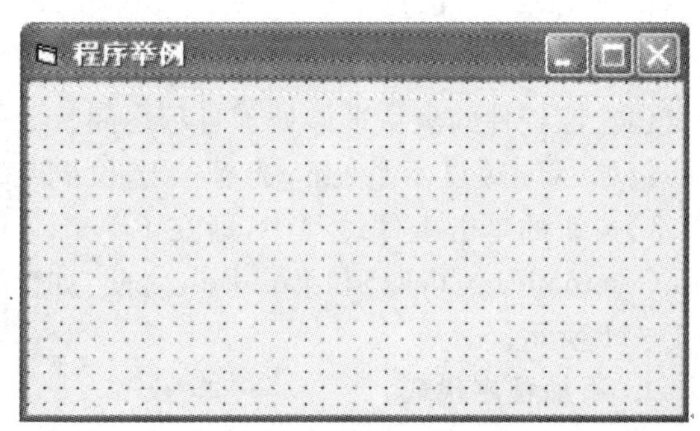

图 1-8　新建的窗体界面

3. 放置控件

单击工具箱中的控件图标，此时控件图标凹下，鼠标指针变成一个十字指针，然后在窗体适当位置拖动鼠标，即可将控件放置在窗体中。控件的添加也可以通过在工具箱中双击控件图标实现。

例如，首先单击工具箱中的 Command Button（命令按钮）图标，然后在窗体的适当位置按下鼠标左键拖动，即可将 Command1 按钮放入窗体。若觉得位置不满意，可以在按钮上单击，选中该按钮（周围将出现小黑点），然后将其拖到适当的位置，用户也可以通过拖拽按钮四周的小黑点调整其大小。

用同样的方法，再将两个命令按钮控件和一个 Label（标签）控件放在窗体中。要想使三个按钮大小相同，水平对齐并且间距一致，可以先选中三个按钮，然后选择【格式】菜单中的【统一尺寸|两者都相同】、【对齐|底端对齐】、【水平间距|相同间距】等菜单命令实现，如图 1-9 所示。

4. 设置控件属性

单击窗体中的控件，再到属性窗口中设置该控件的各种属性。

例如，单击控件 Command1，在属性窗口中找到 Caption（标题）属性，将其改为【显示】，找到 Font（字体）属性，将其设为四号隶书。

用同样方法，将另外两个按钮的 Caption 属性分别设置为【清除】和【关闭】，字体均为四号隶书，将 Label1 控件的 Caption 特性设置为空，字体为四号宋体，效果如图 1-10 所示。

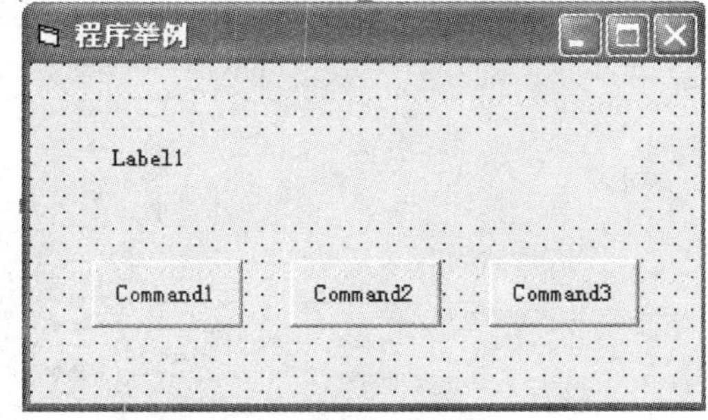

图 1-9　放置控件后的窗体界面

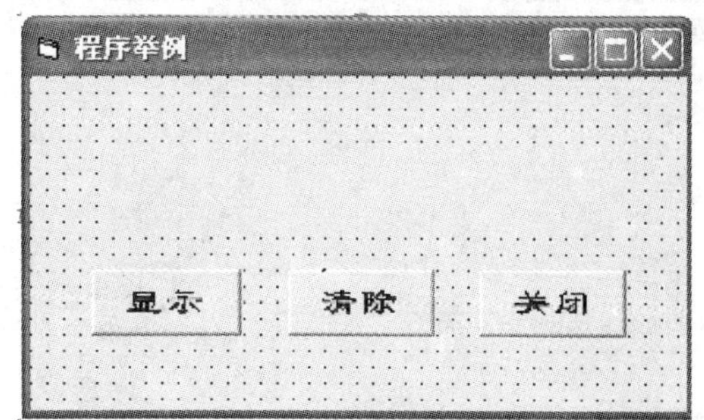

图 1-10　设置控件属性后的窗体界面

1.4.2 添加程序代码

窗体上放置的各个控件，必须经过添加事件处理过程，才能接受用户的各种操作。VB 的大部分控件都有默认的事件过程(VB 自动生成的程序框架)，但是事件过程的中间是空的，等待用户来添加具体的程序代码，具体方法如下。

1. 定位事件过程

双击窗体中的控件，可激活代码窗口，光标定位在该控件的默认事件处理过程之间。

例如，双击【显示】按钮，光标会定位到【显示】按钮的单击事件过程中，即在 Private Sub Command1_Click()和 End Sub 之间，如图 1 - 11 所示。

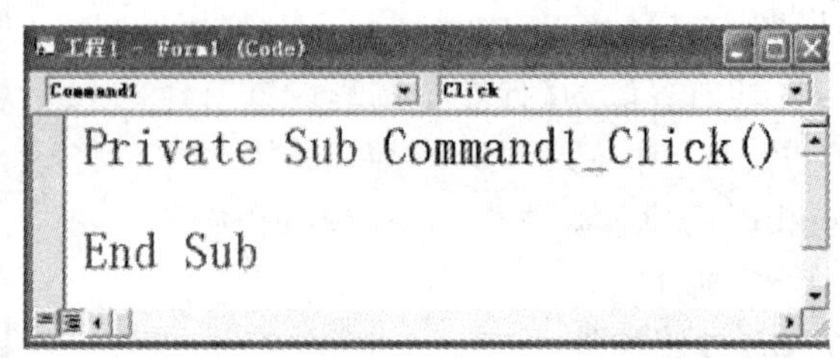

图 1 - 11 Command1_Click( )事件窗口

2. 添加程序代码

在光标出现的位置输入事件的实现代码。

例如，【显示】按钮的单击事件处理代码为

```
Label1.Caption = "欢迎您学习 Visual Basic!"
```

用同样的方法，添加【清除】按钮的单击事件过程代码为

```
Label1.Caption = " "
```

添加【关闭】按钮的单击事件过程代码为

```
End
```

1.4.3 保存文件

在编制程序过程中，要注意及时存盘，VB 应用程序一般是由多个文件构成的，主要包括工程文件(.vbp)、窗体文件(.frm)、模块文件(.bas)等。

要保存前面的程序，可以单击【文件】菜单中的【保存工程】菜单命令，首先出现如图 1 - 12 所示的文件另存为对话框，提示保存窗体文件。在该对话框中可以选择保存位置和窗体文件名。当输入窗体名称“1 - 1”，单击【保存】按钮后，出现如图 1 - 13 所示的【工程另存为】对话框，在此输入工程名称“1 - 1”后，文件保存完毕。

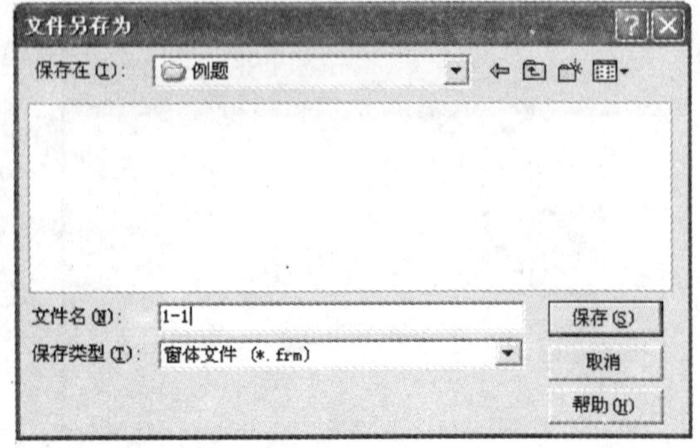

图 1 - 12 窗体另存为对话框

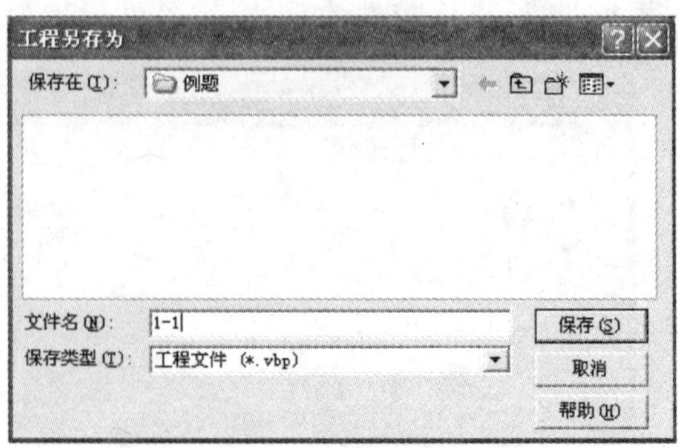

图 1 - 13 工程另存为对话框

1.4.4　运行调试程序

程序编制完成，即可调试运行。运行程序可以单击【运行】菜单中的【启动】菜单命令，也可以单击工具栏上的【启动】(▸)按钮或按 F5 键。上例程序的运行效果如图 1 - 14 所示。当单击【显示】按钮时，触发其单击事件，将执行【显示】按钮的 Click 事件处理代码，在 Label1 标签上显示“欢迎学习 Visual Basic 程序设计!”，当单击【清除】按钮时，触发其单击事件，将执行【清除】按钮的 Click 事件处理代码，将 Label1 标签上的显示清空。当单击【关闭】按钮时，触发其单击事件，将执行【关闭】按钮的 Click 事件处理代码，退出程序。

图 1 - 14　程序运行结果

程序在运行过程中可以单击【中断】(Ⅱ)按钮暂停程序运行，进入中断模式。当再次单击【运行】按钮时程序将继续运行，回到运行模式。若程序中没有 End 语句，则可以单击【结束】(■)按钮强行停止程序运行，返回到设计模式。

如果程序中存在语法错误不能正确运行，系统会报错，并且提示用户是结束程序运行，还是进行调试，例如将上例中【显示】按钮的单击事件处理代码改为如下形式(将 Label1 改为 Label)：

```
Label.Caption = “欢迎您学习 Visual Basic!”
```

再次运行程序将出现如图 1 - 15 所示对话框。如果用户选择调试，程序进入中断模式，系统会自动将光标定位到出错的语句处，如图 1 - 16 所示，用户可以在此进行修改，修改好程序，再单击【启动】按钮继续运行。

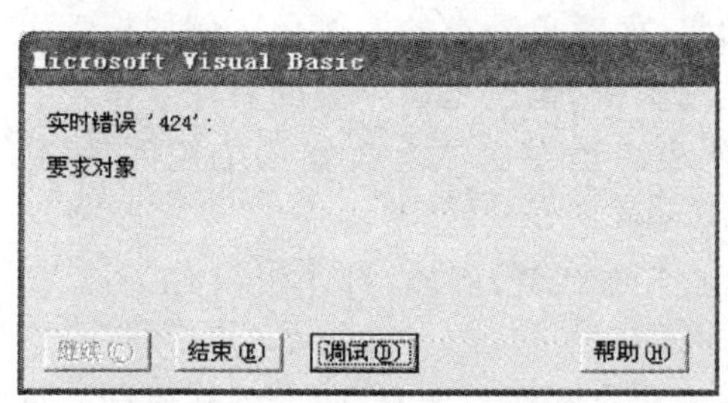

图 1 - 15　程序运行出错对话框

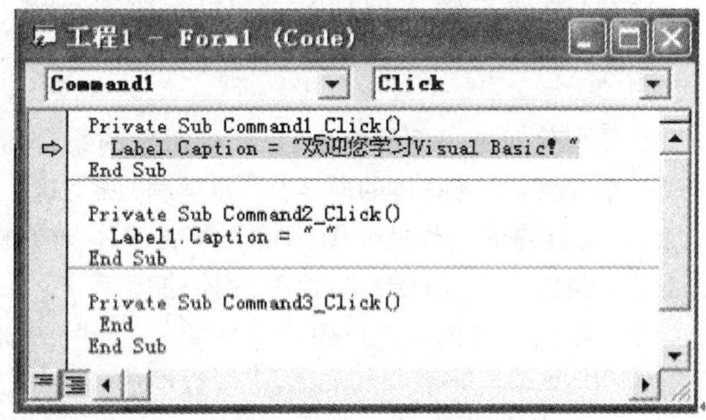

图 1 - 16　代码窗口

1.4.5　生成可执行文件及制作安装包

1. 生成可执行文件

当程序调试运行没有错误后，用户可以选择【文件】菜单的【生成…exe】菜单命令，系统将读取程序中全部代码，并转换为机器代码，保存在.exe 的可执行文件中，可供以后多次运行。

例如，在上面程序中，选择【文件】菜单的【生成 1 - 1.exe】菜单命令，会弹出生成工程对话

框。当选择了存放位置，单击【确定】按钮后将在指定位置上生成一个可执行文件，用户不用启动 VB 系统，即可直接运行该文件。

2. 制作安装包

如果将生成的 exe 可执行文件，放在其他机器上运行，有可能无法运行，因为程序在运行时可能还需要 VB 系统的动态链接库文件(.dll)等的支持。解决的方法是使用 VB 系统自带的【打包和展开向导】来生成安装程序，用户可以通过【开始】菜单中的【程序】|【Microsoft Visual Basic 6.0 中文版】|【Microsoft Visual Basic 6.0 中文版工具】|【Package & Deployment 向导】启动打包向导，然后按照向导的提示依次执行，最后即可生成安装包，利用安装包就可以像通常的 Windows 应用软件一样通过运行 Setup.exe 程序来安装该可执行程序，并运行。

1.5 Visual Basic 面向对象的基本概念

VB 是面向对象的程序设计语言。它采用以对象为基础，以事件来驱动对象的程序设计方法。它将一个应用程序划分成多个对象，并且建立与这些对象相关联的事件过程，每个对象都具有自己的属性和方法，能够对作用在其上的事件做出响应，通过对象对所发生的事件产生响应，来执行相应的事件过程，以引发对象状态的改变，从而达到处理的目的。下面详细说明对象、类、属性、事件和方法等的概念。

1.5.1 对象与类

1. 对　象

对象是 VB 应用程序的基本元素，如窗体、各种控件等，在开发一个应用程序时，必须先建立各种对象，然后围绕对象进行程序设计。

例如，前面例题中的窗体 Form1、标签 Label1、命令按钮 Command1、Command2 和 Command3 都是对象。

2. 类

类是创建对象实例的模板，是同种对象的集合与抽象，而对象是类的实例化。例如把学生看成一个“类”，一名具体的同学(比如李利)就是这个类的实例，也就是这个类的对象。

VB 工具箱的各种控件图标代表了各个不同的控件类。当在窗体上放置一个控件时，就创建了该类的一个控件对象，简称为控件。

除了通过利用控件类产生控件对象外，VB 还提供了系统对象，例如，打印机(Printer)、剪贴板(Clipboard)、屏幕(Screen)、应用程序(App)等。

窗体是个特例，它既是类也是对象。当向一个工程添加一个新窗体时，实质就由窗体类创建了一个窗体对象。

3. 对象的命名

每一个对象都有自己的名字，每个窗体、控件对象在建立时 VB 系统均给出了一个默认名，通常是类名加数字(如 Form1，Command1，Command2 等)。这样的命名不方便程序设计者区分各个对象，对象的名称最好与对象的功能相关。

用户可通过改变属性窗口的名称属性来给对象重新命名。命名的原则如下：必须由字母或汉字开头，后面可以是字母、汉字、数字、下划线等字符组成，长度不超过 255 个字符。

一旦对象名称确定下来，在程序代码中要严格使用该名称来引用对象。例如将标签对象 Label1 的(名称)改为 resLab(res 是 result 的缩写，Lab 是 Label 的缩写)，则 Command1 和 Command2 的单击事件过程代码应分别修改为 resLab.Caption="欢迎您学习 Visual Basic!" 和 resLab.Caption=" "。

1.5.2 属 性

属性用于表现对象的特征。每一个对象都有一组特定的属性，这在属性窗口中可以看到。例如，控件名称(Name)、标题(Caption)、颜色(Color)、字体(FontName)等属性，决定了控件对象的外观。

每个属性都有一个默认值。如果不改变该值，应用程序就使用该默认值；如果默认值不能满足要求，就要对它重新设置。

对象属性的设置有两种方法：

1) 在设计模式下，通过属性窗口直接设置对象的属性。

2) 在程序的代码中通过赋值实现，其格式为：

  对象.属性=属性值

例如，Label1.Caption="欢迎您学习 Visual Basic!"

1.5.3 事件及事件过程

对于对象而言，事件就是发生在该对象上的动作。在 VB 中，系统为每个对象预先定义好了一系列的事件。例如，单击(Click)、双击(DblClick)、改变(Change)、获取焦点(GotFocus)、键盘按下(KeyPress)等。

对象感应到某一事件发生时所执行的程序称为事件过程。当同一事件作用于不同的对象时，之所以会引发不同的反应，产生不同的结果，主要是由于这些对象的事件处理过程不同。

例如，前例中单击三个按钮后的效果不同，是由于 Command1、Command2 和 Command3 的单击事件过程代码各不相同造成的。

事件过程的形式如下：

```
    Private Sub 对象名_事件名()
用户编写的 VB 程序代码为
    End Sub
```

VB 具有自动生成事件过程框架的功能，因此在程序设计过程中，用户只需要指定对象和事件，在生成的事件过程框架内添加自己编写的处理程序代码即可。

1.5.4 方 法

方法是 VB 系统提供的一些特殊的过程和函数，可以实现在对象上的一些操作。由于方法是面向对象的，所以对象的方法调用一般要指明对象。

对象方法的调用格式如下：

  [对象.]方法[参数列表]

其中，若省略对象，表示为当前对象，一般指窗体。

例如：

Form1.Print "欢迎您学习 Visual Basic!"

此语句使用 Print 方法在对象 Form1 窗体中显示“欢迎您学习 Visual Basic!”的字符串。

读者可以用上句替换 Command1 的 Click 事件过程代码，观察程序的运行结果有什么不同。

1.5.5 VB 应用程序的工作方式

VB 应用程序采用事件驱动方式执行，即当程序执行后系统等待某个事件的发生。当事件发生后，去执行处理此事件的事件过程，待事件过程执行完后，系统又处于等待某事件发生的状态。用户对这些事件驱动的顺序决定了代码执行的顺序，因此应用程序每次运行时所经过的代码路径可能都是不同的。

下面是应用程序事件驱动方式的具体执行步骤：

1）启动应用程序，装载和显示窗体。

2）窗体（或窗体上的控件）等待事件的发生。

3）事件发生时，执行对应的事件过程。

4）重复执行步骤 2）和 3），直到遇到 End 语句结束程序的运行或单击【结束】按钮强行终止程序的运行。

习题 1

（1）选择题

1. 下面高级语言中，不是面向对象程序设计语言的是（　　）。

   A. Visual Basic　　B. C＋＋　　C. Pascal　　D. Java

2. 英文 VISUAL 的含义是（　　）。

   A. 可视化　　B. 集成　　C. 结构化　　D. 调试

3. 与传统的程序设计语言相比，Visual Basic 最突出的特点是（　　）。

   A. 结构化程序设计　　B. 程序开发环境

   C. 事件驱动编程机制　　D. 程序调试技术

4. VB 集成开发环境有 3 种工作状态，工作状态显示在（　　）。

   A. 状态栏的最左方　　B. 状态栏的最右方

   C. 状态栏的中括号内　　D. 标题栏的中括号内

5. 为了把窗体上的某个控件变为活动的，应执行的操作是（　　）。

   A. 单击窗体的边框　　B. 单击该控件的内部

   C. 双击该控件　　D. 双击窗体

6. 为了同时改变一个活动控件的高度和宽度，正确的操作是（　　）。

   A. 拖拽控件 4 个角上的某个小方块

   B. 只能拖拽位于控件右下角的小方块

   C. 只能拖拽位于控件左下角的小方块

   D. 不能同时改变控件的高度和宽度

7. 不能打开代码窗口的操作是(　　)。
   A. 双击窗体窗口中的空白位置
   B. 单击窗体窗口中的空白位置
   C. 单击工程窗口中的“查看代码”按钮
   D. 选择【视图】下拉菜单中的【代码窗口】
8. VB6.0 设计界面包含多个视窗,控制这些视窗显示菜单命令包含在(　　)下拉菜单中。
   A. 文件　　B. 工程　　C. 编辑　　D. 视图
9. 下列叙述中正确的是(　　)。
   A. 只有窗体才是 Visual Basic 中的对象
   B. 只有控件才是 Visual Basic 中的对象
   C. 窗体和控件都是 Visual Basic 中的对象
   D. 窗体和控件都不是 Visual Basic 中的对象
10. 下面 4 项中不属于面向对象系统三要素的是(　　)。
   A. 变量　　B. 事件　　C. 属性　　D. 方法

(2) 填空题

1. 创建第一个按钮控件对象时,系统自动为其“名称”属性分配一个名字,该名字为(　　)。

2. VB 的主窗口由标题栏、菜单栏和(　　)组成。

3. 在 Visual Basic 中设置或修改一个对象属性的方法有两种,它们分别是(　　)和(　　)。

4. 一个窗体或控件的大小可以由(　　)属性和(　　)属性确定。

5. Visual Basic 程序开发有 3 种模式,即(　　)模式、(　　)模式和(　　)模式。

6. Visual Basic 一般用 4 种类型的文件保存,分别是扩展名为(　　)的窗体文件,扩展名为(　　)的标准模块文件,扩展名为(　　)的类模块文件和扩展名为(　　)的工程文件。

(3) 简答题

1. 列出 Visual Basic 6.0 的 3 个版本。
2. 归纳 VB 程序设计的基本步骤。
3. 叙述 VB 应用程序的工作方式。

第 2 章

VB 语言基础

在第 1 章中，介绍了简单的 VB 应用程序的建立和基本控件的使用，使读者大致了解了利用窗体和控件。为应用程序建立了界面后就需要编写程序代码。编写代码是程序设计的关键，应用程序的核心功能都是通过编写代码实现的，通过代码对用户和系统事件做出响应以执行各种任务。本章主要介绍构成 VB 应用程序的基本元素，包括数据类型、常量、变量、运算符、表达式和内部函数等。这些是编写程序代码的基础。

2.1 数据类型

数据是程序处理的对象，也是程序的必要组成部分。为了更好地处理各种各样的数据，VB 定义了多种数据类型。VB 不但提供了丰富的标准数据类型，还允许用户根据需要定义自己的数据类型。

2.1.1 标准数据类型

标准数据类型是系统定义的数据类型。VB 提供的标准数据类型主要有数值型、字符型、逻辑型、日期型、对象型和变体型。不同类型的数据有不同的表示方法、操作方式和取值范围。VB 中各种标准数据类型所占存储空间大小与取值范围的说明如表 2-1 所列。

表 2-1 VB 的标准数据类型表

数据类型	关键字	占用字节数/B	类型符	前 缀	范 围
整型	Integer	2	%	Int	-32 768～32 767
长整型	Long	4	&	Lng	-2 147 483 648～2 147 483 647
单精度型	Single	4	!	Sng	-3.402 823 E38～-1.401 129 8E-45； 1.401 298 E-45～3.402 823 E38
双精度型	Double	8	#	Dbl	±4.94D-324～±1.79D 308
货币型	Currency	8	@	Cur	-922 337 203 685 477.580 8～ 922 337 203 685 477.580 7
字节型	Byte	1		Byt	0～255
字符型	String	与字符串长度有关	$	Str	定长：0～65 535 个字符 变长：0～约 20 亿个字符
逻辑型	Boolean	2		Bln	True 或 False
日期型	Date	8		Dtm	1/1/100～12/31/9 999
对象型	Object	4		Obj	任何对象引用
变体型	Variant	按需分配		Vnt	上述有效范围之一

注意:要表示某一类型的数据,可以在数据后加上一个类型符来标识。使用这种方法表示整数时,整型的类型符%可省略。

例如,127,-127%均表示整型数,127& 表示长整型数,3.141 5! 表示单精度型数,1 356.74#表示双精度型数。

1. 数值型数据

数值型数据用于表示某种数值类的数据,分为整数、浮点数、字节型数和货币型数。其中整数又分为整型(integer)和长整型(long);浮点数也称实数,分为单精度型(single)和双精度型(double)。

(1) 整型(integer)和长整型(long)

整型数据和长整型数据都是指不带有小数部分的数。它们可以表示正整数、负整数和零。整型数据和长整型数据的区别在于占用的字节数不同,因此可以表示的数值范围也是不同的。整数运算速度快、精确,但表示数的范围小。

(2) 字节型(byte)

字节型数据可以表示无符号的整数,主要用于存储二进制数。

(3) 单精度型(single)和双精度型(double)

单精度型数据和双精度型数据都可以表示带有小数部分的数。实数表示数的范围大,但运算速度慢,且有误差。单精度型数据可以精确到 7 位有效数字;双精度型数据可以精确到 15 位有效数字。

单精度型数据可用指数形式(科学计数法)来表示,即写成以 10 为底的指数形式,例如,3.24×10^{8}表示为 3.24E+8,6.87×10^{-12}表示为 6.87E-12。

双精度型数据也可用指数形式(科学计数法)来表示,例如:4.17×10^{23}表示为 4.17D+23,-5.689×10^{-13}表示为-5.689D-13。

E 和 D 作为数的指数符号只能出现在数的中间。

(4) 货币型(currency)

货币型数据是一种专门为处理货币设计的数据类型,用于表示定点实数或整数,最多保留小数点左边 15 位数字和小数点右边 4 位数字。

所有数值型的数据都有一个有效的范围值,程序中的数据如果超出规定的范围,就会出现“溢出”。如果小于范围的下限值,系统将按“0”处理;如果大于范围的上限值,则系统只按上限值处理,并显示出错误信息。

2. 字符型数据

字符型(string)数据是指用双引号“""”括起来的一串字符。字符可以包括所有西文字符和汉字。字符型数据也称为字符串。如果字符串中有双引号,例如 ABC"XYZ,则用连续两个双引号表示,即"ABC""XYZ"。

字符串中包含的字符个数称为字符串的长度。不含任何字符(长度为 0)的字符串称为空字符串。例""表示空字符串,而" "表示有一个空格的字符串。

在 VB 中,字符串分为变长字符串和定长字符串。变长字符串的长度不固定,随着对字符串变量的赋值,字符串的长度可变。变长字符串最多可以包含 2^{31} 个字符。一个字符串如果没有定义成固定长度的,默认为变长字符串。定长字符串的长度保持不变。如果赋值给字符串的字符数少于字符串的长度，则用空格填满不足部分；若超过字符串的长度，超出部分字符被截去。定长字符串最多可包含 65 535 个字符。

3. 逻辑型数据

逻辑型数据(boolean)只有 True 与 False 两个值，常用于表示逻辑判断的结果。当逻辑型数据转换成数值型数据时，True 转换为－1，False 转换为 0。当数值型数据转换成逻辑型数据时，非 0 转换为 True，0 转换为 False。

4. 日期型数据

日期型(date)数据用于保存日期和时间，通常采用两个"#"符号把表示日期和时间的值括起来。VB 可以接受多种表示形式的日期和时间，只要任何字面上可被认作日期和时间的字符都是合法的。赋值时如果输入的日期或时间是非法的或不存在的，系统将提示出错。

例如，以下赋值语句都是正确的：

```
Dim TestDate As Date
TestDate=#10/30/2007#
TestDate=#2007-10-30#
TestDate=#10/30/2007 10:47:29 pm#
```

5. 对象型数据

对象型数据(object)可用来引用应用程序中的对象。使用 Set 语句指定一个被声明为 Object 的变量，去引用应用程序所识别的任何实际对象。

例如：

```
Dim objDb As Object
Set objDb=OpenDatabase("c:\Vb6\student.mdb")
```

6. 变体型数据

变体型数据(variant)是一种可变的数据类型，可以存放任何类型的数据。它为 VB 的数据处理增加了智能性，是所有未定义的变量的默认数据类型，对数据的处理取决于程序上下文的需要。当指定变量为 Variant 变量时，不必在数据类型之间转换，VB 会自动完成任何必要的转换。

例如：

```
Dim a          '默认为 Variant 类型
a="20"         'a 的值是"20"(包含两个字符的字符串)
a=a-15         '转换为数值运算，a 的值是 5
a="B"& a       '转换为字符串运算，a 的值是"B5"(包含两个字符的字符串)
```


虽然用户不必过多关注 Variant 变量中数据的类型就可以对 Variant 变量进行操作，但要避免以下情况：

1）如果对 Variant 变量进行数学运算或函数运算，则 Variant 必须包含某个数。

2）如果正在连接两个字符串，则用"&"运算符而不用"+"运算符。

如果要检测变体型数据中保存的究竟是什么类型的数据，可以使用 VarType()函数，根据函数的返回值确定数据类型。

2.1.2　用户自定义数据类型

VB 不仅有丰富的标准数据类型，还提供了用户自定义数据类型。它由若干个标准数据类型数据组成，是一组不同类型变量的集合，将在第 5 章中详细介绍。

2.1.3　枚举类型

VB 中提供了枚举数据类型。枚举是指将变量的值一一列举出来，变量的值仅限于列举出来的值的范围。当一个变量只有几种可能的取值时，可以定义为枚举类型。

1. 枚举类型的定义

枚举类型放在窗体模块、标准模块或公用类模块中的声明部分，通过 Enum 语句来定义。格式如下：

```
[Public|Private] Enum 类型名称
    成员名[=常数表达式]
    成员名[=常数表达式]
    ⋮
End Enum
```

2. 枚举类型的使用实例

例 2.1　可以用与星期日～星期六相关联的一组整型常数 1～7 来声明一个枚举类型 Week，然后在代码中使用星期的名称而不使用其整数数值。

枚举类型定义及使用如下：

```
Enum Week
   Sun=7
   Mon=1
   Tue=2
   Wed=3
   Thu=4
   Fri=5
   Sat=6
End Enum
Private Sub Form_Click()
   Print Week.Sat
End Sub
```

2.2　常量和变量

与一般程序设计语言一样，VB 中使用常量和变量来存储各种类型的数据。常量用有含义的符号来表示单纯数据，方便用户使用。在 VB 中提供了很多内部常量，而且还允许用户自己建立常量。变量用名字来表示其中存储的数据，用数据类型表示其中存储的数据的具体类型，限制不同的数据在内存中占据的空间的大小。还可以使用数组来表示一系列相关的变量。

2.2.1 变量命名规则

VB 中变量的命名规则如下：

1）必须以字母或汉字开头，由字母、汉字、数字或下划线组成，不能含有小数点、空格等特殊字符。

例如，a□b，x$y，? xy，ab.c，12sum，_a1 和 score%x 等都是错误的变量名。

2）变量名的长度不能超过 255 个字符。

3）不能使用 VB 中的关键字（语句名、函数名等）。

例如，CONST，Public，Print 等均为非法变量名。

4）VB 中不区分变量名的大小写。

5）为了增加程序的可读性，可在变量名前加一个缩写的前缀来表明该变量的数据类型。

例如，strName 表示字符串变量，iCount 表示整型变量，dblx 表示双精度变量，sngYz 表示单精度变量。

2.2.2 常　量

常量也称常数，是在程序运行过程中始终保持不变的数值或字符串。通过声明和使用常量的标识符，代替一个在程序执行时不会改变的值，能增强程序的可读性，使程序的维护变得简单。在 VB 中有两种形式的常量：直接常量和符号常量。

1. 直接常量

直接常量是在程序代码中直接给出的数据。根据常量的数据类型有：数值常量、字符串常量、日期/时间常量和逻辑常量。

例如：

数值常量：−8，123 456，0，3.141 593，123.45，−100.05，7.23E+10，−5.643D+10，0.5E−24，−0.53E+8。

在 VB 中除了十进制数外，还允许使用八进制数和十六进制数。八进制数由数字 0～7 组成，并以 &O 开头。十六进制数由数字 0～9、A～F 组成，并以 &H 开头。例如，&O123、&O345、&H6E、&HFFDC。

字符串常量："A"，"12.3"，""，"True"，"10/08/2007"

日期常量：#07/01/1997#，#2/11/2007 10:10:00 AM#

逻辑常量：True，False

2. 符号常量

符号常量是指在程序中用一个符号代表常量值。符号常量又分为两种：系统内部定义常量和用户定义常量。

（1）系统内部定义常量

VB 系统提供了应用程序和控件定义的常量，即系统内部定义的常量。这些常量可与应用程序的对象、方法和属性一起使用，在代码中可以直接使用它们。用户可以在【对象浏览器】中查看内部常量。选择【视图】菜单中的【对象浏览器】命令，则打开【对象浏览器】窗口。在下拉列表框中选择 VB 或 VBA 对象库，然后在【类】列表框中选择常量组，右侧的成员列表中即显示预定义的常量，窗口底端的文本区域中将显示该常量的功能。

为了避免不同对象中同名常量的混淆，在引用时可使用 2 个小写字母前缀。

例如：

vb：表示 VB 和 VBA 中的常量。

xl：表示 Excel 中的常量。

db：Data Access Object 库中的常量。

例如，vbMaximized、vbOkOnly 就是 VB 中的常量。

(2) 用户定义常量

尽管 VB 内部定义了大量的常量，但是有时用户需要创建自己的符号常量。用户定义常量使用 Const 语句来给常量分配名字、值和类型。

声明常量的语法格式为

Const 符号常量名 [As <数据类型>]=表达式

注意：

1) 符号常量名的命名规则与变量命名规则相同，为了便于程序的阅读，习惯上，符号常量名采用大写字母表示。

2) 在使用类型说明符声明常量时，常量名与类型说明符之间不要有空格。

3) 表达式由数值常量、字符串常量及运算符组成，但不能使用函数调用。

4) 常量一旦声明，只能引用而不能改变，即不能对符号常量赋新值。

例如，以下均为正确的用户定义常量：

```
Const PI=3.141 592 65
Const CMAX As Integer = 9
Const IDATE = #10/30/2007#
Const A%=100+50
```

2.2.3 变　量

变量是在程序运行过程中其值可以发生变化的量。一个有名字的内存单元称为变量。在 VB 中进行计算时，常常使用变量临时存储数据。每个变量都有名字和数据类型。通过名字对变量进行引用，实际上是借助变量名访问内存中的数据。数据类型决定该变量占用的内存空间大小。使用变量前，一般必须先声明变量。

声明变量就是向程序说明要使用的变量，以便系统为它分配存储单元。在 VB 中使用一个变量时，也可以不加任何声明而直接使用，这种使用称之为隐式声明。使用这种方法虽然简单，但却容易在发生错误时令系统产生误解。一般对于变量最好遵循先声明，然后再使用的原则。与上述隐式声明相对应的称之为显示声明。所谓显式声明，是指每个变量必须事先声明，才能够正常使用，否则会出现错误警告。

1. 显式声明变量

声明变量的语句格式为

Dim 变量名[AS 数据类型]，变量名 [AS 数据类型]……

或 Dim 变量名[类型符]，变量名[类型符]……

其中，数据类型可以使用表 2-1 中列出的关键字。

[AS 数据类型]:方括号部分表示该项可以省略。若省略【AS 数据类型】,则声明的变量默认为变体型。

变量名[类型符]:变量名与类型符之间不能有空格。可以使用表 2-1 中列出的类型符。

一条 Dim 语句可以同时声明多个变量,但每个变量必须有自己的类型声明,类型声明不能共用。例如:

Dim iCount As Integer , sum As Single

等价于

Dim iCount%, sum!

使用 Dim 语句声明一个变量后,VB 系统会自动为该变量赋初值。如果变量是数值类型,则初值是 0;如果变量是变长字符类型,则初值是空字符串""。

对于字符串类型变量,可以使用如下方法声明:

```
Dim 变量名 As String              '声明变长字符串,最多可存放 2 MB
Dim 变量名 As String * 字符数     '声明定长字符串,存放的字符数由 * 号后的字符数确定
```

例如:

```
Dim strname  as String            '声明变长字符串变量
Dim strsex as String * 1          '声明定长字符串变量,可存放一个字符
```

在 VB 中,一个汉字与一个西文字符一样占两个字节。

除了使用 Dim 语句声明变量外,还可以使用 Static,Public,Private 等关键字。

2. 隐式声明

VB 允许用户在编写应用程序时,不声明变量而直接使用,系统临时为新变量分配存储空间并使用,这就是隐式声明。所有隐式声明的变量都是 Variant 数据类型。VB 根据程序中赋予变量的值来自动调整变量的类型。

使用变量的隐式声明时,如果程序中出现了变量名拼写错误,那么程序会将其认为是一个新的变量,从而引起一些麻烦。为了使程序具有更好的可读性,应尽量避免使用未声明的变量。

如果希望不允许程序使用未声明的变量,可以在模块的声明中使用 Option Explicit 语句来强制声明变量。这样程序中如果有未声明的变量,VB 将产生一个"变量未定义"的编译错误。

用户可以在【工具】菜单中选择【选项】菜单命令,在出现的对话框中选择【编辑器】选项卡,再将其中的【要求变量声明】选项前的复选标记选中,单击【确定】按钮。VB 会在以后生成的新模块中自动添加 Option Explicit 语句,对于已经存在的模块则不能做修改,需要用户自己手工添加。

2.3 运算符和表达式

VB 中具有丰富的运算符,程序编写中需要的大量操作都可以通过运算符和操作数组合成的表达式来实现。

2.3.1 运算符

运算符是含有某种运算功能的符号。VB程序会按运算符的含义和运算规则执行实际的运算操作。VB中的运算符包括算术运算符、字符串连接运算符、关系运算符和逻辑运算符4种。

1. 算术运算符

VB提供了完备的算术运算符,可以进行复杂的数学运算。当表达式中含有多个运算符时,各运算符执行的优先顺序叫做优先级。同一表达式中若有两个同优先级的运算符,运算按从左至右顺序进行。表2-2按优先级从高到低的顺序列出了VB的算术运算符。

表2-2 VB中的算术运算符

运算符	说　明	例　子	运算结果
^	幂运算	3^3	27
−	取负数	−3	−3
*　/	乘法和除法	3*5,　25/3	15,8.3333
\	整除	25\3	8
Mod	取余	25 Mod 3	1
+　−	加法和减法	3+5,　5−3	8,2

2. 字符串连接运算符

字符串连接运算符有两个:"&"和"+",用来把两个字符串连接起来,合并成一个新字符串。在字符串变量后使用"&"时,应在变量与运算符"&"之间加一个空格。因为"&"是长整型的类型符,当变量与符号"&"接在一起时,VB先把它作为类型符处理。

例如:

```
"VB"+"程序设计"                      '结果为"VB程序设计"
"Visual Basic"& "Program design"    '结果为"Visual Basic Program design"
```

连接符"&"和"+"的区别:

"+":连接符两旁应为字符型数据。若连接符两旁是数值型数据则进行算术加运算;若一个是数字字符,另一个是数值型,则自动将数字字符转换为数值,再进行算术加;若一个是非数字字符,另一个是数值型,则出错。

"&":连接符两旁不管是字符型还是数值型数据,系统自动将非字符型数据转换成字符型,再连接。

例如:

```
"1000"+2000          '结果为3000
"1000"+"2000"        '结果为"10002000"
"Today"+20           '出错
"Today"+ "2000"      '结果为"Today2000"
"1000" & "2000"      '结果为"10002000"
1000 & 2000          '结果为"10002000"
```

1000＋"200" & 2000　　　　　　'结果为"12002000"

3. 关系运算符

关系运算符用于比较两个相同数据类型表达式值的大小，运算结果为逻辑值 True 或 False。关系运算符的优先级低于算术运算符，各个关系运算符的优先级是相同的，优先顺序从左到右。表 2－3 列出了 VB 中的关系运算符。

表 2－3　VB 中的关系运算符

运算符	说　明	例　子	运算结果
＝	等于	"car"＝"cat"	False
＜＞	不等于	"car"＜＞"cat"	True
＞	大于	"bad"＞"bed"	False
＜	小于	"date"＜"day"	True
＞＝	大于或者等于	"student"＞＝"学生"	False
＜＝	小于或者等于	"11"＜＝"8"	True
Like	字符串模式匹配	"date" like "dat＊"	True
Is	对象一致比较		

关系运算的规则如下：

1）当两个操作数均为数值型，按数值大小比较。

2）当两个操作数均为字符型，则按字符的 ASCII 码值从左到右一一比较，直到出现不同的字符为止。

例如："ABOARD" ＞ "ABOUT"　　　结果为 False

3）数值型与可转换为数值型的数据比较。

例如：29＞"189"，按数值比较，结果为 False。

4）数值型与不能转换成数值型的字符型比较。

例如：77＞"sdcd"，不能比较，系统出错。

5）汉字字符大于西文字符。

6）"Like"运算符是 VB 6.0 新增加的，可以与通配符"＊"、"?"、"#"、[字符列表]、[! 字符列表]结合使用，用于在数据库的 SQL 语句中进行模糊查询。其中"＊"表示零个或多个字符，"?"表示任何单个字符，"#"表示任何一个数字(0～9)，[字符列表]表示字符列表中的任何单个字符，[! 字符列表]表示不在字符列表中的任何单个字符。

使用格式为：str1 Like str2

例如：查找姓名变量中姓张的学生，表达式为：姓名 Like "张＊"

例如：查找姓名变量中没有张字的学生，表达式为：姓名 Like [! 张]

4. 逻辑运算符

逻辑运算符用于逻辑运算，结果是逻辑值 True 或 False。表 2－4 按优先级从高到低列出了 VB 中的逻辑运算符。逻辑运算符中除 Not 是单目运算符，其余均为双目运算符。

表 2-4　VB 中的逻辑运算符

运算符	说　明
Not	逻辑非(操作数为假时,结果为真,反之结果为假)
And	与(操作数均为真时,结果才为真)
Or	或(操作数中有一个为真时,结果为真)
Xor	异或(操作数相反时,结果才为真)
Eqv	等价(操作数相同时才为真,其余结果均为假)
Imp	蕴含(第一个操作数为真,第二个操作数为假时,结果才为真,其余结果均为假)

说明:

1) 逻辑运算符的优先级低于关系运算,各个逻辑运算符的优先级不相同,Not(逻辑非)最高,Imp(逻辑蕴含)最低。

2) VB 中常用的逻辑运算符是 Not、And 和 Or。它们用于将多个关系表达式进行逻辑判断。

例如,数学上表示某个数在某个区域时用表达式:0≤X<50,在 VB 程序中应写成:

X>=0 And X<50

3) 参与逻辑运算的量一般都应是逻辑型数据。如果参与逻辑运算的两个操作数是数值量,则以数值的二进制值逐位进行逻辑运算(0 当 False,1 当 True)。

关系表达式与逻辑表达式常常用在条件语句与循环语句中,作为条件控制程序的流程走向。

2.3.2　表达式

1. 表达式的组成

表达式由常量、变量、各种运算符、函数和圆括号按一定的规则组成。表达式通过运算后有一个结果,运算结果的类型由数据和运算符共同决定。根据运算符功能的不同,表达式分为:算术表达式、字符串表达式、关系表达式、逻辑表达式和日期表达式。

2. 表达式的书写中需注意的问题

1) 表达式从左至右在同一基准上书写,不能出现上下标。

2) 乘号不能省略。例如,a 乘以 b 应写成:a * b

3) 运算符不能相邻。例如:a+ * b 是错误的。

4) 为了提高运算的优先级而使用的{}、[]、()符号,在程序中均使用圆括号()。圆括号可以嵌套使用,但必须成对出现。

5) 数学表达式中的有些符号,需要改成 VB 中可以表示的符号。

例如,数学表达式 3×{2a÷[5b(65+c)]},写成 VB 表达式为 3 * (2 * a/(5 * b * (65+c)))

例如,数学表达式$\frac{a+b}{a-b}$,写成 VB 表达式为(a+b)/(a-b)

例如,数学表达式 2πr,写成 VB 表达式为 2 * 3.141 592 6 * r,或声明一个常量代替 π 值。

3. 表达式中各种运算符的优先级

VB 程序中的表达式常常是由多种运算符组成的综合表达式。VB 对各种不同种类的运

算符规定了运算的优先次序。在表达式中的所有运算符中,VB先按照运算符种类的不同确定优先级,再根据同一种类运算符的优先级进行计算。表达式中不同类型的运算符的优先级如下:

算术运算符>=字符串连接运算符>关系运算符>逻辑运算符

在表达式中,可以用括号改变优先顺序,强制表达式的某些部分优先运行。括号内的运算总是优先于括号外的运算。对于多重括号,总是由内到外。使用括号可以使表达式更清晰。

4. 常用的表达式

算术表达式(也称数值表达式)、字符串表达式、关系表达式、逻辑表达式已在运算符中介绍了,下面介绍日期表达式。

日期表达式是用运算符(+或-)将算术表达式、日期型常量、日期型变量和函数连接起来的式子。日期型数据是一种特殊的数值型数据,有下面3种运算方式:

1) 两个日期型数据可以相减:DateB-DateA,结果是一个数值型整数(两个日期相差的天数)。

例如:#05/08/2007# - #05/01/2007#　　　其结果为数值7

2) 一个日期型数据(DateA)与一数值数据(N)可作加法运算:DateA+N,其结果仍是一个日期型数据。

例如:#05/01/2007# +7　　　其结果为日期型数据#05/08/2007#

3) 一个日期型数据(DateA)与一数值数据(N)可作减法运算:DateA-N,其结果仍是一个日期型数据。

例如:#05/08/2007# - 7　　　其结果为日期型数据#05/01/2007#

2.3.3 常用内部函数

VB提供了大量的内部函数供用户在编程时调用,每个函数完成某个特定的功能。在程序中使用一个函数时,只要给出函数名,并给出一个或多个参数,就能得到函数值。内部函数也称为标准函数,按照功能可分成数学函数、转换函数、字符串函数、日期与时间函数和格式输出函数等。在以下叙述中,使用N表示算术表达式、C表示字符串表达式、D表示日期表达式。函数名后出现$符号,则表示返回值为字符串。函数名前面有□号,表示是VB 6.0中新增的函数。

1. 数学函数

在数值计算中,经常会遇到一些常用数学函数的计算,如sinx,cosx,$\sqrt{x}$等。VB中提供的数学函数与数学中的定义一致。表2-5列出了常用的数学函数。

表2-5　常用的数学函数

函数名	功　能	例　子	结　果
Abs(N)	取绝对值	Abs(-3)	3
Cos(N)	余弦函数	Cos(0)	1
Exp(N)	以e为底的指数函数	Exp(2)	7.389
Log(N)	以e为底的对数函数	Log(10)	2.3
Rnd[(N)]	产生随机数	Rnd	[0,1)之间的数

续表 2-5

函数名	功　能	例　子	结　果
Sin(N)	正弦函数	Sin(30 * 3.14/180)	0.499
Sgn(N)	符号函数	Sgn(2)Sgn(0)Sgn(-2)	10-1
Sqr(N)	平方根函数	Sqr(16)	4
Tan(N)	正切函数	Tan(60 * 3.14/180)	1.729

使用数学函数的几点说明：

1) 三角函数中的自变量以弧度为单位。

例如：sin30°应写成 sin(3.14159/180 * 30)

2) 随机函数可以模拟自然界中的各种随机现象。它所产生的随机数可以在各种测试、模拟实验和游戏程序中使用。Rnd 函数返回 0 ～ 1(包括 0 但不包括 1)之间的双精度随机数。每次运行时，要产生不同序列的随机数，可执行 Randomize 语句。

Rnd 函数通常与 Int 函数配合使用，Int 是取整函数。

例如，若要产生 1～100 间(包含 1 和 100)的随机整数可以写成：Int(Rnd * 100)+1。

要生成[a,b]区间范围内的随机整数，可以使用公式 Int(Rnd * (b-a+1)+a)

2. 转换函数

转换函数多用于数据类型的转换，表 2-6 列出了常用的转换函数。

说明：

1) 要区别取整函数 Int()，Fix()和 Round()。

当 N>0 时 Fix(N)与 Int(N)相同，当 N<0 时，Int(N)与 Fix(N)-1 相等。

例如：Fix(9.59)=9，　　　Int(9.59)=9

　　　Fix(-9.59)=-9，　　Int(-9.59)=-10

2) 利用 Int()函数可以对数据进行四舍五入。

对一个正数 x 舍去小数位时进行四舍五入操作可使用如下形式：Int(x+0.5)。

例如：当 x=5.4 时，Int(5.4+0.5)=5

　　　当 x=5.6 时，Int(5.6+0.5)=6

3) Str()函数将非负数值转换成字符类型后，会在转换后的字符串左边增加空格(即数值的符号位)。

例如：Str(12.3)的结果是"123"。

4) Val()函数只将最前面的数字字符转换为数值。

例如：Val("abc123")的值为 0，而 Val("1.2sa10")的值为 1.2

表 2-6　常用的转换函数

函数名	功　能	例　子	结　果
Asc(C)	C 的首字符转换成 ASCII 码值	Asc("AB")	65
Chr $ (N)	ASCII 码值转换成字符	Chr $ (65)	"A"
Fix(N)	截去小数取整	Fix(9.8)	9
Hex[$](N)	十进制数转换成十六进制数	Hex[$](100)	64

续表 2-6

函数名	功 能	例 子	结 果
Int(N)	取小于或等于 N 的最大整数	Int(9.8)Int(-9.8)	9-10
Lcase $ (C)	大写字母转换为小写字母	Lcase $ ("ABC")	"abc"
Oct[$](N)	十进制数转换成八进制数	Oct[$](100)	144
Round(N)	四舍五入取整	Round(9.8)Round(-9.8)	10-10
Str $ (N)	数值转换成字符串	Str $ (123.456)	"123.456"
Ucase $ (C)	小写字母转换为大写字母	Ucase $ ("abc")	"ABC"
Val(C)	数字字符串转换为数值	Val("123ABC")	123

例 2.2 对任意的两位正整数，交换个位数与十位数的位置重新组成一个两位数，单击窗体时显示在窗体上。

分析：任意的两位正整数 x，可以由随机函数产生。x 的个位数可以用 x 除以 10 取余得到，而 x 的十位数可以用 x 除以 10 取整得到。

```
Private Sub Form_Click()
  Dim x As Integer, sw As Integer, gw As Integer, y As Integer
  x = Int(Rnd * 90 + 10)
  sw = Int(x / 10)
  gw = x Mod 10
  y = gw * 10 + sw
  Print "两位正整数"; x; "交换个位与十位后变成"; y
End Sub
```

在窗体上单击 5 次，程序运行结果如图 2-1 所示。

3. 字符串操作函数

VB 中字符串函数非常丰富。字符串函数给字符型变量的处理带来了方便。表 2-7 列出了常用的字符串函数。

表 2-7 常用的字符串函数

函数名	功 能	例 子	结 果
InStr([N1,]C1,C2)	在 C1 中从 N1 开始找 C2，省略 N1 从头开始找，找不到为 0	InStr(2,"ABCDEFG", "DE")	4
Left(C,N)	取左边 N 个字符	Left("ABCDEFGH",4)	"ABCD"
Len(C)	字符串长度	Len("ABCDEFGH")	8
LenB(C)	字符串占用字节数	LenB("VB 程序设计")	12
Ltrim(C)	去掉左边空格	Ltrim(" ABC ")	"ABC"
Mid(C,N1,[,N2])	取子串，在 C 中从 N1 位开始向右取 N2 个字符，默认到 N2 结束	Mid("ABCDEFGH",3,4)	"CDEF"
Right(C,N)	取右边 N 个字符	Right("ABCDEFGH",4)	"EFGH"
Rtrim(C)	去掉右边空格	Rtrim("ABC ")	"ABC"

续表 2-7

函数名	功　能	例　子	结　果
Space(N)	产生 N 个空格	Space(3)	"　"
String(N,C)	生成 N 个字符,字符为 C 中首字符	String(2, "BCDE")	"BBB"
* StrReverse(C)	字符串逆序	StrReverse("BCDE")	"EDCB"
Trim(C)	去掉左、右边空格	Trim(" ABC ")	"ABC"

在 VB 6.0 中,采用了新的字符处理方式,将英文字符和中文字符统一编排,每个字符都用两个字节表示。这种处理方式称为“Unicode 方式”,这样一个英文字符和一个中文字符的长度都是 1。

例 2.3　将给定的字符串"I Love China"按空格分离成三个字符串。

分析:通过字符串函数 InStr()查找给定字符串中空格的位置,通过 Left()函数和 Mid()函数分离字符串。

```
Private Sub Form_Click()
  Dim s As String, t As String, s1 As String, s2 As String, s3 As String
  Dim n1 As Integer, n2 As Integer
  s = "I Love China"
  n1 = InStr(s, " ")          '找出"I Love China"中第一个空格的位置
  s1 = Left(s, n1 - 1)        '将"I Love China"第一个空格前的字符串分离出来
  t = Mid(s, n1 + 1)          '将"I Love China"第一个空格后的字符串“Love China”作为新串
  n2 = InStr(t, " ")          '查找"Love China"中的第一个空格
  s2 = Left(t, n2 - 1)        '将"Love China"中空格前的字符串分离出来
  s3 = Mid(t, n2 + 1)         '将"Love China"中空格后的字符串分离出来
  Print s1, s2, s3
End Sub
```

程序运行结果如图 2-2 所示。

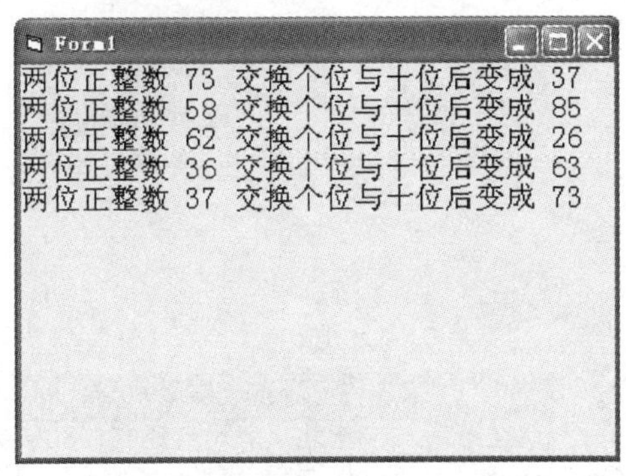

图 2-1　交换两位数的个位与十位

图 2-2　字符串分离

4. 日期/时间函数

表 2-8 列出了常用的日期/时间函数。

表 2-8　常用的日期/时间函数

函数名	功　能	例　子	结　果
Date[( )]	返回系统日期	Date()	2007—10—1
DateSerial(年,月,日)	返回一个日期形式	DateSerial(7,10,1)	2007—10—1
DateValue(C)	同上,但自变量是字符串	DateValue("2007—10—1")	2007—10—1
Day(C|N)	返回日期代号(1～31)	Day("2007—10—1")	1
Hour(C|N)	返回小时(0～24)	Hour(#21:34:56PM #)	21
Minute(C|N)	返回分钟(0～59)	Minute(#21:34:56PM #)	34
Month(C|N)	返回月份代号(1～12)	Month("2007—10—1")	10
* MonthName(N)	返回月份名	MonthName(10)	10 月
Now	返回系统日期和时间	Now	2007—10—1 21:34:56PM
Second(C|N)	返回秒(0～59)	Second(#21:34:56PM #)	56
Time[( )]	返回系统时间	Time	21:34:56PM
WeekDay(C|N)	返回星期代号(1～7)星期日为1,星期一为2	WeekDay("2007—10—1")	2
* WeekDayName(N)	将星期代号(1～7)转换为星期名称	WeekDayName(1)	星期日
Year(C|N)	返回年代号(1753～2078)	Year("2007—10—1")	2007

日期函数中自变量“C|N”表示可以是数值表达式,也可以是字符串表达式。其中“N”表示相对于1899年12月31日前后的天数。

例 2.4　根据当前日期判断距离2008年奥运会还有多少天。

分析:通过两个日期相减判断相差的天数,通过使用日期函数得到关于星期、年、月、日、时及分的信息。

```
Private Sub Form_Click()
  Dim aoyun As Date
  aoyun = #08/08/2008#
  xj = aoyun - Date
  w = Weekday(aoyun)
  n = Year(Date)
  y = Month(Date)
  r = Day(Date)
  s = Hour(Time)
  f = Minute(Time)
  Print "现在距离 2008 年北京奥运会还有:"; xj; "天"
  Print "2008 年北京奥运会是:星期"; w - 1
  Print "当前日期是:"; n; "年"; y; "月"; r; "日"
  Print "现在时间是:"; s; "时"; f; "分"
End Sub
```

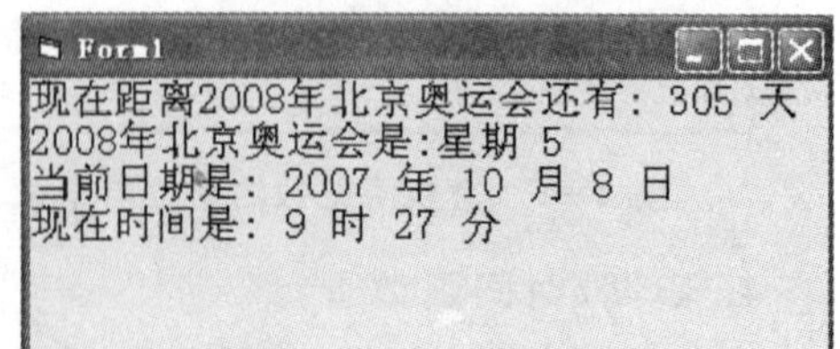

图 2-3　距离奥运会天数

程序运行结果如图 2-3 所示。

5. 格式输出函数

用格式输出函数Format()可以使数值型、日期型和字符型数据按指定的格式输出。使用格式如下：

Format $(表达式[,"格式字符串"])

其中：

表达式：可以是数值、日期或字符串型表达式。

格式字符串：表示输出表达式时采用的输出格式。不同数据类型所采用的格式字符串是不同的。

1）数值型数据格式化的有关格式符见表2-9所列。

说明：对于符号0与#，当数值表达式的整数部分位数比格式字符串的位数多时，数据将原样显示；若小数部分的位数比格式字符串的位数多时，系统将按四舍五入处理后显示。

2）日期和时间型数据格式化的有关格式符见表2-10所列。

说明：非格式说明符"—"、"/"、":"等原样显示。

3）字符串类型数据格式化的有关格式符见表2-11所列。

说明：格式串内"@"号的个数决定了显示串的长度。如果要显示的字符串长度小于格式串的长度，字符串显示时右对齐；如果要显示的字符串长度大于格式串的长度，字符串原样显示。

表2-9 数值格式符

符 号	功 能	数值表达式	格式字符串	结 果
0	实际数字位数小于符号位数，数字前后加0	123.456 123.456	"0000.0000" "000.00"	0123.4560 123.46
#	实际数字位数小于符号位数，数字前后不加0	123.456 123.456	"####.####" "###.##"	123.456 123.46
.	加小数点	123	"000.00"	123.00
,	千分位	1 234.5	"00,000.00"	01,234.50
%	数值乘以100,加百分号	123.456	"###.##%"	12 345.6%
$	在数字前加$	123.456	"$###.##"	$123.46
+	在数字前加+	123.456	"+###.##"	+123.46
—	在数字前加—	123.456	"—###.##"	—123.46
E+	用指数表示	123.456	"0.000E+00"	1.235E+02
E—	用指数表示	0.001 234	"0.000E—00"	1.234E—03

表2-10 日期和时间格式符

符 号	功 能	符 号	功 能
d	显示日期(1～31)，个位前不加0	dd	显示日期(01～31)，个位前加0
ddd	显示星期缩写(Sun～Sat)	dddd	显示星期全名(Sunday～Saturday)
ddddd	显示完整日期(yy/mm/dd)	dddddd	显示完整长日期(yyyy/mm/dd)

续表 2-10

符　号	功　能	符　号	功　能
w	星期为数字(1～7,1是星期日)	ww	一年中的星期数(1～53)
m	显示月份(1～12),个位前不加0	mm	显示月份(01～12),个位前加0
mmm	显示月份缩写(Jan～Dec)	mmmm	显示月份全名(January～December)
y	显示一年中的天(1～366)	yy	两位数显示年份(00～99)
yyyy	四位数显示年份(0100～9999)	q	季度数(1～4)
h	显示小时(0～23),个位前不加0	hh	显示小时(00～23),个位前加0
m	在h后显示分(0～59),个位前不加0	mm	在h后显示分(00～59),个位前加0
s	显示秒(0～59),个位前不加0	ss	显示秒(00～59),个位前加0
tttt	显示完整时间(小时、分和秒),默认格式为hh:mm:ss	AM/PMam/pm	12小时的时钟,中午前AM或am,中午后PM或pm
A/P,a/p	12小时的时钟,中午前A或a,中午后P或p		

表 2-11　字符串格式符

符　号	功　能	字符串表达式	格式字符串	结　果
<	强制以小写显示	123HELLO	"<"	123hello
>	强制以大写显示	Hello	">"	HELLO
@	实际字符位数小于符号位数,字符前加空格	12345 123	"@@@@@@@" "@@@@@@@"	12345 123
&	实际字符位数小于符号位数,字符前不加空格	hello hey	"&&&&&&&" "&&&&&&&"	hello hey

6. Shell 函数

在VB中不但提供了可调用的内部函数,还可以调用各种应用程序。通过Shell函数可以调用DOS或Windows下运行的可执行文件。如果调用成功返回值代表这个程序的进程ID;若调用不成功,则会返回0。

Shell函数格式:

Shell(命令字符串,窗口类型)

其中,命令字符串表示要执行的应用程序名,包括路径。

窗口类型可以选择0～4或6的整数。一般取值为1表示正常窗口,默认值为2,窗口最小化为图标。

例如,当程序在运行时执行Windows下的计算器,然后切换到DOS界面,代码如下:

```
i = Shell("c:\windows\calc.exe")
j = Shell("c:\command.com", 1)
```

2.4　编码规则

VB 和其他程序设计语言一样，编写代码有一定的书写规则，主要规定如下。

2.4.1　VB 代码中不区分字母的大小写

为了提高程序的可读性，VB 对用户程序代码进行自动转换。

1）为了便于程序的阅读，系统自动将关键字的首字母转换成大写，其余字母转换成小写。

2）若关键字由多个英文单词组成，VB 自动将每个单词的首字母转换成大写。

3）对于用户自定义的变量、过程名，VB 以第一次定义的为准，以后输入的自动转换成首次定义的形式。

2.4.2　语句书写自由

1）一行最多允许书写 255 个字符。

2）在同一行上可以书写一条或多条语句。若书写多条语句，语句间用冒号“:”分隔。

3）单行语句可分若干行书写，需在本行后加上续行符“ _”（由一个空格字符和一个下划线字符组成）。

2.4.3　使用注释有利于程序的维护和调试

注释以 Rem 开头，或用单撇号“'”引导注释内容。用单撇号“'”引导注释内容，可以直接书写在语句的后面。

例如：'This is a VB

```
REM  This is a VB program
```

也可以使用“编辑”工具栏的【设置注释块】、【解除注释块】命令将选中的若干行语句或文字设置注释或取消注释。

2.4.4　使用缩进格式

在编写程序代码时，为了使程序结构更具可读性，可以使用缩进格式反映代码的逻辑结构和嵌套关系。

例如：

```
Private Sub Form_Click()
  X=5
  If X<0 Then
    Print "X 小于零。"
  Else
    Print "X 大于或等于零。"
  End If
End Sub
```

习题 2

(1) 选择题

1. 下列变量命名正确的是(　　)。
   A. vb+1　　B. myfile　　C. Abs　　D. 9md..1
2. 在 VB 中,变量定义语句为 Dim a,b as Integer,则变量 a 和 b 的类型分别为(　　)。
   A. a,b 均为整型　　B. a 为整型,b 为变体类型
   C. a,b 均为变体类型　　D. a 为变体类型,b 为整型
3. 在一个语句内写多条语句时,每个语句之间用(　　)符号分隔。
   A. ，　　B. ：　　C. 、　　D. ；
4. 一条语句要在下一行继续写,用(　　)符号作为续行符。
   A. +　　B. －　　C. _　　D. …
5. 获得系统日期的函数是(　　)。
   A. data$　　B. time$　　C. date$　　D. gettime$
6. 表达式 16/4－2^5＊8/4 mod 5\2 的值为(　　)。
   A. 14　　B. 4　　C. 20　　D. 2
7. 与数学表达式 ab/6cd 对应,VB 的不正确表达式是(　　)。
   A. a＊b/(6＊c＊d)　　B. a/6＊b/c/d　　C. a＊b/6/c/d　　D. a＊b/6＊c＊d
8. 在 VB 中不能表示逻辑真的是(　　)。
   A. True　　B. －1　　C. 1　　D. T
9. 下列函数中,返回值是字符串的是(　　)。
   A. Mid　　B. InStr　　C. Val　　D. Len
10. 下列(　　)的表达式不等于 4。
    A. abs(int(－4.5))　　B. abs(int(－3.9))　　C. int(4.1)　　D. int(4.9)
11. Integer 类型的变量可存的最大整数为(　　)。
    A. 255　　B. 256　　C. 32768　　D. 32767
12. 下面的几对数据类型中,(　　)占用内存最少。
    A. Integer、Boolean　　B. Integer、Single　　C. Date、Single　　D. Long、Double
13. 下列哪一个是日期型常量(　　)。
    A. " 2/1/99 "　　B. 2/1/99　　C. # 2/1/99 #　　D. { 2/1/99 }
14. 下面哪个是算术运算符(　　)。
    A. Imp　　B. Mod　　C. Not　　D. Eqv
15. 要判断两个整型变量 A 和 B 中是否只有一个为 0,不能使用下面哪一个表达式(　　)。
    A. A = 0　And　B<>0　or　A<>0　and　B = 0
    B. A = 0　Xor　B = 0
    C. A＊B = 0　And　A + B <> 0

D. A∗B＝0　And　（A＝0　Or　B＝0）

(2) 填空题

1. VB 中，整型数据占(　　)个字节空间。

2. VB 中，一个字母字符占(　　)个字节。

3. 100%表示 100 为(　　)类型的数据。

4. 符号常量在某一过程中说明，则该符号常量只能在(　　)内有效。

5. 在 VB 中可以把类型说明符放在变量名的(　　)面来说明变量的类型。

6. 要使新建工程时，在模块的【通用声明】段中自动加入 Option Explicit，应用对(　　)菜单中的【选项】命令进行设置。

7. 在 VB 中，若要初始化随机数(RND)的产生器使用(　　)语句。

8. 若 Windows 中计算器应用程序(calc.exe)位于 C:\system32 文件夹中，则利用 shell 函数调用该应用程序，以正常窗口显示的语句 i＝shell(　　)。

9. 在 VB 中，InputBox()函数接收的是(　　)类型数据。

10. 数学表达式 sin30°－ln(5x)的 VB 算术表达式为(　　)。

(3) 简答题

1. 已知 a、b、c 都是 Integer 型变量，使用 VB 表达式描述下列条件：

1) a 小于 b 或小于 c

2) a、b 都大于 c

3) a 和 b 中至少有一个大于 c

4) a 是非正数

5) a 不能被 b 整除

2. 判断变量 X 能被 5 整除的偶数的表达式应如何书写？

3. 判断给定年份(year)是否是闰年的条件是：年份能被 4 整除，但不能被 100 整除；或者能被 400 整除，条件表达式应如何书写？

第 3 章 控制结构

一个程序的功能不仅取决于所选用的语句，还取决于语句执行的顺序。VB 虽然采用事件驱动调用相对划分得比较小的子过程，但是对于具体的过程本身，仍然要用到结构化程序设计的方法。结构化程序设计包含 3 种基本控制结构：顺序结构、选择结构和循环结构。

顺序结构是按程序中语句的书写顺序依次执行。它是最基本的控制结构。选择结构又称为分支结构，可以根据给定的条件，在两条或多条程序路径中选择一条分支执行。而循环结构是在满足给定条件的情况下，反复多次执行一组语句。本章将介绍 3 种基本控制结构，并通过实例介绍程序设计中的一些常用算法。

3.1 顺序结构

顺序结构是程序中最简单、最常用的结构，按照程序中各语句出现的先后顺序执行应用程序。其流程图如图 3-1 所示。

图 3-1 顺序结构

一般的程序设计语言中，顺序结构的语句主要有：赋值语句、数据的输入/输出语句等。

3.1.1 赋值语句

赋值语句是程序设计中最简单的语句，主要用于给变量赋值（将赋值号“=”右边表达式的值赋予给赋值号左边的变量）或对控件设定属性值。

赋值语句格式如下：

[Let]变量名=表达式

或

[对象名.]属性名=表达式

其中：Let 表示赋值，通常省略。在向对象的属性赋值时，应指明对象名；若省略对象名，系统默认的对象是当前窗体。表达式可以是常量、变量、函数等任何类型的表达式，但一般应与变量名的类型一致。例如：

```
R=5
S=3.14 * R * R
Label1.caption ="欢迎使用 Visual Basic 6.0!"
```

在赋值时还应注意以下情况：

1) 赋值语句具有计算和赋值的双重功能。它首先计算“=”号右边的表达式，然后把结果赋给“=”号左侧的变量或对象的属性。

2) 虽然赋值号与关系运算符等于号都用“=”表示，VB 系统会根据所处的位置自动判断

是何种意义的符号。VB系统默认，在条件表达式中出现的是等号，否则是赋值号。

例如：下面两个语句：

```
x = y          '将 y 的值赋给 x
y = x          '将 x 的值赋给 y
```

的作用是不同的；而在关系表达式中 x=y 与 y=x 两种表示方法是等价的。

3）赋值号左侧只能是变量名，不能是常量或表达式。例如：

```
x+y=z   '"x+y"是一个表达式，不是合法的变量名，这是一个错误的赋值语句
5= R    '5 是个常量，这是一个错误的赋值语句
```

4）赋值时，左右两边类型不同时应注意：

① 当数值型表达式与赋值号"＝"左边的变量精度不同时，右边的表达式会强制转换为左边变量值的精度。

② 当赋值号"＝"左边的变量是数值型，右边的字符串中有非数字字符或空串时，则系统会出现错误。

③ 当逻辑型数据赋给数值型变量时，True 转换为－1，False 转换为 0；反之，当数值型赋给逻辑型变量时，非 0 转换为 True，0 转换为 False。

④ 任何非字符型数据赋值给字符型变量，将自动转换为字符型。

5）在一个赋值语句中不能同时给多个变量赋值。

例如，将整型变量 a，b，c 的值均赋初值 1。

```
Dim a%,b%,c%
a=b=c=1        '错误的书写格式，执行前 a,b,c 的值均为 0，执行时 VB 将右边两个"＝"
               '作为关系运算符处理，最左边的"＝"作为赋值运算符处理，结果 a,b,c
               '的值仍为 0
a=1:b=1:c=1 '正确的书写格式
```

6）数值型变量可以与自身相运算，字符型变量可以与自身相连接。例如：

```
x = 5
x = x + 1
```

表示将 x 的原值 5 加 1，把它们的和 6 送回变量 x 中。

例如，字符型变量 st 与自身相连接。

```
st = "Good"
st = st & "morning"
```

连接后 st 的值为："Good morning"。

3.1.2 人机交互函数和过程

对于一个完整的 VB 应用程序，应包含数据输入、数据处理和数据输出三个部分。VB 中数据的输入/输出除了使用文本框控件、Print 方法外，还可以使用对话框来实现。

对话框是程序与用户之间进行交互的重要途径。对话框既可以用来显示信息，也可以用于输入信息。VB 中提供了 InputBox 输入对话框和 MsgBox 消息对话框。输入对话框和消息对话框是通过系统提供的 InputBox 函数和 MsgBox 函数实现的。

1. InputBox 函数

InputBox 函数运行时可以产生一个对话框，等待用户向文本框中输入数据。当用户单击【确定】按钮或按回车键时，将输入的内容作为函数的返回值。其值的类型为字符串。

InputBox 函数的格式为

InputBox(提示[,标题][,默认值][,x 坐标位置][,y 坐标位置])

说明：

1）提示：不能省略此项。它是一个字符串，用于指定对话框中显示的文本；若要多行显示，必须在字符串中加入回车 Chr(13)和换行 Chr(10)控制符或 vbCrLf 符号常量。

2）标题：是一个字符串，显示在对话框的标题栏中；若省略，则标题栏中显示应用程序名。

3）默认：是一个字符串，用于指定在输入框的文本框中显示的默认文本。当用户没有输入信息时，则函数默认此字符串为输入的内容。

4）x 坐标位置、y 坐标位置：是整型表达式，用于确定对话框左上角在屏幕上的位置，屏幕左上角为坐标原点，单位为 twip。

5）函数中各项参数次序必须一一对应，除了“提示”项不能省略外，其余各项均可省略，处于中间的默认部分要用逗号占位符跳过。

6）每次执行 InputBox 函数只能输入一个值。如果要输入多个值时，需多次调用该函数。

7）InputBox 函数返回值必须赋值给变量，否则返回值不保留。

例 3.1 如下语句执行时，当单击【确定】按钮后，strName 的值为默认值“高明”。若用户在文本框中输入了新的名字，则 strName 的值为用户输入的信息。

```
Dim strName As String * 10
strName = InputBox("请输入姓名", "数据输入", "高明")
```

InputBox 函数中各参数含义如图 3-2 所示。

例 3.2 执行以下语句后，显示如图 3-3 所示的对话框。

```
Dim strScore As String * 10
strScore = InputBox("请输入学生成绩" + vbCrLf + "要求在 0 到 100 之间", "数据输入")
```

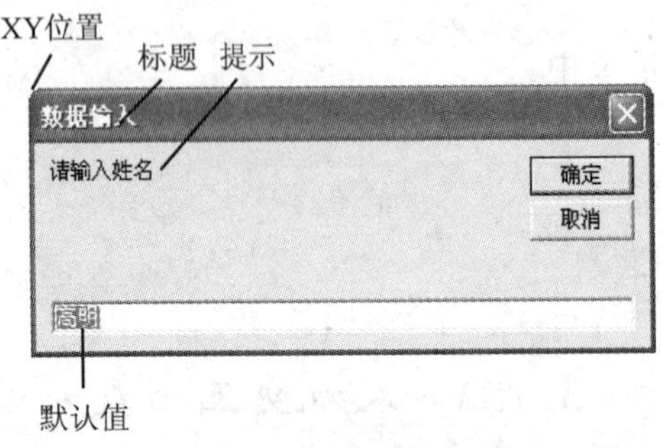

图 3-2 InputBox 函数举例（1）

图 3-3 InputBox 函数举例（2）

2. MsgBox 函数和 MsgBox 过程

MsgBox 函数和 MsgBox 过程运行时可以产生一个对话框来显示消息，并等待用户在消息框中选择一个按钮。MsgBox 函数返回所选按钮应为整数值；若不需返回值，则可使用 MsgBox 过程。

MsgBox 函数的格式为

变量[%] = MsgBox(提示[,按钮][,标题])

MsgBox 过程的格式为

MsgBox　提示[,按钮][,标题]

其中：

1)“提示”和“标题”的意义与 InputBox 函数中用法相同。

2)“按钮”：是一个整型表达式或符号常量，用来确定消息框中显示的按钮、图标的种类及数量。其取值和含义如表 3-1 所列。

表 3-1　“按钮”设置值及意义

分　组	符号常量	按钮值	描　述
按钮数目	vbOkOnly	0	只显示【确定】按钮
	vbOkCancel	1	显示【确定】、【取消】按钮
	vbAboutRetryIgnore	2	显示【终止】、【重试】、【忽略】按钮
	vbYesNoCancel	3	显示【是】、【否】、【取消】按钮
	vbYesNo	4	显示【是】、【否】按钮
	vbRetryCancel	5	显示【重试】、【取消】按钮
图标类型	vbCritical	16	关键信息图标 红色 STOP 标志
	vbQuestion	32	询问信息图标?
	vbExclamation	48	警告信息图标!
	vbInformation	64	信息图标 i
默认按钮	vbDefaultButton1	0	第 1 个按钮为默认
	vbDefaultButton2	256	第 2 个按钮为默认
	vbDefaultButton3	512	第 3 个按钮为默认
模　式	vbApplicationModule	0	应用模式
	vbSystemModul	4096	系统模式

说明：

1) 表 3-1 中 4 组方式可以组合使用。按钮数目和图标类型相加结合使用，可使 MsgBox 函数界面不同。如“按钮”设置表示为：5+48、53、vbRetryCancel+48、5+vbExclamation，效果是相同的。VB 系统不会与其他按钮形式搞错，因为它们是以二进制位的不同组合来表示。

2) 以应用模式建立的对话框，用户必须响应对话框才能继续当前的应用程序；若以系统模式建立对话框时，所有的应用程序都将被挂起，直到用户响应了对话框为止。

MsgBox()函数的返回值是一个整数。该整数与所选择的按钮有关。每个按钮对应一个返回值，共有 7 种按钮。MsgBox 函数返回所选按钮整数值的意义如表 3-2 所列。

表 3-2 **MsgBox 函数返回所选按钮整数值的意义**

被单击的按钮	返回值	符号常量
确　定	1	vbOk
取　消	2	vbCancel
终　止	3	vbAbort
重　试	4	vbRetry
忽　略	5	vbIgnore
是	6	vbYes
否	7	vbNo

由于 MsgBox 过程没有返回值,因此常用于简单的信息显示。

例 3.3:执行下面代码时显示的消息框如图 3-4 所示。

```
str1 = "继续录入数据吗?"
str2 = "msgbox 函数示例"
n = MsgBox(str1, 36, str2)
Text1.Text = n
```

当选择【是】时,返回值 6 通过文本框显示出来,如图 3-5 所示。

例 3.4:使用 MsgBox 语句实现简单信息输出。

```
MsgBox "欢迎使用教学管理系统", "msgbox 过程"
```

执行上面语句时显示的消息框如图 3-6 所示。

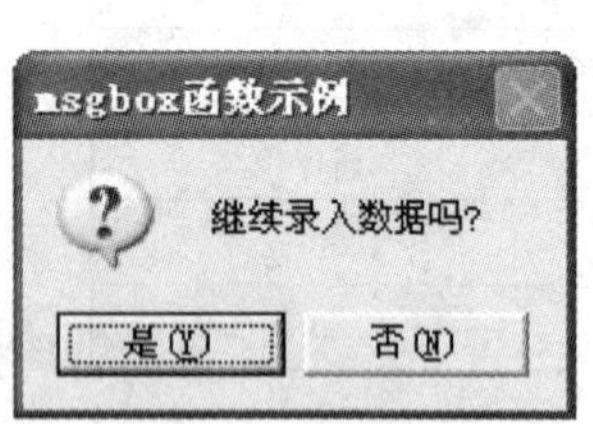

图 3-4 **Msgbox 函数例**

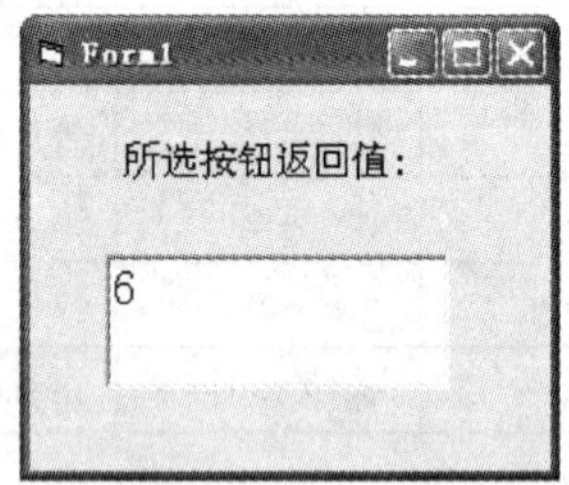

图 3-5 **Msgbox 函数运行结果**

图 3-6 **Msgbox 过程运行结果**

3.1.3 输出语句

VB 中除了使用标签、文本框等控件显示输出信息外,还提供了专门的 Print 方法。

Print 方法用于在窗体、图形框、打印机等对象上输出信息。

Print 方法格式:

[对象名.]Print[{Spc(n)|Tab(n)}][表达式列表][;|,]

说明:

1) 对象名:可以是窗体(Form)、图形框(PictureBox)或打印机(Printer)。若省略对象名则默认在当前窗体上输出。例如:

```
Form1. Print    "Visual Basic"                '在 Form1 窗体中显示"Visual Basic"
Picture1. Print    "Visual Basic"             '在图片框 Picture1 中显示"Visual Basic"
Print    "Visual Basic"                       '在当前窗体中显示"Visual Basic"
```

2) Spc(n)函数:在输出下一项之前插入 n 个空格。除 Spc 函数外,还可以用 Space 函数。该函数与 Spc 函数的功能类似。

3) Tab(n)函数:把输出位置定位到第 n 列(从对象界面最左端第 1 列开始计算)。

4) "表达式列表":可以是一个或多个表达式,各表达式之间用逗号或分号间隔。Print 方法具有计算和输出的双重功能,对于表达式,先计算后输出。

5) 分号:定位在上一个被显示的字符之后。

6) 逗号:定位在下一个打印区开始处(每个打印区 14 列)。

例如:

```
Print "ABC";Spc(5); "DEF"                     '显示:ABC      DEF
Print Tab(10); "姓名";Tab(30);"年龄"          '显示:         姓名                年龄
Print "AB"&"CD",2 * 3                         '显示:ABCD      6
Print "AB"&"CD";2 * 3                         '显示:ABCD 6
```

7) Print 方法后没有任何函数、表达式、分号或逗号,表示输出后换行。

注意:

1) 一般 Print 方法在 Form_Load 事件过程中无效,原因是窗体的 AutoRedraw 属性默认为 False。若在窗体设计时在属性窗口将它设置为 True,就有效。

2) Spc 函数与 Tab 函数的区别是:Tab 函数从对象的左端开始记数,而 Spc 函数表示两个输出项之间的间隔。

例 3.5:设计一个窗体说明 Print 方法的使用。

在工程中 Form1 窗体上设计如下事件过程:

```
Private Sub Form_Click()
  Print Now   '显示当前日期和时间
  Print
  FontSize = 20   '设置字体大小
  Print "12 * 5="; 12 * 5
  Print
  FontSize = 16
  Print "12 * 5=", 12 * 5
  Print
  FontSize = 14
  FontBold = True   '设置字体为黑体
  Print "欢迎使用";
  FontSize = 12
  Print " Visual Basic!"
End Sub
```

在 Form1 窗体屏幕中的任意位置处单击,运行结果如图 3-7 所示。

例 3.6:使用 Tab 对输出内容进行定位。程序代码如下:

```
Private Sub Form_Click()
  Print Tab(22); "学生成绩表"
  Print Tab(10); "学号"; Tab(20); "姓名"; Tab(30); "性别"; Tab(40); "成绩"
  Print Tab(9); String(35, "－")
  Print Tab(9); "2007065001"; Tab(20); "高明"; Tab(30); "男"; Tab(40); 65
  Print Tab(9); "2007065002"; Tab(20); "李亮亮"; Tab(30); "女"; Tab(40); 86
  Print Tab(9); "2007065003"; Tab(20); "王小勇"; Tab(30); "男"; Tab(40); 73
  Print Tab(25); "……"
  Print Tab(9); String(35, "－")
End Sub
```

运行结果如图 3－8 所示。

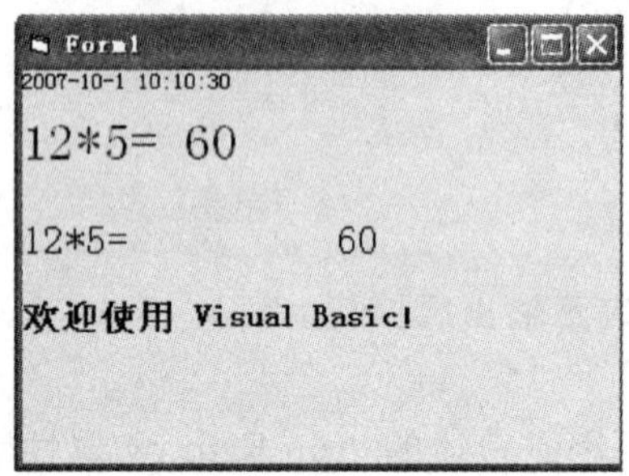

图 3－7　Form1 的执行界面

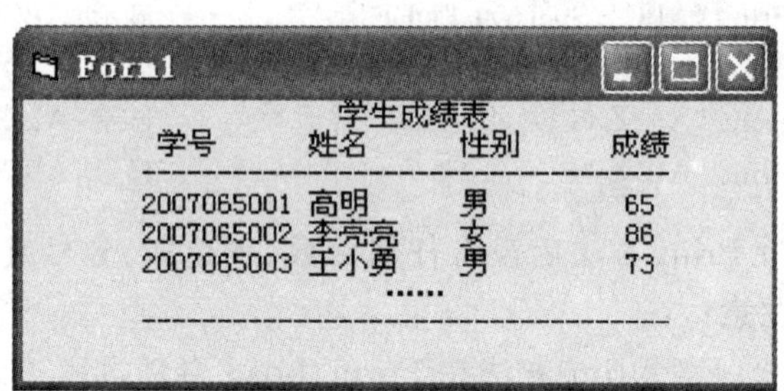

图 3－8　使用 Tab 定位

3.1.4　结束语句 End

End 语句格式如下：

End

End 语句能够强行终止程序代码的执行，清除所有变量，并关闭所有数据文件。

例 3.7：设计如下事件过程：

```
Private Sub Form_Load
  Dim Password As String ,Pword As String
  Password = "123456"
  Pword=InputBox("请输入密码:")
  If Pword<>Password Then
    MsgBox "密码输入不正确,退出!"
    End
  End If
End Sub
```

该事件过程中使用 End 语句，在用户输入错误密码时结束代码执行。

在 VB 中，还有多种形式的 End 语句，用于结束一个过程或块。形式有：End If、End Select、End With、End Type、End Function、End Sub 等。它们与对应的语句配对使用。

3.2 选择结构

选择结构又称为分支结构，程序对给定的条件进行判断，根据判断的结果来控制程序的执行流程。VB 中的选择结构语句分为 If 语句和 Select Case 语句两种。

3.2.1 If 条件语句

If 条件语句有多种形式：单分支、双分支、多分支等。

1. If…Then 语句(单分支结构)

使用 If…Then 语句可以有条件地执行一条或多条语句。

If…Then 语句有两种语句格式。

1）单行结构格式：

```
If  表达式 Then  语句
```

2）块结构格式：

```
If 表达式 Then
   语句块
End If
```

功能：如果表达式的值为 True 或非零时，执行 Then 后面的语句或语句块，否则直接执行下一条语句或 End If 后的语句。

说明：表达式一般为关系表达式或逻辑表达式，也可为算术表达式。表达式值按非零为 True，零为 False 进行判断。

语句块可以是一条或多条语句。若块结构中，各条语句间用冒号分隔，且在同一行上书写时也可采用单行结构。

例如，如果成绩 Score 小于 60 分时输出“不及格”，采用单行结构语句如下：

```
If Score<60 Then Print "不及格"
```

例 3.8：已知两个变量 M 和 N，比较它们的大小，使大数存放在 M 中。

由于计算机内存有“取之不尽、一冲就走”的特点，因此计算机中交换两个变量的值只能采用借助于第三个变量间接交换的方法。

语句如下：

```
If M<N Then
  T=M          'T 是中间变量
  M=N
  N=T
End If
```

或

```
If  M<N  Then  T=M:M=N:N=T
```

2. If…Then…Else 语句（双分支结构）

If…Then…Else 语句根据表达式的值为 True 或 False 有选择地执行程序中的语句。

If…Then…Else 语句有两种语句格式。

(1)单行结构格式：

```
If  表达式 Then  语句 1  Else  语句 2
```

(2) 块结构格式：

```
If  表达式 Then
    语句块 1
Else
    语句块 2
End If
```

功能：当表达式的值为非零(True)时，执行 Then 后面的语句块 1(或语句 1)，否则执行 Else 后面的语句块 2(或语句 2)，执行完后再执行 End If 之后的语句。

例 3.9：已知两个变量 M 和 N，比较它们的大小，使大数存放在 MAX 中。语句如下：

```
If  M>=N  Then
  MAX=M
Else
  MAX=N
End If
```

若比较三个数的大小，求其中的大数，该如何修改程序代码？

例 3.10：有如下函数，输入 x 的值，求 y 的值。

$$y=\begin{cases}2+3x & (x\geqslant 5)\\ 3-x & (x<5)\end{cases}$$

程序代码如下：

```
Private Sub Form_Click()
  Dim x As Integer, y As Integer
  x=Val(Inputbox("请输入 x 的值："))
  If x>=5 Then y=2+3 * x   Else y=3-x
  Print "x="; x; "y="; y
End Sub
```

3. If…Then…ElseIf 语句(多分支结构)

当处理的问题中有多个条件时，可以使用多分支结构。

If…Then…ElseIf 语句格式：

```
If  表达式 1 Then
    语句块 1
ElseIf <表达式 2>Then
    语句块 2
```

```
…
[Else
  语句块 n+1 ]
End If
```

功能:根据不同的表达式值确定执行哪个语句块,VB 测试条件的顺序为表达式 1、表达式 2……一旦遇到表达式值为非零(True),则执行该条件下的语句块。

注意:

1) 当表达式 1 成立时,执行 Then 后面的语句块 1;当表达式 1 不成立时,则依次判断其他表达式是否成立。若成立,执行 Then 后面对应的语句块;如果所有表达式均不成立,若有 Else 语句,则执行 Else 后的语句块。在执行了 Then 或 Else 后面的语句块后,程序退出条件语句,继续执行 End If 后面的语句。

2) 不管有几个分支,程序执行了一个分支后,其余分支就不再执行。

3) Else If 不能写成 Else If。

4) 当多分支中有多个表达式同时满足,则只执行第一个与之匹配的语句块。因此,应注意表达式的书写次序。

例 3.11:根据学生某科百分制成绩 score,显示出对应的五级分。转换方式如表 3-3 所示。

表 3-3　分数等级转换表

等　级	分　数
优	90≤score≤100
良	80≤score<90
中	70≤score<80
及格	60≤score<70
不及格	0≤score <60

程序代码如下:

```
Private Sub Form_Click()
  If score >=90 Then
    Level = "优"
  ElseIf score >=80 Then
    Level = "良"
  ElseIf score >=70 Then
    Level = "中"
  ElseIf score >=60 Then
    Level= "及格"
  Else
    Level = "不及格"
  End If
End Sub
```

4. If 语句的嵌套

在条件语句中,如果 If…Then 或 Else 语句后又包含另一个条件语句,这就是 If 语句的嵌套。在程序设计中,书写时常用缩进的方法表示嵌套的层次,增强程序的可读性。

一般格式如下:

```
If <表达式 1> Then
  If <表达式 2> Then
    …
```

```
        Else
        ...
        End If
    Else
    ...
    End If
```

在使用 If 嵌套语句时，要注意 Else 与 If 之间的匹配关系。一般来说，Else 语句都与上面最近的 If 语句相匹配。

例 3.12：根据学生某科百分制成绩 score，显示出对应的五分制成绩。可以采用如下方法：

```
score = Val(InputBox("请输入成绩:"))
If score >= 60 Then
  If score >= 90 Then
    Level = "优"
  Else
    If score >= 80 Then
      Level = "良"
    Else
      If score >= 70 Then
        Level = "中"
      Else
        Level = "及格"
      End If
    End If
  End If
Else
    Level = "不及格"
End If
Print Level
```

或

```
score = Val(InputBox("请输入成绩:"))
If score>=90 Then
  Level= "优"
Else
  If score >= 80 Then
    Level = "良"
  Else
    If score >= 70 Then
      Level = "中"
    Else
      If score >= 60 Then
        Level = "及格"
```

```
            Else
               Level = "不及格"
            End If
         End If
      End If
   End If
   Print Level
```

3.2.2　Select Case 语句

虽然使用 If 语句的嵌套可以实现多分支选择，但结构不够简明。在 VB 中提供了另一种结构更清晰的多分支语句 Select Case。Select Case 语句也称为情况语句。

Select Case 语句的一般格式为：

```
Select Case 表达式
  Case  表达式列表 1
    语句块 1
  [Case  表达式列表 2
    语句块 2]
  ……
  [Case Else
    语句块 n]
End Select
```

上述格式中，表达式可以是数值表达式或字符串表达式，通常为变量。

Select Case 语句格式中的表达式列表必须与表达式的数据类型相同，可以有如下 4 种形式：

1) 表达式　例："A"

2) 一组用逗号分隔的枚举值　例：2，4，6，8

3) 表达式 1～表达式 2　例：60 To 100 或者"a" To "z"

4) Is 关系运算符表达式　例：Is < 60 或者 Is > "Apple"

在数据类型相同的情况下，以上 4 种形式可以混合使用。例如：Case Is < 5，7，8，9，Is > 12 或 Case Is < "z"，"A" To "Z"。

执行过程：先计算表达式的值，然后将该值依次与每个 Case 子句中表达式列表的值相比较。如果该值与某个 Case 子句中的表达式列表相匹配，则执行该 Case 的语句块，然后执行 End Select 后的语句；如果该值与所有 Case 子句中的表达式列表都不匹配，则执行 Case Else 中的语句块。然后退出 Select Case 结构。

在使用 Select Case 结构时，需要注意以下两点：

1) 若在多个 Case 子句中有同一种取值重复出现，则只执行第一个出现此取值的 Case 语句后的相应语句块。

2) Select Case 结构中的 Case Else 子句部分必须放在其他 Case 子句后面，用于表达式的值与前面所有 Case 子句均不匹配时，执行其后的语句块。这个子句可以省略，此时若出现与

所有 Case 子句均不匹配的情况，则不执行任何语句块，直接退出 Select Case 结构，执行其后的部分。

例 3.13：前面的分数转换成等级的程序可以使用 Select Case 语句改写如下：

```
Select Case score
  Case 90 to 100
    Level = "优"
  Case Is >= 80
    Level = "良"
  Case Is >= 70
    Level = "中"
  Case Is >= 60
    Level = "及格"
  Case Else
    Level = "不及格"
End Select
```

Select Case 结构本质上是 If 嵌套结构的一种变形。这种结构与 If 嵌套结构主要差别在于：在 Select Case 结构中，只有一个用于判断的表达式，根据此表达式的不同计算结果，执行不同的语句块。而 If 嵌套结构可以对多个表达式的结果进行判断，从而执行不同的操作。

3.2.3 条件函数

VB 中提供的条件函数：IIF 和 Choose 函数，前者代替 IF 语句，后者可代替 Select Case 语句，均适用于简单的判断场合。

1. IIf 函数

IIf 函数可用来执行简单的条件判断操作，是 If…Then…Else 结构的简写版本。

IIf 函数格式：

IIf(表达式，当表达式的值为 True 时的值，当表达式的值为 False 时的值)

例如：求 M,N 中大的数，放入 MAX 变量中，语句如下：

```
MAX=IIf(M > N,M,N)
```

2. Choose 函数

Choose 函数格式：

Choose(整数表达式，选项列表)

Choose 函数根据整数表达式的值来决定返回选项列表中的某个值。如果整数表达式的值是 1，则 Choose 会返回列表中的第 1 个选项；如果整数表达式的值是 2，则会返回列表中的第 2 个选项，以此类推。若整数表达式的值小于 1 或大于列出的选项数目时，Choose 函数返回 Null。

例如：根据 season 是 1～4 的值，转换成 spring，summer，autumn，winter 4 值的语句如下：

```
jijie= Choose(season,"spring","summer","autumn","winter")
```

当 season 值为 1 时,返回字符串"spring ",然后放入 jijie 变量中,当 season 值为 2 时,返回字符串"summer",依次类推;当 season 是 1～4 的非整数时,系统会自动使用取 season 的整数进行再判断;若 season 不在 1～4 之间,函数返回 Null 值。

3.3 循环结构

循环结构是指程序执行时,在指定的条件下多次重复执行一行或多行语句。被重复执行的一组语句称为循环体。通过使用循环结构可以将那些需要重复执行的语句简化成几句代码,增加程序代码的可读性。

VB 提供的循环语句有 For…Next,Do…Loop 和 While…Wend 等。

3.3.1 For…Next 循环语句

For…Next 循环又称为计数型循环,通常用于循环次数已知的程序中。

语句格式如下:

```
For 循环变量 =初值 To 终值[Step 步长]
  循环体
Next 循环变量
```

说明:

1) 循环变量 必须为数值型,用于控制循环的次数。

2) 步长 是循环变量的增量,步长为正时,初值应小于等于终值;步长为负时,初值应大于等于终值;步长为 0 时,循环为死循环。Step 若省略,步长默认为 1。

当循环的初值、终值和步长确定时,循环次数可由下式确定:

循环次数=Int((终值－初值)/步长＋1)

3) Next 循环变量 用于结束一次 For 循环,根据终值和现在循环变量的值的大小关系决定是否执行下一次循环。其中的循环变量名字必须与 For 循环开始时的循环变量名字相同。

4) 步长为 0 时,必须在循环体中有正常退出循环的出口,可以使用 Exit For。当遇到该语句时,退出循环,执行 Next 之后的语句。一般循环体内不会单独存在此语句,总是用一个条件进行控制,满足时跳出;不满足继续执行循环体。使用 Exit For 语句只能跳出一层循环。若存在两层 For 循环嵌套,则只能跳出内层,继续执行外层循环。

For…Next 循环语句执行过程:

1) 将初值赋给循环变量。

2) 判断循环变量值是否超过终值,若超过终值,退出循环,执行 Next 之后的语句,若未超过终值时,执行循环体。

3) 遇到 Next 语句时,修改循环变量值,即把循环变量的当前值加上步长值后,再赋给循环变量。

4) 转 2)去判断循环条件,继续执行。

例 3.14:求 1～100 间的所有正整数之和。

分析:本题是一个求累加和的问题。规律如下:是一个累加过程 1+2+3+…+100,相邻两项中,后一项比前一项多 1。可以采用累加的方法来实现:程序中设置一个累加数 s,用 i 来存放每次要加入的数(加数),i 的值从 1 变化到 100,通过 s=s+i 循环 100 次,每次加一个数,把 100 个数加起来,计算结果存放在变量 s 中。

```
Dim s As Integer , i As Integer
s=0
For i=1 To 100
  s=s+i
Next i
Print s
```

例 3.15:从键盘输入 50 名学生的计算机课的成绩,输出其中的最高分、最低分和平均分。

分析:先输入一名同学的成绩,当前它是最大值也是最小值,然后可以利用循环结构依次输入其余 49 名学生的成绩。在输入一个成绩时,让此成绩与最大值和最小值比较,如果比最大值大时,则取代最大值,如果比最小值小时,则取代最小值,循环结束时就能找到 50 名学生计算机课成绩的最高分和最低分;利用循环累加求出 50 名学生的计算机课总成绩后,总成绩/50 就是平均分。

```
Dim computer As Single, max As Single, min As Single, avg As Single, i As Integer
computer = Val(InputBox("请输入计算机课成绩:"))
max = computer
min = computer
avg=computer
For i = 2 To 50
  computer = Val(InputBox("请输入计算机成绩:"))
  If computer > max Then max = computer
  If computer < min Then min = computer
  avg=avg+computer
Next i
Print "最高分是:"; max, "最低分是:"; min; "平均分是:";avg/50
```

注意:

1) 当退出循环后,循环变量的值保持退出时的值。

2) 在循环体中可以对循环变量多次引用,但若对其赋值会影响循环执行的次数。

如果 For…Next 循环的循环体内没有具体语句,可以用来作为延时使用。循环变量循环了一定次数,虽不执行任何操作,但却花费了一定时间,故可作为延时工具使用。

3.3.2 Do…Loop 循环语句

Do…Loop 循环也称为条件循环,通常用于循环次数未知的程序中。Do…Loop 循环语句有两类语法格式,既可以在初始位置检验条件是否成立,又可以在执行一遍循环体后的结束位置判断条件是否成立,能否进入下一次循环。

格式 1：　　　　　　　　　　　　　　　　格式 2：

```
Do [{ While|Until } 条件 ]          Do
  循环体                               循环体
Loop                                Loop [{ While|Until} 条件]
```

说明：

1）格式 1 为先判断后执行，有可能一次也不执行循环体；格式 2 为先执行后判断，至少执行一次循环体。

2）关键字 While 用于指明当条件成立（为真）时，执行循环体中的语句，然后重复条件判断；当条件不成立时，退出循环，执行 Loop 后的语句；Until 正好相反，直到条件成立时，退出循环，执行 Loop 后的语句；当条件不成立时，执行循环体中的语句，然后重复条件判断。

3）当省略了{While|Until }条件子句，即循环结构仅由 Do…Loop 关键字构成，表示无条件循环，这时在循环体内应该有 Exit Do 语句，否则为死循环。当遇到 Exit Do 语句时，退出循环，执行 Loop 后的语句。

例 3.16：对于求 1～100 的所有正整数之和的程序采用 Do…Loop 循环实现。

分析：仍采用累加的方法来实现，重点是确定循环开始或结束的条件、设置循环变量的初值、在循环体中修改循环变量的值，使得循环朝着退出的方向发展。

方法一：

```
Dim s As Integer,i As Integer
i=1
Do
  s=s+i
  i=i+1
Loop while i<=100
Print s
```

方法二：

```
Dim s As Integer,i As Integer
i=1
Do While i<=100
  s=s+i
  i=i+1
Loop
Print s
```

方法三：

```
Dim s As Integer, i As Integer
i = 1
Do
  s = s + i
  i = i + 1
  If i >100 Then Exit Do
```

```
Loop
Print s
```

如果采用 Do Until…Loop,只需将方法一中 Loop While i<=100 改为 Loop Until i>100 或将方法二中 Do While i<=100 改为 Do Until i>100 即可。

3.3.3 While…Wend 循环语句

While 循环用于对条件进行判断,如果条件成立,执行循环体;如果条件不成立,退出循环。

While 循环的格式如下:

```
While   表达式
  循环体
Wend
```

例 3.17:对于求 1～100 的所有正整数之和的程序可以使用 While 循环改写为:

```
Dim s As Integer,i As Integer
i=1
While i<=100
  s=s+i
  i=i+1
Wend
Print s
```

Do…Loop 循环也是根据某个条件是否成立来决定能否执行循环体,与 Do…Loop 循环不同的是:While 循环只能在初始位置检查条件是否成立,而且 While 循环中不能使用 Exit 语句跳出循环。

3.3.4 循环的嵌套

与条件语句类似,循环语句也可以嵌套。在一个循环体内又包含了一个完整的循环结构称为循环的嵌套。循环嵌套中循环语句可以是不同类型的,可以在 While… Wend 中嵌套 For…Next,也可以在 For…Next 中嵌套 While…Wend,循环嵌套的层数也没有限制。

使用循环嵌套应注意:

1)多层循环不能使用相同的循环变量。

2)外循环必须完全包含内循环,不能交叉。

3)若循环体内有 If 语句,或 If 语句内有循环语句,也不能交叉。

4)在使用 While…Wend 循环嵌套时,每个用于表示结束的 Wend 均与前面最近的 While 配对。

例 3.18:打印一个九九乘法表,运行时单击窗体,显示如图 3—9 所示。

分析:最终输出结果是一个 9 行 9 列显示的行列式,行和列显示的内容以一定规则变化。可以使用双重循环,用循环变量作为乘数和被乘数。利用外循环控制行数,内循环控制列数。行和列间的特殊关系为第 i 行共有 i 列。

事件过程如下:

```
Private Sub Form_Click()
  FontSize = 12
  Print Tab(35); "九九乘法表"
  Print Tab(33); "———————————————"
  For i = 1 To 9
    For j = 1 To i
      Print Tab((j - 1) * 9 + 1); i & "*" & j & "=" & i * j;
    Next j
  Print
  Next i
End Sub
```

```
Form1
                              九九乘法表
                            ——————————————
1*1=1
2*1=2    2*2=4
3*1=3    3*2=6    3*3=9
4*1=4    4*2=8    4*3=12   4*4=16
5*1=5    5*2=10   5*3=15   5*4=20   5*5=25
6*1=6    6*2=12   6*3=18   6*4=24   6*5=30   6*6=36
7*1=7    7*2=14   7*3=21   7*4=28   7*5=35   7*6=42   7*7=49
8*1=8    8*2=16   8*3=24   8*4=32   8*5=40   8*6=48   8*7=56   8*8=64
9*1=9    9*2=18   9*3=27   9*4=36   9*5=45   9*6=54   9*7=63   9*8=72   9*9=81
```

图 3-9　九九乘法表

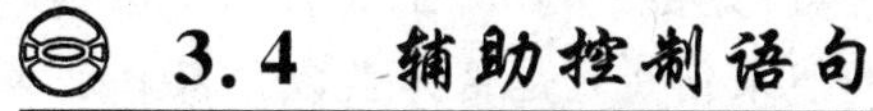

3.4　辅助控制语句

1. Go To 语句

语句格式：

Go To {行号|标号}

使用 Go To 语句可以无条件地转移到行号或标号指定的那行语句。

Go To 语句只能转移到同一过程的行号或标号位置处，标号是一个字符序列，首字符必须是字母，与大小写无关，标号后应有冒号，行号是一个数字序列。

利用 Goto 语句可以从循环体内转向循环体外，但不能从循环体外转入循环体内。

使用 Go To 语句会使程序结构不清晰，可读性差，应尽量少用或不用 Go To 语句。

2. Exit 语句

除了前面涉及到的 Exit For、Exit Do 外，VB 中还有多种形式的 Exit 语句如：Exit Sub、Exit Function。主要用于退出某种控制结构的执行。使用上述几种中途跳出语句，可以为某些循环体或过程设置明显的出口，能够增强程序的可读性。

3.5 常用算法

3.5.1 连　乘

例如,求 10!

分析:本题是一个求连乘积的问题,10! 是一个连乘过程 1×2×3×…×10,规律如下:相邻两项中,后一项比前一项多 1。可以采用连乘的方法来实现:程序中设置一个连乘积 s,用 i 来存放每次要乘入的数(乘数),i 的值从 1 变化到 10,通过 $s=s*i$ 循环 10 次,每次加一个数,把 10 个数乘起来,计算结果存放在变量 s 中。

```
Dim s As Integer , i As Integer
  s=1
  For i=1 To 10
    s=s*i
  Next i
Print s
```

3.5.2 求素数

分析:素数,也称为质数,就是一个大于 2,且只能被 1 和本身整除的整数。

算法思想:从定义求解,对于某正整数 n,如果从 2 到 $n-1$ 间任何数都不能整除 n,则 n 是素数;只要 2 到 $n-1$ 间有一个数能整除 n,则 n 不是素数。可以利用循环变量在退出循环后的值来判断 n 是否为素数。若 n 是素数,则在 2 到 $n-1$ 间的所有数都无法整除 n,因此,在退出循环时,循环变量的值应大于 $n-1$;相反,若 n 不是素数,则在 2 到 $n-1$ 间必存在一个能整除 n 的数,退出循环时,循环变量的值必小于或等于 $n-1$。

程序代码如下:

```
Dim i As Integer, n As Integer
n = Val(InputBox("请输入一个正整数:"))
For i = 2 To n - 1
  If n Mod i = 0 Then
    Exit For
  End If
Next i
If i > n - 1 Then
  Print n; "是素数"
Else
  Print n; "不是素数"
End If
```

判断一个数是否是素数的方法很多。也可以在程序中设置一个判断标志,程序代码如下:

```
Dim i As Integer, n As Integer
Dim flag As Boolean
```

```
n = Val(InputBox("请输入一个正整数:"))
flag = True
For i = 2 To n - 1
  If n Mod i = 0 Then
    flag = False
    Exit For
  End If
Next i
If flag Then
  Print n; "是素数"
Else
  Print n; "不是素数"
End If
```

这种算法较简单,但速度慢,实际上 n 不可能被大于$\sqrt{n}$的数整除,因此循环变量的终值可修改为:Int(Sqr(n)),循环次数会大大减少。

例如,输出 100 以内的所有素数。

分析:可以使用双循环来实现,外层循环限制整数范围为 2～100,内层循环对整数是否是素数进行判断。

程序代码如下:

```
Dim i As Integer, n As Integer
Dim flag As Boolean
For n = 2 To 100
  flag = True
  For i = 2 To n - 1
    If n Mod i = 0 Then flag = False
  Next i
  If flag Then Print n;
Next n
```

3.5.3　求最大公约数和最小公倍数

分析:辗转相除法求解算法思想,对于已知的两个正整数 m 和 n,使得其中 m 为大数,用 m 除以 n 取得余数 r,判断 r 值。如果 $r=0$,则 n 就是 m 和 n 的最大公约数,算法结束;否则把 n 赋值给 m,r 赋值给 n,重复相除并对余数判断,直到 $r=0$ 为止。求出最大公约数后,最小公倍数可由 m 和 n 原值的乘积除以最大公约数。

程序代码如下:

```
Dim m As Integer, n As Integer, a As Integer, b As Integer
Dim t As Integer, r As Integer
m = Val(InputBox("请输入 m:"))
n = Val(InputBox("请输入 n:"))
a = m: b = n
If m < n Then
```

```
    t = m
    m = n
    n = t
End If
r = m Mod n
Do While r <> 0
    m = n
    n = r
    r = m Mod n
Loop
```

Print a; "和"; b; "的最大公约数是:"; n

Print a; "和"; b; "的最小公倍数是:"; a * b / n

辗转相减法求解算法思想:对于已知的两个正整数 m 和 n,用 m 和 n 中的大数减小数取得差 r,判断 r 值,如果 $r=0$,则 m 或 n 就是 m 和 n 的最大公约数,算法结束;否则把 m 和 n 中的较小数赋值给 m,r 赋值给 n,重复相减并对差进行判断,直到 $r=0$ 为止。

习题 3

(1) 选择题

1. 分支结构的程序在进行判断后可分别控制程序有(　　)个以上的走向。

   A. 1　　B. 2　　C. 3　　D. 8

2. 语句 If x=1 Then y=1,下列说法正确的是(　　)。

   A. x=1 和 y=1 均为赋值语句

   B. x=1 和 y=1 均为关系表达式

   C. x=1 为关系表达式,y=1 为赋值语句

   D. x=1 为赋值语句,y=1 为关系表达式

3. 若要退出 For 循环,可使用的语句为(　　)。

   A. Exit　　B. Exit Do　　C. Time　　D. Exit For

4. 结束当前程序的语句是(　　)。

   A. quit　　B. exit　　C. end　　D. sub

5. 语句段

   a=3: b=7

   t=a: a=b: b=t

   执行后,(　　)。

   A. a 值为 3,b 值为 3　　B. a 值为 3,b 值为 7

   C. a 值为 7,b 值为 7　　D. a 值为 7,b 值为 3

6. 语句 if 3 * 4>=10 then a=1 else a=2 执行后,a 的值为(　　)。

   A. 12　　B. 10　　C. 1　　D. 2

7. 语句段

   s=0

```
for i=1 to 5
  s=s+i
next i
```

执行后 i 的值为(　　)。

A. 1　　B. 5　　C. 6　　D. 15

8. 设 a=7,执行 x=IIf(a>5,-1,0)后,x 的值为(　　)。

A. 7　　B. 5　　C. -1　　D. 0

9. 赋值语句 a=123 & mid("123456",3,2)执行后 a 变量值是(　　)。

A. "1234"　　B. 123　　C. 12334　　D. 157

10. 下列 VB 程序段运行后,变量 X,Y 的结果为(　　)。

```
A=256
X=INT(A/100)
Y=INT(A/10)-X*10
```

A. 65　　B. 652　　C. 25　　D. 665

11. 下面程序段运行后,显示的结果是(　　)。

```
Dim x
If  x  Then  Print  x  Else  Print  x+1
```

A. 1　　B. 0　　C. -1　　D. 显示出错信息

12. 下面程序段,显示的结果是(　　)。

```
Dim x
x=Int(Rnd)+5
Select Case x
  Case 5
    Print "优秀"
  Case 4
    Print "良好"
  Case 3
    Print "通过"
  Case Else
    Print "不通过"
End Select
```

A. 优秀　　B. 良好　　C. 通过　　D. 不通过

13. 下面 If 语句统计满足性别为男、职称为副教授以上、年龄小于 40 岁条件的人数,不正确的语句是(　　)。

A. If sex= "男" And age<40 And InStr(duty, "教授")>0 Then n=n+1

B. If sex= "男" And age<40 And (duty= "教授" Or duty= "副教授") Then n=n+1

C. If sex= "男" And age<40 And Right(duty,2) ="教授" Then n=n+1

D. If sex= "男" And age<40 And duty= "教授" And duty= "副教授" Then n=n+1

14. 下面语句执行后，变量 W 中的值是（　　）。

W=Choose(Weekday("2007,10,1"), "Red", "Green", "Blue", "Yellow")

A. Null　　B. "Red"　　C. "Green"　　D. "Yellow"

注：2007 年 10 月 1 日，星期一。

(2) 填空题

1. 求解 n 的阶乘时，要求用户使用 InputBox 函数输入 n 的值，对话框中显示的提示信息为"请输入一个数："，标题为"求阶乘"，要把输入的信息转换为数值存放到变量 n 中，使用的赋值语句为（　　）。

2. 如果使用 MsgBox 对话框显示提示信息【退出本系统?】，并且显示【是(Yes)】和【否(No)】两个按钮，显示图标?号，指定第一个按钮为默认值以及标题为【提示信息】，则调用 MsgBox 函数形式为（　　）。

3.
```
For i = 1 To 3
  For j = 1  To 4
    Print i * j
  Next j
Next i
```
程序段中 Print i * j 执行了（　　）次。

(3) 编程题

1. 如果一个 3 位整数等于它的各位数字的立方和，则此数称为"水仙花数"，如 $153=1^3+5^3+3^3$。编写程序输出所有水仙花数。

2. 将输入的字符串逆序输出。

3. 输出 1+(1+2)+(1+2+3)+(1+2+3+4)+(1+2+3+4+5)的值。

4. 由键盘输入一个字符串，分别统计此字符串中数字字符、英文字符与其他字符的个数。

5. 输出 1000 以内能同时被 3、5、7 整除的数。

6. 计算 1+1/1! +1/2! +…+1/10! 的值。

7. 计算 $S=a+aa+aaa+\cdots+\underbrace{aa\cdots a}_{n个a}$的值，其中 a 是一个数字。n 和 a 由键盘输入。

8. 输出如下图形。

```
    $
   111
  $$$$$
 2222222
$$$$$$$$$
33333333333
```

9. 用 $\pi/4\approx1-1/3+1/5-1/7+\cdots$ 求 π 的近似值，直到最后一项的绝对值小于 10^{-6} 为止。

10. 求 Fibonacci 数列：1,1,2,3,5,8,……的前 40 项。

第 4 章　常用控件

VB 是一种面向对象的程序设计语言。程序设计人员在编写程序时，只须拖动所需的控件到窗体上，然后对控件进行一系列的属性设置和编写相应的事件过程即可，大大减轻了用户界面设计。本章主要介绍 VB 中常用的一些控件的功能，各种控件的主要属性、方法和事件。

4.1　基本控件

在学习各种基本控件时，很重要的是掌握各种控件的主要属性及其设置方法。不同的对象有很多相同的属性。当然，也不是所有的对象都具有相同的属性，例如，文本框就没有 Caption 属性。属性的设置可以在设计时通过属性窗口设置，也可以通过代码窗口在编写程序时设置。但要注意有些属性只能在编程时设置，有些属性则在运行时是只读的。先介绍它们共同的一些属性。

1. Name(名称)属性

该属性是所创建对象的名称，是所有的对象都具有的属性。控件在创建时 VB 会自动提供一个默认名称。例如，Form1，Label1，Text1 等。这个名称可以在属性窗口的【名称】栏进行修改。在程序中，对象名称是作为对象的唯一标识在程序中被引用的，而不会显示在窗体上。

2. Height(高度)、Width(宽度)、Top(上边距)和 Left(左边距)属性

Height 属性和 Width 属性表示控件的高度和宽度，Top 属性表示对象的内顶部和它的容器的顶边之间的距离。Left 属性表示对象内部的左边与它的容器的左边之间的距离。对于窗体，Left 和 Top 属性总以缇为单位来表达；对于控件，它们的度量单位决定于它的容器的坐标系统。这些属性值随着用户或程序中移动该对象而改变。

缇是一个与屏幕无关的单位，用来保证屏幕应用程序对屏幕元素的定位和比例在所有的显示系统上的一致性。窗体的左上角顶点为坐标系的原点，窗体的上边框为坐标横轴，左边框为坐标纵轴。一缇等价于 1/20 个打印机的磅。一逻辑英寸大约有 1 440 缇，一逻辑厘米约 567 缇(打印时的一英寸或一厘米所对应的屏幕上的长度)。

例如，在窗体上建立一个命令按钮，它在窗体上的位置如图 4-1 所示。

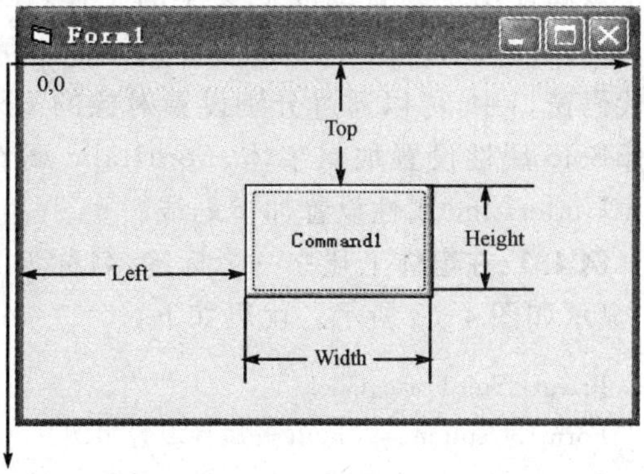

图 4-1　对象位置、大小属性

3. Caption(标题)属性

该属性是对象上或标题栏上显示的内容，在外观上起到提示和标志的作用，可以通过代码修改该属性值。请注意它与 Name 属性的区

别。例如,在窗体上创建了一个命令按钮,再做如下属性设置:

Name 属性:Command1; Caption 属性:结束;如图 4-2 所示。

图 4-2　对象 Name、Caption 属性

4. Enabled(活动)属性

该属性决定对象是否响应用户或系统事件。默认值为 True,表示可以响应用户或系统的事件;当该属性值为 False 时,则表示禁止该对象响应事件,在程序运行时对象呈暗淡色(如图 4-3 中的【确定】按钮)。除几何图形、直线控件外,所有对象均有 Enabled 属性。

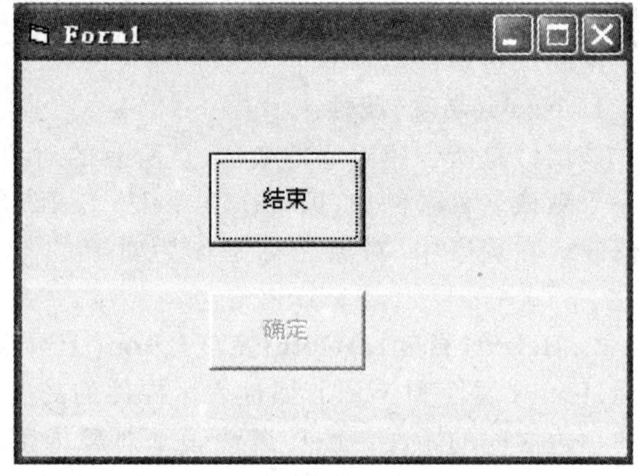

图 4-3　对象 Enabled 活动属性

5. Visible(可视)属性

该属性决定对象在程序运行时是否可见。默认值为 True,表示可见;False 表示对象存在,但不可见。

6. Font(字体)属性

该属性用于设置或改变文本的字体、字形、字号等外观,可以在如图 4-4 所示的字体对话框中设置,也可以通过代码修改该属性值。在代码窗口中,可以通过分别设置对象的 FontName 属性设置字体、FontSize 属性设置字号、FontBold 属性设置加粗字体、FontItalic 属性设置斜体、FontStrikethru 属性设置加删除线、FontUnderLine 属性设置加下划线。

例 4.1:在窗体上建立一个标签,名称为 Label1,其余属性设置用代码实现,运行时单击窗体,显示如图 4-5 所示。代码如下:


```
Private Sub Form_Click()
Form1.Caption = "Font 等属性设置举例"
Label1.Caption = "欢迎使用 Visual Basic!"
Label1.FontName = "幼圆"
Label1.FontSize = 24
Label1.FontItalic = True
```

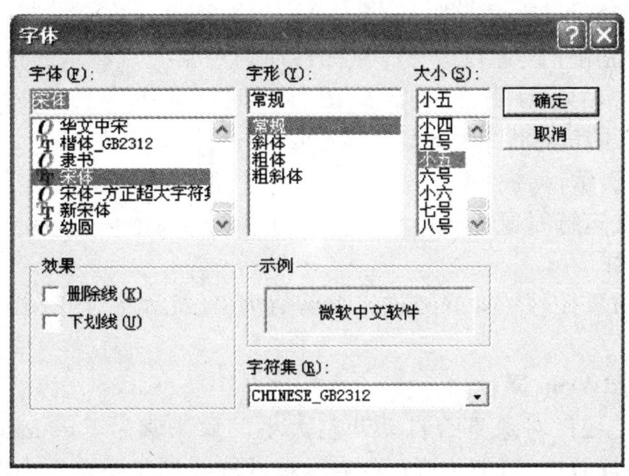

图 4-4　Font 属性对话框

```
Label1.FontBold = True
Label1.FontStrikethru = True
Label1.FontUnderline = True
End Sub
```

对于不同的对象可以分别设置不同的 Font 属性。若要为窗体中所有控件对象设置相同的 Font 属性，可以先对窗体设置 Font 属性，然后再创建的控件对象都会自动采用窗体的 Font 属性值，除非用户再自行设置。

图 4-5　例 4.1Font 系列属性运行效果

7. ForeColor，BackColor，BackStyle 属性

ForeColor 和 BackColor 属性分别用来设置或返回对象上显示文本或图形的前景颜色和背景颜色，其值是一个 16 进制常数。用户可以直接在调色板中选择所需颜色。在编写代码时，常用 Qbcolor 或 RGB 函数为其设置颜色。

BackStyle 属性用于设置背景风格。默认值为 1，表示对象不透明显示；属性值为 0 时，表示该对象透明显示，即对象的背景颜色 BackColor 不起作用。

8. BorderStyle 属性

该属性设置对象的边框风格。属性值为 1 时，表示对象有单线边框；属性值为 0 时，表示对象周围无边框。该属性在运行时是只读的。0 和 1 的两种属性值仅适合于 Label，Text，Picture 等控件，对于窗体、Line、Shape 的 BorderStyle 属性有其他不同范围的值和意义。

9. MousePointer、MouseIcon 属性

MousePointer 属性用于设置在运行时鼠标移动到对象上时显示的鼠标指针类型，取值在 0～15 之间，值若为 99 则为用户自定义图标。此时 MouseIcon 属性起作用，即可用 MouseIcon 设置自定义的鼠标图标，类型为.ico 或.cur。图标库在 Graphics 目录下。

10. ToolTipText(提示)属性

该属性用于设置在运行时鼠标暂停在控件上时显示的文本信息，起到提示作用。

11. Alignment 属性

该属性用于设置对象控件的对齐方式。默认值为 0，表示左对齐；若为 1，表示右对齐；若为 2，表示居中对齐。

12. AutoSize、WordWrap 属性

AutoSize 属性决定控件对象是否自动调整大小。默认值为 False，表示保持原设计时的大小，正文若太长自动裁剪掉；若值为 True，表示控件能够自动调整大小以显示控件上的整个内容。此时，WordWrap 属性有效。WordWrap 属性值为 True，表示控件能按照文本和字体大小在垂直方向上改变显示区域的大小，在水平方向上不发生变化；值为 False，表示控件能在水平方向上按正文的长度放大或缩小，在垂直方向上以字体大小来放大或缩小显示区域。

例 4.2：在例 4.1 的基础上，再添加一个标签，通过各属性的设置(如表 4－1 所列)，产生如图 4－6 所示的文字叠加效果。当鼠标移动到标签位置处时，指针形状变成手形，并出现"叠加效果"的文字提示信息。

表 4－1　控件属性设置

控件名称	属　性	属性值
Label1	Alignment	2
	BackColor	&H00FFFFFF&
	BackStyle	1
	BorderStyle	1
	ForeColor	&H80000012&
	Left	500
	Top	500
Label2	Alignment	2
	BackStyle	0
	BorderStyle	0
	ForColor	&H00404040&
	Left	550
	Top	520
	MousePointer	99
	MouserIcon	Point05.ico
	ToolTipText	叠加效果

13. TabIndex，TabStop 属性

TabIndex 属性决定了按 Tab 键时，对象在其父窗体中得到焦点的顺序。

图 4-6　例 4.2 运行效果图

焦点是接收用户鼠标或键盘输入的能力。获得焦点称为聚焦，当对象获得焦点时，才可接收用户的输入。

当窗体上有多个控件时，系统会根据控件创建的次序为大部分控件(除 Menu，Timer，Data，Image，Line 和 Shape 等)分配一个 Tab 顺序，并将此次序号保存在 TabIndex 属性中。按默认值规定，第一个创建的控件 TabIndex 属性值为 0，第二个为 1，依次类推。若要改变 Tab 顺序，即对象在其父窗体中得到焦点的顺序，可以直接修改对象的 TabIndex 属性的值。

运行时，对于不可见或被禁用的控件以及某些不能接收焦点的控件(如 Frame 和 Label 等)仍保持在 Tab 键次序中，但利用 Tab 键切换时会自动跳过这些控件。对于那些原本可以接收焦点的对象，则可以通过设置 TabStop 属性值为 False 达到此效果。

4.1.1　窗体(Form)

窗体是 VB 最重要的对象，是包容用户界面或对话框所需的各种控件对象的容器。在创建新工程时，VB 会在窗体设计器中自动新建一个空白的窗体，并以此窗体为起点创建程序。

1. 窗体的主要属性

(1) Name(窗体名称)

应用程序的第一个窗体默认名称为 Form1。在程序代码中通过此窗体名称可以识别和访问不同的窗体对象。窗体名称可以在属性窗口中修改。**注意**，在程序运行时是只读的，代码窗口中无法修改此属性。

(2) Caption(窗体标题)

窗体标题是出现在窗体标题栏的文本内容。默认使用窗体名称的默认值。可以在属性窗口和代码窗口中进行修改。

(3) Picture(图片)

该属性用于设置窗体中要显示的图片。在属性窗口中，可以通过单击 Picture 属性右边的"…"，打开【加载图片】对话框，选择一个图形文件进行装入；也可以在代码窗口中，通过以下两种形式加载要显示的图片：

方法 1：Form1. Picture＝LoadPicture("c:\Graphics\bey. bmp")

方法 2：Form2. Picture＝Form1. Picture

(4) MaxButton 和 MinButton 属性

表示窗体右上角是否有最大化和最小化按钮，属性值取 True 或 False。此属性只能在属性窗口设置。

(5) Controlbox 和 Icon 属性

Controlbox 属性表示窗体左上角是否有控制菜单框,取值为 True 或 False;Icon 属性可为窗体最小化自定义一个显示图标,仅当 Controlbox 属性值取 True 时有效;当 Controlbox 属性值为 False 时,无控制菜单框,这时,系统将 MaxButton 和 MinButton 属性自动设置为 False。

(6) BorderStyle(窗体边框风格)

该属性用于设置边框样式,在运行时是只读的。当 BorderStyle 设置为除 2 以外的值时,系统将 MaxButton 和 MinButton 属性设置为 False。BorderStyle 属性取值情况如表 4-2 所列。

表 4-2 BorderStyle 属性值

属性值	常 量	风 格
0	vbBSNone	窗体无边框,无法移动及改变大小
1	vbFixedSingle	单线边框,可移动,不可以改变大小
2	vbSizable	双线边框,可移动并可以改变大小,这是默认值
3	vbFixedDouble	窗体是固定对话框,大小不可改变
4	vbFixedToolWindow	有关闭按钮,不可以改变大小,标题栏字体缩小,外观与工具条相似
5	vbSizableToolWindow	有关闭按钮,可以改变大小,标题栏字体缩小,外观与工具条相似

(7) WindowsState(设置窗体执行时的显示状态)

WindowsState 属性取值为 0,表示正常窗口状态,有窗口边界;属性取值为 1,表示以图标方式显示的最小化状态;属性取值为 2,表示无边框充满整个屏幕的最大化状态。

2. 窗体的主要方法

(1) Print 方法

该方法用于将文本输出到对象上。

调用格式:

[对象.]Print[{Spc(n)|Tab(n)}][表达式列表][;|,]

其中:

1) 对象:窗体、图形框或打印机(Printer),省略对象在窗体上输出。

2) Spc(n)函数:插入 n 个空格,允许重复使用。

3) Tab(n)函数:左端开始向右移动 n 列,允许重复使用。如果当前行上的打印位置大于 n,则 Tab 将打印位置移动到下一个输出行的第 n 列上。

4) ;(分号):光标定位在上一个显示的字符后。

5) ,(逗号):光标定位在下一个打印区的开始位置处(14 列为一个打印区)。

6) 无;,表示换行。

Print 方法打印输出的位置是由对象的绘图坐标 CurrentX 和 CurrentY 属性决定,默认为打印对象的左上角(0,0)。Print 方法在 Form_Load 事件过程中起作用,必须设置窗体的

AutoRedraw 为 True。

例 4.3:用 Print 方法的标准和紧凑格式输出数据,程序运行结果如图 4-7 所示。

```
Private Sub Form_Click()
    Print "标准格式输出数据"
    Print "数值", 123, -123
    Print "字符串", "Visual Basic"
    Print
    Print "紧缩格式输出数据"
    Print "数值"; 123; -123
    Print "字符串"; "Visual Basic"
End Sub
```

例 4.4:用 Print 方法和定位函数输出数据,注意 Spc(n)和 Tab(n)函数的区别,程序运行结果如图 4-8 所示。

```
Private Sub Form_Click()
    Print Tab(8); "1"
    Print Tab(6); "2"; Spc(3); "2"
    Print Spc(3); "3"; Spc(3); "3"; Spc(3); "3"
    Print Tab(2); "4"; Spc(3); "4"; Spc(3); "4"; Spc(3); "4"
End Sub
```

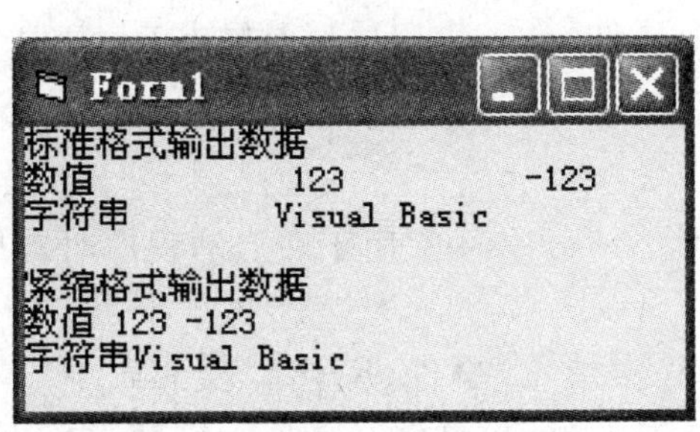

图 4-7　例 4.3 运行结果

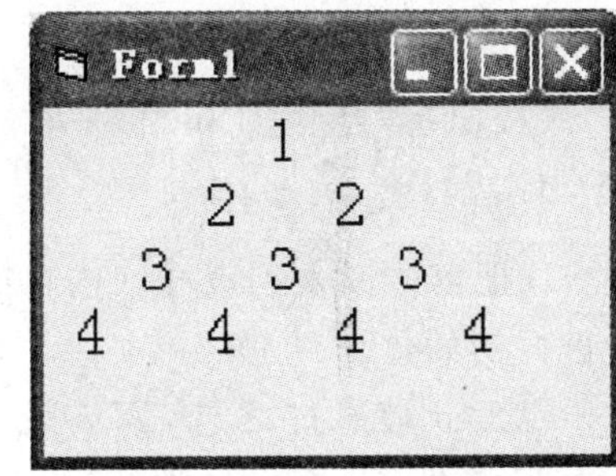

图 4-8　例 4.4 运行结果

(2) Cls(清屏方法)

该方法用于清除运行时在窗体或图形框中显示的文本或图形,同时将绘图坐标 CurrentX 和 CurrentY 属性恢复到原点(0,0)。

调用格式:

[对象.]Cls

其中,对象可以是窗体或图片框。注意,该方法不清除在设计时的文本和图形。

(3) Show 和 Hide(显示和隐藏窗体)

用于窗体的显示和隐藏。

调用格式:

[窗体名.]Show[Style]

[窗体名.]Hide

其中,窗体名取默认值,表示显示或隐藏当前窗体。Show 方法的 Style 参数决定窗体是有模式的(vbModel),还是无模式的(vbModeless)。有模式的窗体不允许用户同时与应用程序的其他窗体交互;无模式窗体则允许。Style 的默认值是无模式的。

(4) Move 方法(移动窗体)

该方法用于移动窗体或控件,并可改变其大小。

调用格式:

[对象.]Move left[,top[,width[,height]]]

其中,对象可以是窗体及除时钟、菜单外的所有控件。参数 Left 是必需的一个单精度值,指示对象左边的水平坐标 (x-轴);参数 Top 是可选的单精度值,指示对象顶边的垂直坐标 (y-轴);参数 Width 是可选的单精度值,指示对象新的宽度;参数 Height 也是可选的单精度值,指示对象新的高度。

所有 VB 的移动、调整大小和图形绘制语句,根据默认规定,使用缇为单位。

3. 窗体的主要事件

(1) Click(单击事件)

单击窗体时触发本事件。

(2) DblClick(双击事件)

双击窗体时触发本事件。实际上双击触发两个事件:第一次按鼠标时触发 Click 单击事件,第二次按鼠标时触发 DblClick 事件。

(3) Load(装载事件)

当 VB 把窗体读入到缓冲区内存时触发本事件。Load 事件常用于在启动程序时对属性和变量进行初始化。

除了以上 3 种事件之外,窗体还具有 Initialize(初始化)事件、Resize(改变大小)事件、Paint(绘画)事件、Activate(激活)事件、Deactivate(失去激活)事件、GotFocus(获得焦点)事件、LostFocus(失去焦点)事件、QueryUnload 和 Unload(卸载)事件等。

例 4.5:设计一个窗体,只有关闭按钮,不可调整窗体大小。窗体字体为【隶书】,字号为 36 磅。窗体标题为【装载窗体】。当启动程序时,显示【欢迎来到 VB 世界】。当用户单击窗体时,显示【触发单击事件】。当用户双击窗体时,显示【触发双击事件】。界面依次演示如图 4-9(a)、图 4-9(b)、图 4-9(c)所示。

代码如下:


```
Private Sub Form_Click()
    Cls
    Print "触发单击事件"
End Sub
Private Sub Form_DblClick()
    Cls
    Print "触发双击事件"
```

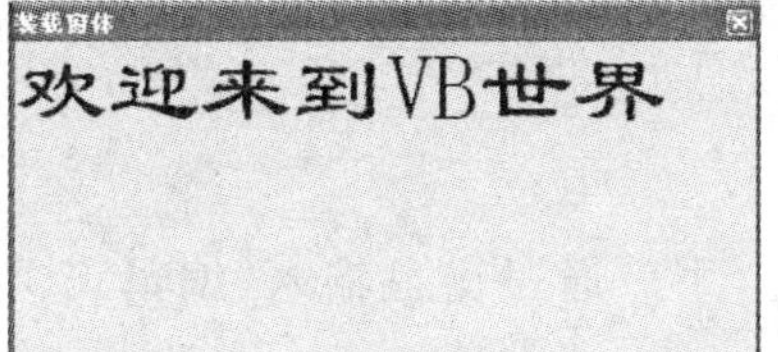

(a)首先触发Load事件

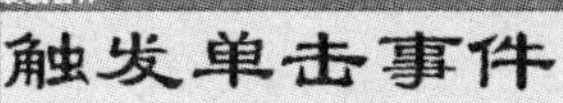

(b)单击窗体触发Click事件

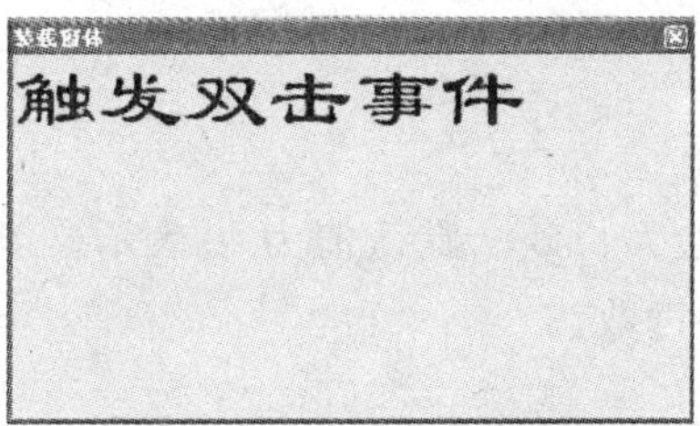

(c)双击窗体触发DblClick事件

图 4-9　例 4.5 程序运行结果

```
End Sub
Private Sub Form_Load()
    Caption = "装载窗体"
    FontSize = 36
    FontName = "隶书"
    Print "欢迎来到 VB 世界"
End Sub
```

注意,程序中需要在设计状态下设置窗体的 BorderStyle 属性值为 4,AutoRedraw 属性值为 True,以便在窗体上可以显示文字。

4.1.2　标签(Label)

标签(Label)主要用于在窗体上显示文字信息;但标签控件在程序运行时不能直接编辑,即标签内容只能通过 Caption 属性来设置。

1. 主要属性

Name,Caption,Alignment,AutoSize(大小自适应属性),BackStyle(背景风格属性),Font,Left,Top 等。

2. 主要事件

标签主要可以接受 Click,DblClick 和 Change(改变)事件。但实际上这些事件不经常使用。

3. 方　法

标签的主要方法有:Refresh(刷新),Move(移动)。

4.1.3　文本框

文本框(Text)主要用于接收用户在框内输入以及编辑、修改的信息,或显示由程序提供

的信息，在程序运行的过程中，具有良好的交互性。

1. 主要属性

(1) Text 属性

文本框不具有 Caption 属性。当程序执行时，用户通过键盘输入、编辑正文，正文内容存放在 Text 属性中。

(2) Locked 属性

决定文本框是否可以被编辑，默认值为 False，表示可以编辑；当取值为 True 时，表示被锁定，相当于标签控件。

(3) MaxLength 属性

表示文本框能容纳字符的最大长度。默认值为 0，表示文本框可以接受任意个数的字符；否则，只能接受本属性设定的字符数。

(4) PasswordChar 属性

本属性默认值为空字符串，表示用户可以看到输入的字符；如果该属性的值设置为某个字符，则表示本文本框用于输入口令，用户输入的内容被保存在 Text 属性中，但输入的字符将被替换为本属性设定的字符，显示在文本框中，常与 MaxLength 配合，创建口令文本框。

(5) MultiLine 属性

本属性决定可控件文本框是否可以实现多行显示文本。若值为 True，则可以输入和显示多行文本，同时 PasswordChar 属性设置无效；若为 False，则只能输入或显示一行文本。该属性不能在程序中改变。

(6) ScrollBars 属性

本属性为滚动条属性。默认值为 0，表示文本框无滚动条；若值为 1，表示有水平滚动条；若值为 2，表示有垂直滚动条；若值为 3，表示水平与垂直滚动条两者都有。本属性只在 MultiLine 属性为 True 时有效。

(7) SelStart，SelLength 和 SelText 属性

这三个属性用来标识用户选中的正文的位置。SelStart 属性决定选定文本的开始位置，第一个字符的位置是 0；SelLength 属性决定选定文本的长度；SelText 属性设定或存放由前两个属性选定的文本内容。

2. 主要方法

(1) SetFocus

文本框最常用的方法就是 SetFocus 方法。该方法能够把光标移到指定的文本框中。

(2) Resfresh

该方法的主要作用是对文本框进行刷新，一般不太常用。

3. 主要事件

(1) Change 事件

当文本框的内容发生变化时，即当文本框的 Text 属性发生变化时，即触发本事件。

(2) KeyPress 事件

当用户按下或释放键盘上一个 ANSI 键时，触发本事件。此事件会返回一个 KeyAscii 参数到该事件过程中。

(3) Lostfocus 事件

当文本框失去焦点时，触发本事件。一般经常在以上 3 个事件过程中设置代码，来实现对文本框的内容进行验证、检查和确认。

(4) GotFocus 事件

当一个对象获得焦点时触发本事件。

例 4.6：设计一个登录窗口，程序运行界面如图 4－10 所示。要求输入用户 ID 号(由 10 位数字字符构成)、密码(123456)，按回车键结束输入。若 ID 号、密码输入正确，显示正确登录信息，并清空文本框，等待下一次登录；否则，显示不正确信息，并自动选定文本，等待用户重新输入。控件属性设置如表 4－3 所列。

程序代码如下：

```
Private Sub Text1_KeyPress(KeyAscⅡ As Integer)
    If KeyAscii = 13 Then                '13 是回车键的 ascⅡ码
        Text2. SetFocus
    ElseIf KeyAscii < 48 Or KeyAscii > 57 Then
        KeyAscii = 0                     '若输入的 ID 不是数字字符，则取消该字符
        Label3. Caption = "ID 号必须由数字构成"
End If
End Sub

Private Sub Text1_LostFocus()
    If Len(Text1. Text) < 10 Then
        Label3. Caption = "ID 号必须由 10 位数字构成"
        Text1. SelStart = 0
        Text1. SelLength = Len(Text1. Text)
        Text1. SetFocus
    Else
        Label3. Caption = ""
    End If
End Sub

Private Sub Text2_KeyPress(KeyAscii As Integer)
    If KeyAscii = 13 Then
        If Text2. Text <> "123456" Then
            Label3. Caption = "密码错误，请重新输入!"
            Text2. SelStart = 0
            Text2. SelLength = Len(Text2)
        Else
            Label3. Caption = "欢迎" & Text1. Text & "用户登录!"
            Text1. Text = ""
```

```
            Text2. Text = ""
            Text1. SetFocus
        End If
    End If
End Sub
```

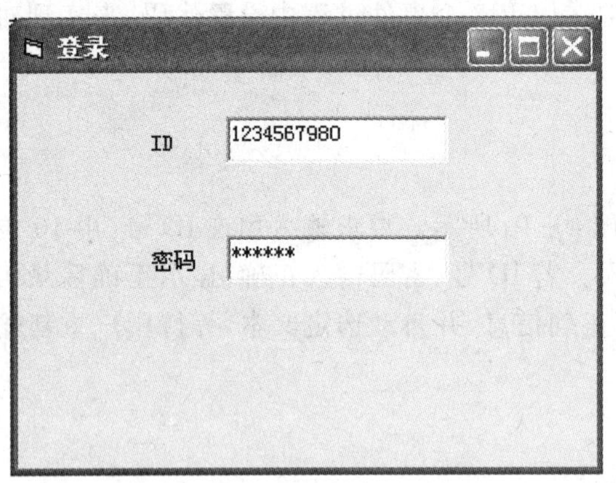

图 4-10　例 4.6 运行结果

表 4-3　控件属性设置

对象名	属性名	属性值
Form1	Caption	登录
Label1	Caption	ID
Label2	Caption	密码
Label3	Caption	—
Text1	Text	—
	MaxLength	10
Text2	Text	—
	PasswordChar	*
	MaxLength	6

4.1.4　命令按钮(CommandButton)

命令按钮在 VB 应用程序中是应用最广泛的控件对象之一。当用户选择某个命令按钮时,程序就会执行相应的事件过程。它是用户和程序交互最简单的方法。

1. 主要属性

(1) Caption 属性

该属性设置在按钮上显示的文字,并且可以通过 Caption 属性创建命令按钮的访问快捷方式。例如,要为命令按钮标题 Enter 创建如图 Enter 所示的访问键 E,则应该在 Caption 属性的字母 E 前添加连字符,即 &Enter。运行时,同时按下 Alt+E 键,即可触发命令按钮的单击事件。

(2) Style 与 Picture 属性

该属性是风格与图片属性。属性的默认值为 0,表示按钮的风格为标准格式,按钮表面只能显示文本;若值为 1,表示按钮可显示由 Picture 属性设置的图片(. bmp 或. ico)。

(3) ToolTipText 属性

一般与 Picture 属性同时使用。能够使用此属性以较少的文字解释每个对象,起到工具提示的作用。

除以上属性外,命令按钮还具有 Default、Cancel、Value 等属性。

2. 主要方法

SetFocus 方法是命令按钮最常用的方法。设置为焦点的按钮在其表面上有一个虚边框。

3. 主要事件

对于命令按钮来说,最基本和重要的事件就是 Click——鼠标单击事件。当程序运行时,

以下情况都会触发单击事件。

1）单击命令按钮。

2）按 Tab 键或调用 SetFocus 方法，使按钮获得焦点，然后按空格键或回车键。

3）使用按钮的访问键。

4）按钮的 Default 属性为 True 时，按下 Enter 键。

5）按钮的 Cancel 属性为 True 时，按下 Esc 键。

6）用代码设置命令按钮的 Value 属性为 True。

例 4.7：设计一个能够实现输入、剪切、复制和粘贴的文本编辑程序，程序运行结果界面如图 4－11 所示。控件属性见表 4－4 所列。

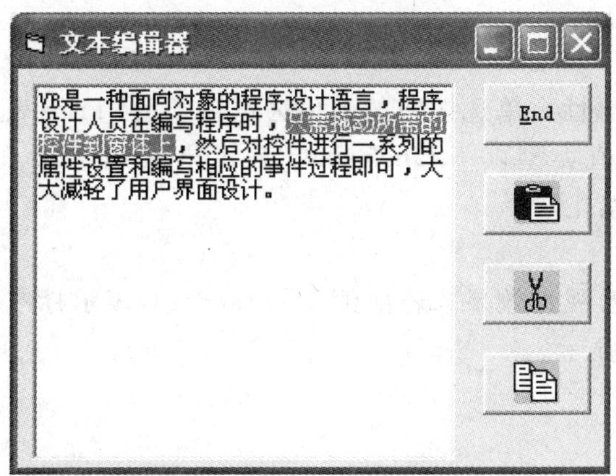

图 4－11　例 4－7 运行结果

表 4－4　控件属性

对象名	属性名	属性值
Form1	Caption	文本编辑器
Command1	Caption	&End
Command2	Caption	—
	Style	1
	Picture	Past. bmp
Command3	Caption	—
	Style	1
	Picture	Cut. bmp
Command4	Caption	—
	Style	1
	Picture	Copy. bmp

```
Dim strclip As String
Private Sub Command1_Click()
    End
End Sub
Private Sub Command2_Click()
    Text1. SelText = strclip
End Sub
Private Sub Command3_Click()
    strclip = Text1. SelText
    Text1. SelText = ""
End Sub
Private Sub Command4_Click()
    strclip = Text1. SelText
End Sub
```


4.2　单选按钮和复选框

在实际应用中，对于一些受限或固定的内容录入，用户往往希望能直接提供选项，方便用户选择录入。VB提供了单选按钮和复选框来实现这一功能，当然列表框和组合框也可以实现这一功能，我们将在4.4节给大家做详细的介绍。

单选按钮(OptionButton)和复选框(CheckBox)通常都是成组出现的，供用户从中必须选择其中之一或同时选择多个选项。两种控件具有相同的属性和事件。

4.2.1 主要属性

1. Caption 属性

设置单选按钮或复选框的文本注释内容。

2. Alignment 属性

设置标题和按钮显示位置。若取值为0，表示按钮在左边，标题显示在右边；若取值为1，表示按钮在右边，标题显示在左边。

3. Value 属性

决定单选按钮和复选框的选中状态，是默认属性。单选按钮的取值为逻辑类型，True表示选定，False表示未选定；复选框的取值为数值类型，0 - Unchecked表示未被选定，1 - Checked表示选定，2 - Grayed图标为灰色，表示禁止选择。

4. Style 属性

表示单选按钮或复选框的显示方式，用于改善视觉效果。若取值0—Standard，表示标准方式显示；若取值为1—Graphical，表示图形方式显示。

4.2.2 主要事件

单选按钮和复选框都可以接收Click事件。当单击时，它们会自动改变选中状态，所以不需要编写过程。另外也可以利用单选按钮或复选框的GotFocus事件来编写代码。

4.3 框架(Frame)

框架的主要作用是可以在同一个窗体中建立几组相互独立的单选按钮或复选框，这样在一个框架内的单选按钮或复选框为一组，对它们的操作不会影响框架以外的单选按钮或复选框。另外，对于其他类型的控件也可以用框架框起来，以提供视觉上的区分和总体的屏蔽或激活特性。

4.3.1 主要属性

1. Caption 属性

设置框架的标题内容。

2. Enabled 属性

设置框架内的控件是否可用。若取值为False，此时框架标题呈灰色，不允许对框架内的对象进行操作。

3. Visible 属性

设置框架内控件是否可见。若取值为True，表示框架及其控件可见；若取值为False，表示框架及其控件被隐藏起来。

4.3.2　主要事件

框架可以响应 Click 和 DblClick 事件。但一般不需要编写框架的事件过程。

例 4.8:设计一个简单的字体格式设置程序,程序运行界面如图 4-12 所示,控件属性设置见表 4-5 所示。

```
Private Sub Command1_Click()
Label1.FontName = IIf(Option1, "宋体", "黑体")
    If Check1.Value = 1 Then
        Label1.FontBold = True
    Else
        Label1.FontBold = False
    End If
    If Check2.Value = 1 Then
        Label1.FontItalic = True
    Else
        Label1.FontItalic = False
    End If
End Sub
Private Sub Command2_Click()
    End
End Sub
```

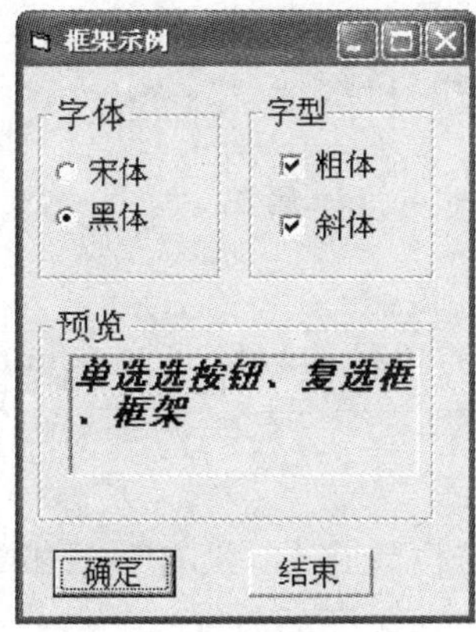

图 4-12　例 4.8 运行结果

表 4-5　控件属性设置

对象名	属性名	属性值
Frame1	Caption	字体
	FontName	宋体
	FontSize	四号
Frame2	Caption	字型
	FontName	宋体
	FontSize	四号
Frame3	Caption	预览
	FontName	宋体
	FontSize	四号
Command1	Caption	确定
Command2	Caption	结束
Option1	Caption	宋体
Option2	Caption	黑体
Check1	Caption	粗体
Check2	Caption	斜体

4.4 列表框(ListBox)和组合框(Combol)

列表框和组合框都是通过列表的形式显示多个项目，供用户选择，达到与用户对话的目的。并且，当列表项目过多时，还会自动出现垂直滚动条。

4.4.1 列表框和组合框主要公有属性

首先介绍列表框和组合框的公有属性。

1. List 属性

该属性是一个字符型数组，存放列表框的项目，下标是从 0 开始。在程序中的访问形式：列表框或组合框名. List(列表项序号)。例如，图 4－13 所示，List1. List(1)表示列表框的第二个项目内容“VB”。列表项目的添加可以通过属性窗口设置，在添加每个项目时，可按 Ctrl＋Enter 键进行下一个项目的连续添加，如图 4－14 所示。

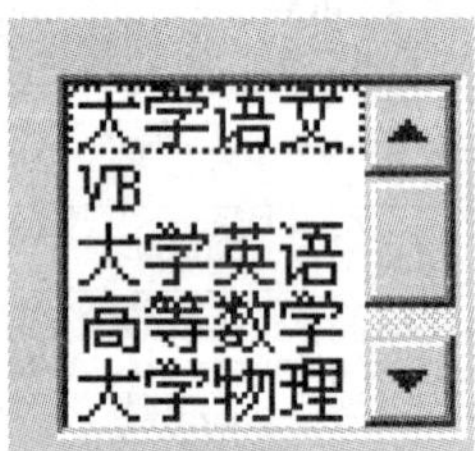

图 4－13 列表框

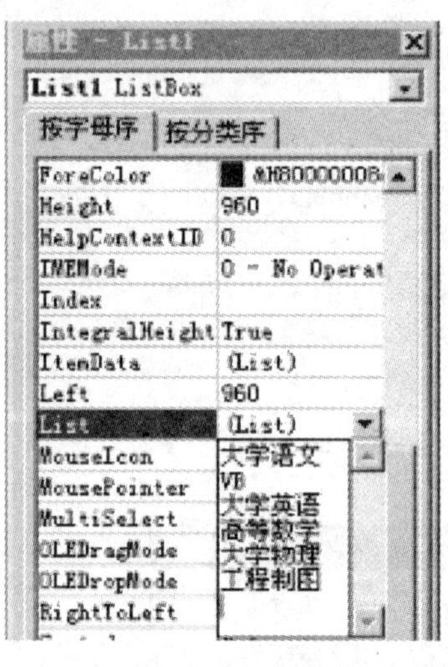

图 4－14 List 属性

2. ListCount 属性

该属性只能在程序中设置或引用。表示当前列表框中的项目的数量，ListCount－1 是最后一项的下标。

3. ListIndex 属性

该属性只能在程序中设置或引用。表示选中的项目的位置序号，没有项目被选定时为－1。通过对象名. List(ListIndex)形式访问当前最后选中的列表项的内容。

4. Sorted 属性

该属性只能在设计状态下使用。决定列表框或组合框的选项是否按字母顺序排列显示。若取值为 True，表示按字母顺序排列；若取值为 False，表示按加入先后顺序排列。

5. Text 属性

该属性只能在程序中设置或引用。该属性值是被选定的选项的文本内容，与 List (ListIndex)相同。对于列表框，不能直接设置 Text 属性；对于组合框，Text 属性值还表示用

户直接在编辑区输入的文本内容。

4.4.2　列表框特有的重要属性

1. Columns 属性

该属性取值为 0 时,列表项单列显示,取值大于 0 时,列表项呈现多列显示状态。

2. MultiSelect 属性

决定用户是否可以一次选择列表框中多个列表项。若取值为 0 - None,表示禁止多项选择;若取值为 1 - Simple,表示简单多项选择,可多选,但每次只能多选一项(鼠标或空格选择);若取值为 2 - Extended,表示扩展多项选择,支持 Shift、Ctrl 多选。

3. Selected 属性

该属性只能在程序中设置或引用。属性值是一个逻辑数组,当 MultiSelect 属性取值为 1 或 2 时,允许用户选中多个列表项时,常采用 Selected(列表项序号)形式,来判断该列表项序号所对应的列表项是否被选中,Selected(列表项序号)值为 True 表示选中,否则值为 False 表示未选中。

4. SelCount 属性

当 MultiSelect 属性取值为 1 或 2 时,该属性用于读取列表框中所选项的数目,常与 Selected 一起使用,处理选中的列表项。

5. Style 属性

该属性控制列表框的外观,取值可以为 0,表示标准形式;取值为 1 表示复选框形式。

4.4.3　组合框特有的属性

组合框主要通过 Style 风格属性的设置,呈现三种样式,如图 4 - 15 所示。若取值为 0,表示为下拉式组合框,支持文本输入;若取值为 1,表示为简单组合框,支持文本输入;若取值为 2,表示为下拉式列表框,不支持文本输入。

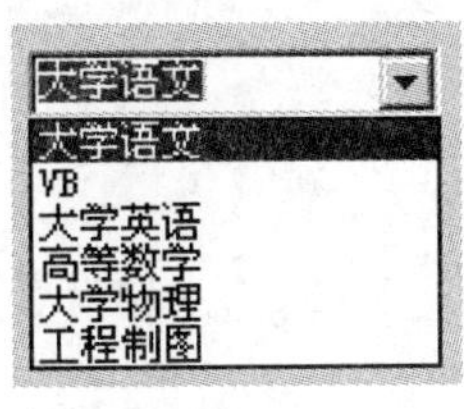

(a)下拉组合框

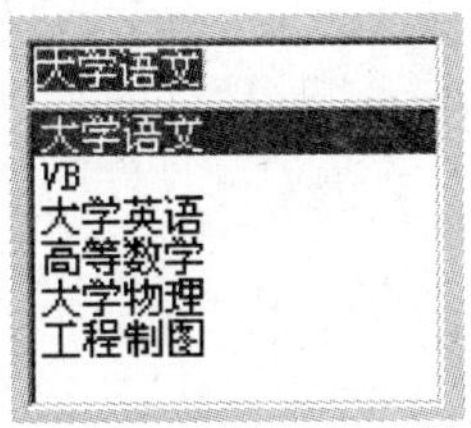

(b)简单组合框

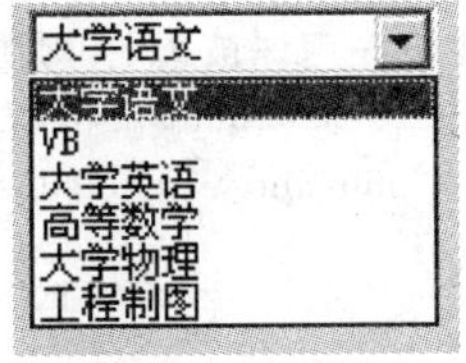

(a)下拉列表框

图 4 - 15　组合框的样式

4.4.4　主要方法

1. AddItem 方法

该方法可以把一个选项加入列表框或组合框。

调用格式:

对象.AddItem 列表项文本内容 [,插入位置序号]

若不指定插入位置,则采用追加形式插入到列表尾。该方法一次只能向列表中添加一个选项。一般在 Form 的 Load 事件过程中来初始化列表项。

2. RemoveItem 方法

该方法把一个选项从列表框或组合框中删除。该方法一次只能删除一个列表选项。

调用格式:对象. RemoveItem 删除选项的序号

3. Clear 方法

该方法可以把所有选项从列表框或组合框中删除。执行 Clear 方法后,ListCount 属性自动重新被设置为 0。

调用格式:对象. Clear

4.4.5 主要事件

列表框和组合框都可以响应 Click 和 DblClick 事件,但只有组合框为简单组合框才有 DblClick 事件,一般不需要编写 Click 事件过程。通常在单击命令按钮或发生 DblClick 事件时才读取 Text 属性。

DropDown 事件适用于下拉式的组合框和下拉式列表框。当单击组合框中向下的箭头时,将触发该事件。

简单组合框和下拉组合框具有一个文本框的编辑区,所以具有类似于文本框的一些事件,如 KeyPress、Change 等事件。

例 4.9:设计一个简单的学生选课程序,可以实现对课程的添加、删除和清空,如图 4-16 所示。学生由公选课列表当中选中一门课,可以使用【添加】按钮,将所选课添加到学生选课列表中;当选中学生选课列表中某门课程时,可以使用【删除】按钮,删除所选课程;【清空】按钮可清除学生所选全部课程。

```
Private Sub Command1_Click( ) '添加按钮
    List2. AddItem List1. Text
    '至少有一门课被选中,则清空按钮可用
    If List2. ListCount <> 0 Then
        Command3. Enabled = True
    End If
End Sub
Private Sub Command2_Click() '删除按钮
    List2. RemoveItem List2. ListIndex
    '若没有被选中课程,则禁用删除和清空按钮
    If List2. ListIndex = -1 Then
        Command2. Enabled = False
    End If
    If List2. ListCount = 0 Then
        Command3. Enabled = False
    End If
End Sub
Private Sub Command3_Click()
    List2. Clear
```

```
    Command3.Enabled = False
End Sub
Private Sub Form_Load()
        '初始化公选课列表
    List1.AddItem "大学语文"
    List1.AddItem "VB"
    List1.AddItem "大学英语"
    List1.AddItem "高等数学"
    List1.AddItem "大学物理"
    List1.AddItem "工程制图"
    List1.AddItem "体育"
    '添加、删除、清空按钮不可用
    Command1.Enabled = False
    Command2.Enabled = False
    Command3.Enabled = False
End Sub
Private Sub List1_Click()
    Command1.Enabled = List1.ListIndex <> -1
End Sub
Private Sub List2_Click()
    Command2.Enabled = List2.ListIndex <> -1
End Sub
```

例 4.10：设计一个程序，利用简单组合框实现公选课的课程名添加操作，录入一个课程名后按【确定】按钮，将课程名添加进组合框中。运行界面如图 4－17 所示。

```
Private Sub Command1_Click()
Combo1.AddItem Combo1.Text
Combo1.SetFocus
Combo1.Text = ""
End Sub
Private Sub Command2_Click()
Combo1.Text = ""
End
End Sub
```

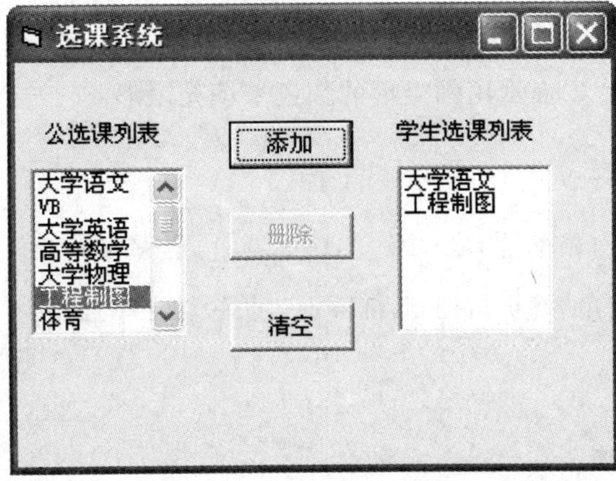

图 4－16　例 4.9 运行结果

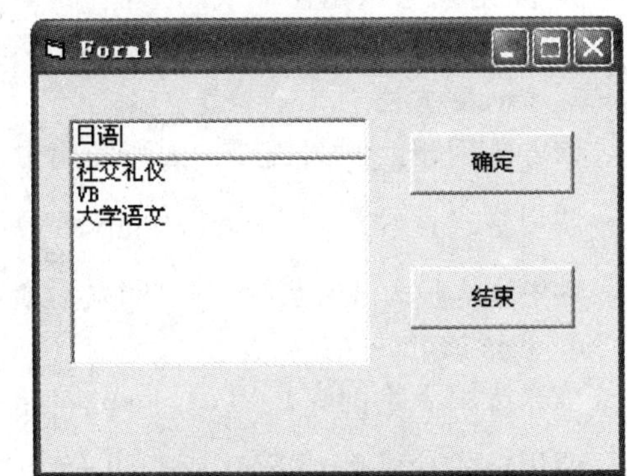

图 4－17　例 4.10 运行结果

4.5 图形控件

VB 是一种可视化的能够开发和创建具有图形用户界面的应用程序。本节将介绍 VB 所提供的图形控件,来美化我们的界面。

4.5.1 图形框(PictureBox)和图像框(Image)

图形框的主要作用是用来显示图片。显示的图片由 Picture 属性决定。

装入图形的格式为:

图形框对象.Picture = LoadPicture("图形文件名");

若要删除图形,则其格式为:

图形框对象.Picture = LoadPicture( ),

将一个空白图形装入图形框即可。

图片框也有 Autosize 属性,当设置为 True 时,图形框能自动调整大小与显示的图片匹配。

图形框也可作为其他控件的容器,可以在图形框内放置其他控件。这些控件会随图形框移动,控件的 Top 和 Left 属性是相对图形框而言的,与窗体无关。

图像框比图形框占用更少的内存。对图像的装入和删除与图片框的方法相同。但图像框内不能保存其他控件。若图像框内装入的图形较大,大于了窗体的边界,则图像框的边界会被窗体的边界截断。可以在窗体的 Resize 事件中通过代码使图像框适应窗体尺寸的变化。

图像框没有 Autosize 属性,但具有 Stretch 属性。若设置 Stretch 属性值为 False,图像框可自动改变大小以适应其中的图形;若设置 Stretch 属性值为 True,图形可自动调整尺寸以适应图像框的大小。

4.5.2 图形方法(适用于图片框、窗体、打印机)

1. Line 方法

该方法用于画直线或矩形。

调用格式:[对象.] Line [[Step] (x1,y1)]—(x2,y2)[,颜色][,B[F]]

其中,对象可以是窗体或图形框。(x1,y1),(x2,y2)为线段的起点、终点坐标或矩形的左上角、右下角坐标。关键字 B 表示画矩形,关键字 F 表示用画矩形的颜色来填充矩形。

2. Circle 方法

该方法用于绘制圆、椭圆、圆弧和扇形。

调用格式:[对象.]circle [step](x,y),半径[,颜色][,起始角][,终止角][,长短轴比率]

其中,(x,y)为圆心坐标;圆弧和扇形通过起始角、终止角控制;椭圆通过长短轴比率控制。

3. Pset 方法

该方法用于绘制点。

调用格式:[对象.] Pset [Step] (x,y) [,颜色]

其中,参数(x,y)为所画点的坐标,关键字 Step 表示采用当前作图位置的相对值。

4. Point 方法

该方法用于返回指定点的 RGB 颜色。

调用格式:[对象.] Point (x,y)

其中,参数对象与(x,y)的意义与前述相同。

例 4.11:利用图像框和图形方法绘制直线和圆,并加载一个背景图片,并编制程序代码。运行结果如图 4-18 所示。

```
Private Sub Command1_Click()          '加载图片
    Picture1.Picture = LoadPicture("\image\s4_11.bmp")[C1]
End Sub
Private Sub Command2_Click()          '画直线
    Picture1.Line (200, 200)-(1000, 1000)
End Sub
Private Sub Command3_Click()
    Picture1.Circle (500, 500), 500
End Sub
Private Sub Command4_Click()
    Picture1.Cls
End Sub
Private Sub Form_Load()
    Image1.Stretch = True
End Sub
```

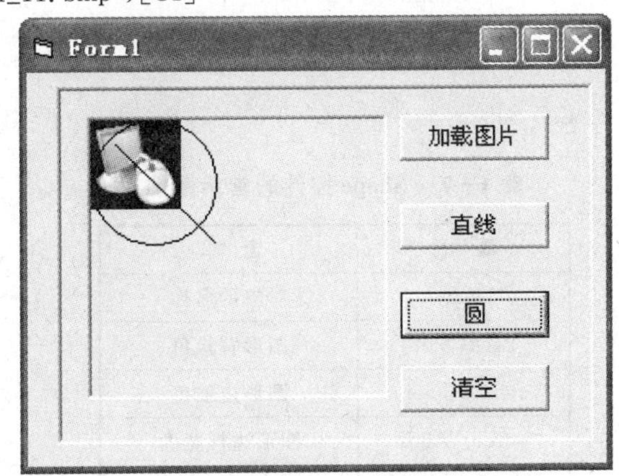

图 4-18　例 4.11 运行结果

4.5.3　绘图控件 Line(直线)和 Shape(形状)

绘图控件仅适合在窗体和图片框内绘制图形,但绘制出的图形不支持任何事件。

1. Line 的主要属性

Line 的主要属性如表 4-6 所列。

注意,只有直线宽度为 1 时(BorderWidth=1),BorderStyle 属性的属性值(0~6)才有效。当直线宽度>1 时,取值只有 0 和 6 有效,而且不能绘制虚线。当 BorderStyle 取值为 0 时,线型为透明,在窗体上不显示。BorderStyle 属性的取值和对应的线型如图 4-19 所示。

表 4-6　直线控件的属性

属　性	含　义
Name	对象的名称
BorderStyle	直线的线型
BorderColor	直线的颜色
BorderWidth	直线的宽度
X1、Y1	直线的起点坐标
X2、Y2	直线的终点坐标

Form1
1-实线
2-虚线
3-点线
4-点划线
5-双点划线
6-内实线

图 4-19　BorderStyle 属性的取值和对应的线型

2. Shape 的主要属性

Shape 可以用来绘制矩形、正方形、椭圆、圆、圆角矩形和圆角正方形。表 4-7 列出了此控件的常用属性。

例 4.12:利用控件数组 shap1,在窗体上显示 Shape 控件的各种形状及填充效果。如图 4-20所示。

```
Private Sub Form_Click()
    Dim i As Integer
    For i = 0 To 5
        Shape1(i).Shape = i
        Shape1(i).FillStyle = i
    Next i
End Sub
```

表 4-7 Shape 控件的常用属性

属 性	含 义
Name	对象的名称
BackColor	图形背景色
BorderColor	图形边框色
BorderWidth	图形边框宽度
FillColor	图形的填充色
FillStyle	图形底纹(取值 0~7)
Shape	图形种类(取值 0~6)

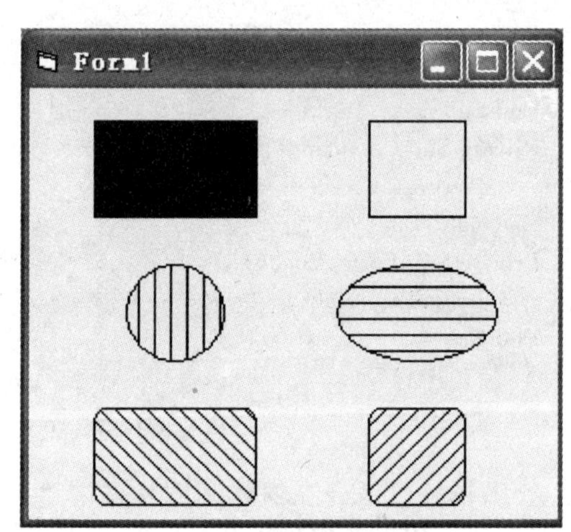

图 4-20 例 4.12 运行结果

4.6 时 钟

时钟控件(Timer)也称为计时器控件或时间控件。它响应时间的流逝。通常利用该控件实现每隔一段时间有规律地完成相应的操作。**注意**,时钟控件在程序运行过程中不可见,所以它的位置和大小无关紧要。

4.6.1 主要属性

1. Interval 属性

时钟控件以 Interval 为时间间隔产生 Timer 事件。时间间隔的单位为 ms(毫秒),取值范围为 0~65 535;可以在设计或运行时设置 Timer 控件的 Interval 属性。当 Interval 取值为 0 时,表示屏蔽计时器。

2. Enabled 属性

决定时钟控件是否对时间的推移作出响应。若取值为 True,表示有效计时;若取值为 False,则表示停止时钟工作。

4.6.2 主要事件

时钟控件只有 Timer 事件。

例 4.13:设计程序实现文字的闪烁,同时文字颜色动态变化。程序运行界面如图 4-21 所示。

```
Private Sub Timer1_Timer()
    '利用 Rnd 函数产生随机数,保证每次颜色随机变化
    r = Int(Rnd * 255)
    g = Int(Rnd * 255)
    b = Int(Rnd * 255)
    Label1.ForeColor = RGB(r, g, b)
End Sub
```

图 4-21 例 4.13 运行结果

本程序设置时钟控件的 Interval 的值为 500,也就是标签中的字体每 0.5 s 闪烁一次。标签中文字的颜色由随机函数 Rnd 产生的不同值决定。

4.7 ProgressBar

ProgressBar 控件用于设计显示事务处理进程的进度条。它位于 Microsoft Windows Common Control 6.0 部件中。

ProgressBar 控件有三个重要的属性:Max、Min 和 Value。Max 和 Min 属性用于设置控件的界限,Value 属性决定控件被填充了多少。因此,在对 ProgressBar 控件进行编程时,首先必须确定 Value 属性上面的界限。假设想显示一个文件被复制的进度,那么文件的大小有多少 KB,就可以将 Max 属性设置为该值。同时,还必须确定该文件已经复制了多少 KB。这个值就是 Value 属性所要设置的值。ProgressBar 控件的属性一般通过它的属性页来设置,如图 4-22 所示。

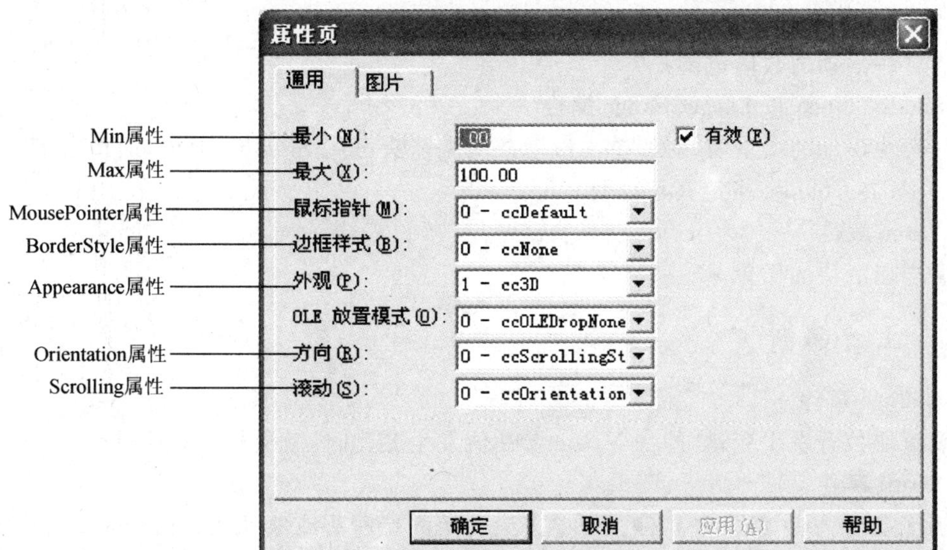

图 4-22 ProgressBar 控件的属性页

4.8 UpDown

VB 提供了水平和垂直两种滚动条控件。用于与其他对象配合，浏览长列项目和信息。有时也用于数据输入。它位于 Microsoft Windows Common Control－2 6.0 部件中。

UpDown 控件的属性页如图 4－23 所示。

要想与其他控件相关联的方法是在【合作者】选项卡中输入【合作者】控件的名称和选定【合作者】控件的属性。如果选择了【自动合作者】复选框，则 UpDown 控件自动选择 TabOrder 列表中的前一个控件作为【合作者】控件。然后在滚动选项卡中设置滚动范围和滚动率。

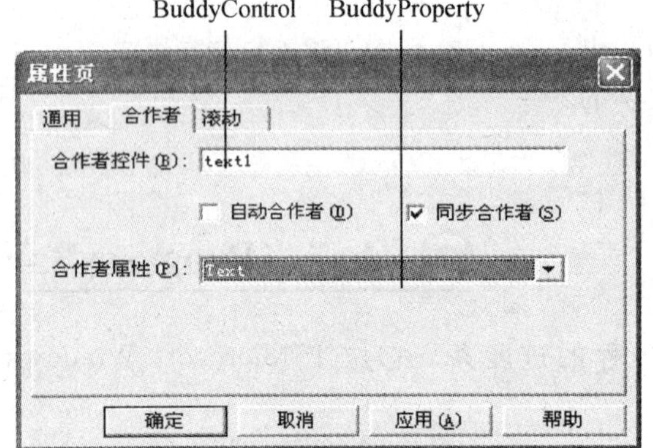

(a) UpDown控件的【合作者】选项卡

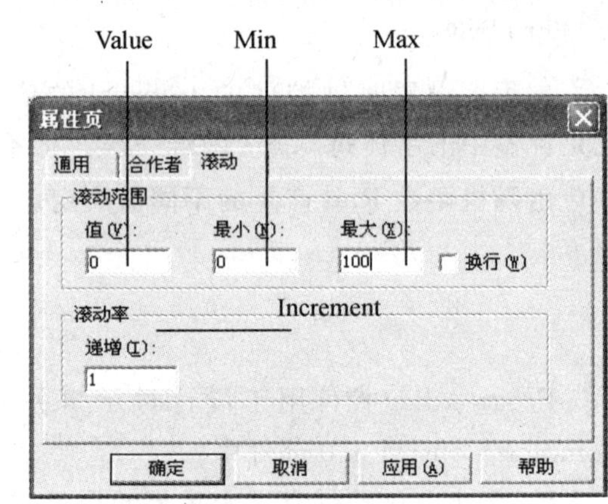

(b) UpDown控件的【滚动】选项卡

图 4－23 UpDown 控件属性

4.8.1 主要属性

1. Max 和 Min 属性

设置滑块滚动的数值范围。

2. SmallChange 和 LargeChange 属性

设置滑块滚动的增量值，对于单击滚动条两端箭头可用 SmallChange，而单击滚动条空白处则可用 LargeChange 指定其移动量。

3. Value 属性

设置当前滑块的位置。

4.8.2 主要事件

1. Change 事件

只要滑块位置发生变化，即当 Value 属性值发生变化时，就会触发该事件。

2. Scroll 事件

仅当拖动滑块时，触发本事件。但单击滚动条两端箭头或滚动条空白处时不发生该事件。

4.9 SSTab

SSTab 控件位于 Microsoft Tabbed Dialog Control 6.0 部件中，是为用户制作多个选项卡的对话框。在 SSTab 控件中，所有选项卡都能够作为其他控件的窗口，但一次只能有一个选项卡被激活(处于活动状态)。当某个选项卡被激活后，其内容被显示，而其余选项卡被隐藏。

主要属性

1. Style 属性

决定选项卡样式。若取值为 0，则活动选项卡的字体是粗体的；若取值为 1，选项卡的 TabMaxWidth 属性就被忽略，而每个选项卡的宽度都调整到其标题中文本的长度，显示文本所用的字体不是粗体的。

2. Tabs 属性

决定选项卡总数。在运行时可以更改 Tabs 属性，从而添加新的选项卡或删除选项卡。在设计时，可用 Tabs 属性连同 TabsPerRow 属性来决定控件显示的选项卡的行数。运行时可使用 Rows 属性获得选项卡的行数。

3. TabsPerRow 属性

决定每一行选项卡的数目。

4. Rows 属性

决定选项卡总行数。

5. TabOrientation 属性

决定 SSTab 控件上选项卡的位置。选项卡可以出现在控件的顶端、底部、左边或右边。

6. ShowFocusRect 属性

当控件上的选项卡获得焦点时，决定选项卡上的焦点矩形是否可视。若取值为 True(默认)，表示在有焦点的选项卡上，控件显示焦点矩形；若取值为 False，表示在有焦点的选项卡上，控件不显示焦点矩形。

7. Tab 属性

决定当前选项卡的序号。序号从 0 开始，如果 Tab 为 1，则第二个选项卡为当前活动的选项卡。

例 4.14：设计一个选项卡界面，用户可以输入一些基本的学生信息。运行界面如图 4-24 所示。

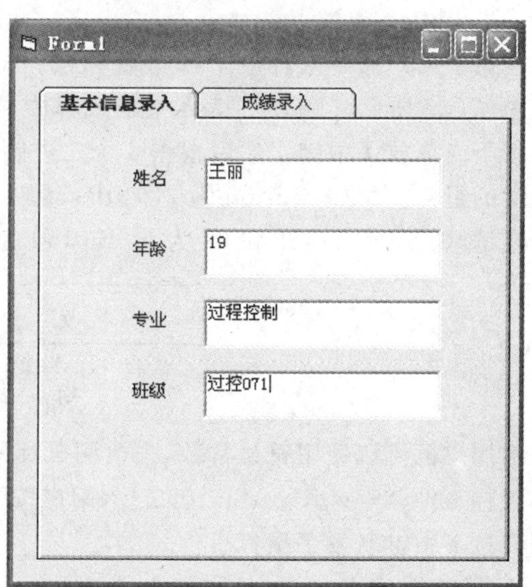

图 4-24　例 4.14 运行结果

4.10 鼠标和键盘

目前,用户主要还是利用键盘和鼠标进行计算机的基本操作。而 VB 可以很好地响应多种鼠标和键盘事件。如果能运用到程序设计中,可以提高应用程序的交互能力。

4.10.1 鼠标事件

VB 除了能识别鼠标的单击事件和双击事件之外,还能识别鼠标的按下、移动和释放事件,即 MouseDown、MouseMove 和 MouseUp 事件。鼠标事件适用的对象包括窗体、文本框、命令按钮、选项按钮、复选框、列表框、图片框、标签、框架等。

与上述 3 个鼠标事件相对应的鼠标事件过程如下:

MouseDown 事件(按下任意一个鼠标按钮时被触发):

Sub Form_MouseDown(Button As Integer, Shift As Integer, X As Single, Y As Single)(发生在窗体上的事件过程)

MouseUp 事件(在释放任意一个鼠标按钮时被触发):

Sub Form_MouseUp(Button As Integer, Shift As Integer, X As Single, Y As Single)(发生在窗体上的事件过程)

MouseMove 事件(在移动鼠标时被触发):

Sub Form_MouseMove(Button As Integer, Shift As Integer, X As Single, Y As Single)(发生在窗体上的事件过程)

1. Button 参数

指示用户按下或释放了哪个鼠标按钮。假设 b0 表示左键,b1 表示右键,b2 表示中键。如图 4-25 所示。b0 为 1 表示按下或释放了左键;b1 为 1 表示按下或释放了右键;b2 为 1 表示按下或释放了中键。然后根据 3 个二进制位的组合值来判断用户按下了鼠标哪个键或哪几个键的组合。例如:Button 为 2(010B),即 b1 为 1,表示按下或释放了右键;如果按了或释放了左键,则 b0 为 1, b1 和 b2 为 0, Button 为 1(001B)。

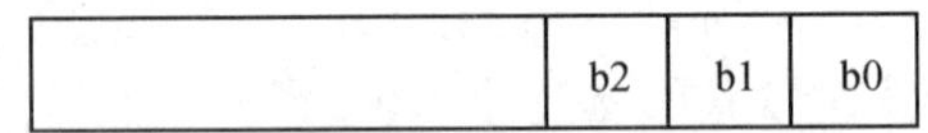

图 4-25 鼠标按钮

用户也可以使用符号常数,来检测鼠标的状态。1—vbLeftButton 表示用户按下左键触发了鼠标事件;2—vbRightButton 表示用户按下右键触发了鼠标事件;4—vbMiddleButton 表示用户按下中键触发了鼠标事件。

2. Shift 参数

指示用户按下了键盘的 Shift、Alt、Ctrl 键的哪个键与鼠标配合使用。b0 为 1 表示按下了 Shift 键;b1 为 1 表示按下了 Ctrl 键;b2 为 1 表示按下了 Alt 键。例如:Shift 为 2(010B),即 b1 为 1,表示仅按下了 Ctrl 键;如果同时按了 Ctrl 和 Shift 键,则 b0 和 b1 为 1,b2 为 0, Shift 为 3(011B)。

注意,可能同时按下两个或三个键。如果 Button< >1 成立,并不表示没有按下 Shift,因

为可能其他键也被按下了。如果要测试按下了某个键,则应用 and 进行位运算。例如 Button and 1 成立,表示肯定按下了 Shift(可能其它键也被按下了)。

下面的一段程序表示用户按下了 Shift 键的同时按下了鼠标左键。

```
If Shift = 1 and Button = 2 Then
        …
        '这是仅按住 shift 键单击鼠标后执行的代码
        …
End If
```

用户同样可以使用符号常数来检测这三个按键的状态。1 - vbShiftMask 表示 Shift 键被按下;2 - vbCtrlMask 表示 Ctrl 键被按下;4 - vbAltMask 表示 Alt 键被按下。如果 Shfit And vbCtrlMask 为真,则按下了 Ctrl 键;如果 CBool(Shift And vbCtrlMask) Or CBool(Shift And vbShiftMask)为真则表示按下了 Ctrl 键和 Shift 键。

3. X、Y 参数

这两个值对应鼠标的当前位置,采用 ScaleMode 属性指定的坐标系。

例 4.15:利用鼠标事件,在窗体上绘图形。运行界面如图 4 - 26 所示。

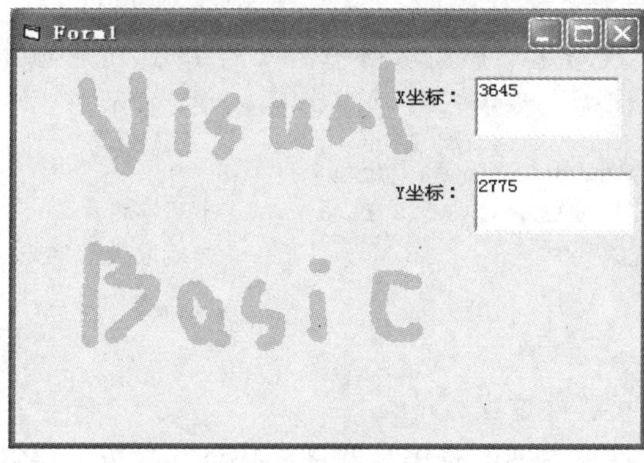

图 4 - 26　例 4.15 运行结果

```
Dim flag As Boolean
 Private Sub Form_Load()
     DrawWidth = 10    '画笔的宽度
     ForeColor = RGB(0, 255, 255)
 End Sub
 Private Sub Form_MouseDown(Button As Integer, Shift As Integer, X As Single, Y As Single)
 flag = True    '开始下笔
 End Sub
 Private Sub Form_MouseMove(Button As Integer, Shift As Integer, X As Single, Y As Single)
 If flag Then
     PSet (X, Y)
 End If
 Text1.Text = X    '记录鼠标的位置
 Text2.Text = Y
 End Sub
```

```
Private Sub Form_MouseUp(Button As Integer, Shift As Integer, X As Single, Y As Single)
    flag = False    '停笔
End Sub
```

4.10.2 键盘事件

在大多数的应用程序中，对于接受文本输入的控件，如文本框、简单组合框和下拉列表框等，需要控制和处理输入的文本。目前，键盘输入仍是主流，所以常常就需要对键盘事件进行编程。键盘的事件有三种，下面详细介绍。

1. KeyPress 事件过程

用户按下并且释放一个会产生 ASCII 码的键时被触发。事件过程形式如下：

```
Sub Form_KeyPress(KeyAscii As Integer) '窗体的事件过程
Sub object_KeyPress([index As Integer,]KeyAscii As Integer) '控件的事件过程
```

其中，参数 KeyAscII 为与按键相对应的 ASCII 码值。例如，当用户按下小写字母 a 时，KeyAscii 的参数值为 97。

注意，键盘上不是所有键都能产生 ASCII 码，如方向键←，→，↓，↑，功能键 F1～F12，Shift，Ctrl，Alt 键都不能产生 ASCII 码，不会引发 KeyPress 事件。

例 4.16：设计程序，实现对用户在文本框中输入的字母，不管输入的是大写还是小写，始终以大写字母显示在文本框中。程序运行界面如图 4-27 所示。

```
Private Sub Text1_KeyPress(KeyAscii As Integer)
If KeyAscii >= 97 And KeyAscii <= 122 Then          '小写字母
    KeyAscii = KeyAscii - 32                        '转换成大写字母
End If
End Sub
```

2. KeyDown 和 KeyUp 事件过程

KeyDown 和 KeyUp 事件返回的是键盘的直接状态。当按下键盘上的任意一个键时触发 KeyDown 事件，当释放按键，就会触发 KeyUp 事件。它们的事件过程形式如下：

```
Sub Form_KeyDown(KeyCode As Integer, Shift As Integer)
Sub object_KeyDown([Index As Integer,]keyCode As Integer, Shift As Integer)
Sub Form_KeyUp(KeyCode As Integer, Shift As Integer)
Sub object_KeyUp([Index As Integer,]KeyCode As Integer,Shift As Integer)
```

其中，KeyCode 参数是用户按下的那个键的扫描码，即用户所操作的物理键。与 KeyAscII 参数不同。不管用户操作时是处在大写还是小写状态，还是用户按下了带上档键或下档键的字符，如用户在键盘上按 A 键，KeyCode 参数值相同。表 4-8 列出了部分字符的 KeyCode 和 KeyAscII 码。常使用 KeyDown 和 KeyUp 事件过程来处理任何不被 KeyPress 识别的按键，如功能键、定位键等。

Shift 参数与鼠标事件过程 Shift 相同。不再重复叙述。

注意，有时是不会触发 KeyDown 和 KeyUp 事件的：

1）窗体有一个 CommandButton 控件，并且 Cancel 属性设置为 True 时的 Esc 键。

2）窗体有一个 CommandButton 控件，并且 Default 属性设置为 True 时的 Enter 键。

3）Tab 键。

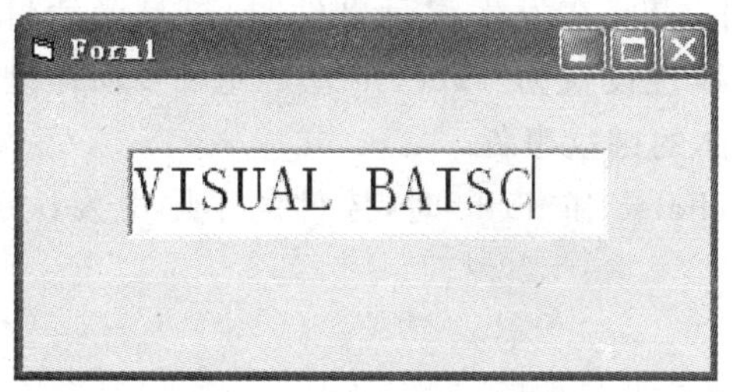

图 4－27　例 4.16 运行结果

表 4－8　KeyCode 和 KeyAscii 码

键（字符）	KeyCode	KeyAscii
A	&H41	&H41
A	&H41	&H61
5	&H35	&H35
%	&H35	&H25

例 4.17：设计程序，利用 KeyDown 和 KeyUp 事件显示按下和释放转换键情况，当按下 Alt＋F4 时关闭程序。程序运行界面如图 4－28 所示。

```
Private Sub Form_KeyDown(KeyCode As Integer, Shift As Integer)
    If Shift = 1 Then Print "按下 Shift 键"; KeyCode
    If Shift = 2 Then Print "按下 Ctrl 键"; KeyCode
    If Shift = 3 Then Print "按下 Shift+Ctrl 键"; KeyCode
    If Shift = 4 Then Print "按下 Alt 键"; KeyCode
    If Shift = 5 Then Print "按下 Alt+Shift 键"; KeyCode
    If Shift = 6 Then Print "按下 Alt+Shift 键"; KeyCode
    If Shift = 7 Then Print "按下 Alt+Ctrl+Shift 键"; KeyCode
    If Shift < 1 Or Shift > 7 Then Print "按下"; Chr(KeyCode)
    If (KeyCode = vbKeyF4) And (Shift = 4) Then
        End
    End If
End Sub
Private Sub Form_KeyUp(KeyCode As Integer, Shift As Integer)
    Print "释放"; KeyCode
End Sub
```

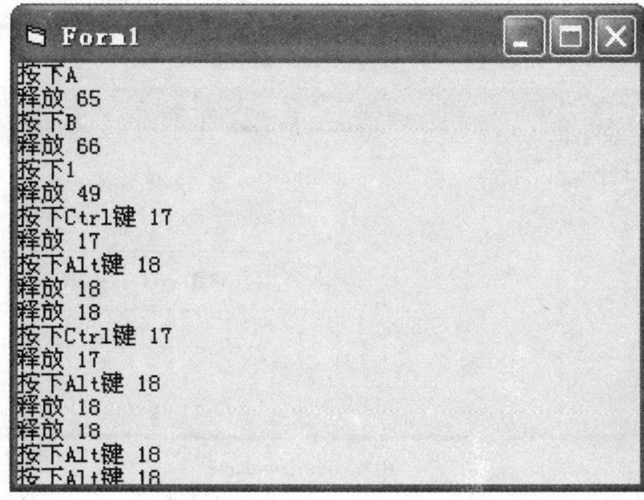

图 4－28　例 4.17 运行结果

以上 3 个事件要想被启用，必须将窗体的 KeyPreview 属性设为 True，默认值为 False。在默认情况下，控件的键盘事件优先于窗体键盘事件，因此在发生键盘事件时，总是激活目前得到焦点的控件的键盘事件；若窗体的 KeyPreview 属性设置为 True，则总是先触发窗体键盘事件，后触发焦点控件的键盘事件，否则不会触发窗体的键盘事件。

例 4.18：设计一个程序，比较当 KeyPreview 为 False 和 True 时，控件的不同触发次序。程序运行界面如图 4－29 所示。

```
Private Sub Command1_Click()
    Form1. KeyPreview = True
End Sub
Private Sub Command2_Click()
    Form1. KeyPreview = False
End Sub
Private Sub Form_KeyPress(KeyAscii As Integer)
    Print "触发窗体的 KeyPress 事件"
End Sub
Private Sub Text1_KeyPress(KeyAscii As Integer)
    Print "触发文本框的 KeyPress 事件"
End Sub
```

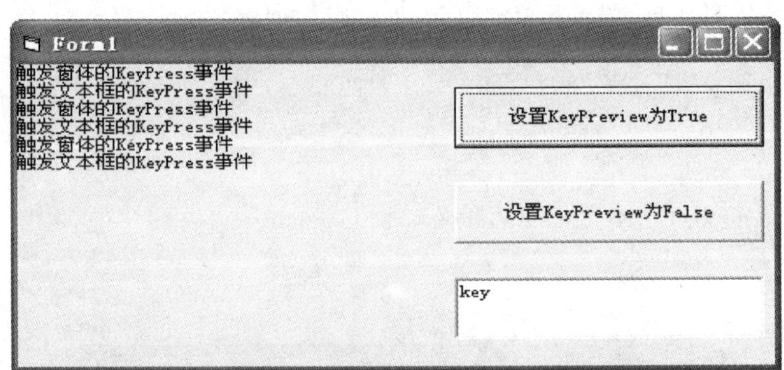

(a) KeyPreview=True

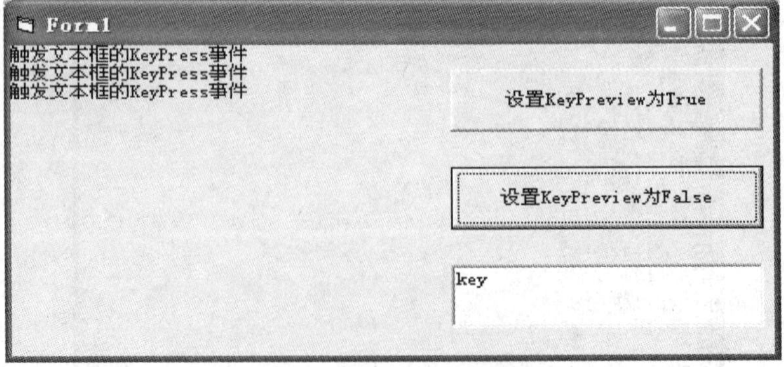

(b) KeyPreview=False

图 4－29　例 4.18 运行结果

习题 4

(1) 选择题

1. 如图 4-30 所示，Form1 窗体中没有采用的控件是(　　)。

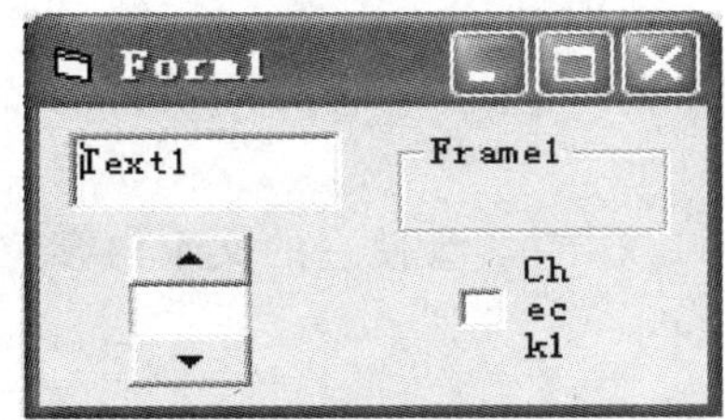

图 4-30　Form1 窗体

A. 文本框　　B. 水平滚动条　　C. 框架　　D. 选项按钮

2. 假定窗体上有一个标签，名为 Label1，为了使该标签透明并且没有边框，则正确的属性设置为(　　)。

A. Label1.BackStyle=0
　 Label1.BorderStyle=0

B. Label1.BackStyle=1
　 Label1.BorderStyle=1

C. Label1.BackStyle=True
　 Label1.BorderStyle=True

D. Label1.BackStyle=False
　 Label1.BorderStyle=False

3. 窗体中有 3 个按钮 Command1、Command2 和 Command3，该程序的功能是当单击按钮 Command1 时，按钮 2 可用，按钮 3 不可见，正确的程序是(　　)

A.
```
Private Sub Command1_Click( )
Command2.Visible=True
Command3.Visible=False
End Sub
```

B.
```
Private Sub Command1_Click( )
Command2.Enabled=True
Command3.Enabled=False
End Sub
```

C.
```
Private Sub Command1_Click( )
Command2.Enable=True
Command3.Visible=False
End Sub
```

D.
```
Private Sub Command1_Click( )
Command2.Enabled=False
Command3.Visible=False
End Sub
```

4. 为了把窗体上某个控件变成活动控件，应执行的操作是(　　)。

A. 单击窗体的边框　　B. 单击控件的内部

C. 双击控件　　D. 双击窗体

5. 若要求在文本框中输入密码时在文本框中显示＃号，则应在此文本框的属性窗口中设置(　　)。

A. Text 属性值为＃　　B. Caption 属性值为＃

C. PasswordChar 属性值为＃　　D. PasswordChar 属性值为真

6. 确定一个窗体或控件大小属性是(　　)。

A. Width 或 Height　B. Width 和 Height　C. Top 或 Left　D. Top 和 Left

7. 假定窗体的名称为(Name 属性)为 form1,则把窗体的标题设置为"VBTEST"的语句正确的是(　　)。

A. form1="VBTEST"　B. Caption="VBTEST"

C. form1. test="VBTEST"　D. form1. name="VBTEST"

8. 使文本框获得焦点的方法(　　)。

A. Change　B. GotFocus　C. SetFocus　D. LostFocus

9. 为了使标签中的内容居中显示,应把 Alignment 属性设置为(　　)。

A. 0　B. 1　C. 2　D. 3

10. 假定窗体上有一个 Text1 文本框,为使它的文本内容位于中间并且没有边框,则正确的属性设置为(　　)。

A. Text1. Alignment=1
Text1. BorderStyle=0　B. Text1. Alignment=2
Text1. BorderStyle=1

C. Text1. Alignment=1
Text1. BorderStyle=1　D. Text1. Alignment=2
Text1. BorderStyle=0

11. VB 窗体设计器的主要功能是(　　)。

A. 建立用户界面　B. 编写源程序代码　C. 添加图　D. 显示文字

12. 下列不能打开工具箱窗口的操作是(　　)。

A. 单击"视图"菜单中的"工具箱"菜单项

B. 按 Alt+F8 键

C. 单击工具栏上的"工具箱"按钮

D. 按 Alt+V,然后按 Alt+X 键

13. 同时改变一个活动控件的高度和宽度,正确的操作是(　　)。

A. 拖拉控件 4 个角上的某个小方块

B. 只能拖拉位于控件右下角的小方块

C. 只能拖拉位于控件左下角的小方块

D. 不能同时改变控件的高度和宽度

14. 假定窗体上有一个文本框,名为 Txt1,为了使该文本框的内容能够换行,并且具有水平的垂直滚动条,正确的属性设置为(　　)。

A. Txt1. MultiLine = True
Txt1. ScrollBars = 0　B. Txt1. MultiLine = True
Txt1. ScrollBars = 3

C. Txt1. MultiLine = False
Txt1. ScrollBars = 0　D. Txt1. MultiLine = False
Txt1. ScrollBars = 3

15. 为了取消窗体的最大化功能,需要把它的一个属性设置为 False,这个属性是(　　)。

A. ControlBox　B. MinButton　C. Enabled　D. MaxButton

16. 为了使标签覆盖背景,应把 BackStyle 属性设置为(　　)。

A. 0　B. 1　C. True　D. False

17. 在文本框(Text1)和文本框(Text2)中分别输入 123 和 123,然后单击命令按钮,在标

签中显示结果为 246。能实现上述功能的语句是(　　)。

A. a = Text1. Text + Text2. Text
　Label1. Caption = Str(a)

B. a = Val(Text1. Text + Text2. Text)
　Label1. Caption = Str(a)

C. a = Val(Text1. Text) + Val(Text2. Text)
　Label1. Caption = Str(a)

D. val(a) = Text1. Text + Text2. Text
　Label1. Caption = Str(a)

18. 如果要向工具箱中加入控件的部件,可以利用【工程】菜单中的(　　)命令。

A. 引用　　B. 部件　　C. 工程属性　　D. 加窗体

19. 如果希望一个窗体在显示的时候没有边框,应该设置的属性是(　　)。

A. 将窗体的标题(Caption)设成空字符

B. 将窗体的 Enabled 属性置成 False

C. 将窗体的 BorderStyle 属性置成 None

D. 将窗体的 ContalBox 置成 False

20. 在设计阶段,当双击窗体上的某个控件时,所打开的窗口是(　　)。

A. 工程资源管理器窗口　　B. 工具箱窗口

C. 代码窗口　　D. 属性窗口

21. 以下叙述中正确的是(　　)。

A. 窗体的 Name 属性指定窗体的名称,用来标识一个窗体

B. 窗体的 Name 属性的值是显示在窗体标题栏中的文本

C. 可以在运行期间改变对象的 Name 属性的值

D. 对象的 Name 属性值可以为空

22. 刚建立一个新的标准 EXE 工程后,不在工具箱中出现的控件是(　　)。

A. 单选按钮　　B. 图片框　　C. 通用对话框　　D. 文本框

23. 在设计阶段,当双击窗体上的某个控件时,所打开的窗口是(　　)。

A. 工程资源管理器窗口　　B. 工具箱窗口

C. 代码窗口　　D. 属性窗口

24. 以下叙述中正确的是(　　)。

A. 窗体的 Name 属性指定窗体的名称,用来标识一个窗体

B. 窗体的 Name 属性的值是显示在窗体标题栏中的文本

C. 可以在运行期间改变对象的 Name 属性的值

D. 对象的 Name 属性值可以为空

(2) 填空题

1. 窗体、图片框或图像框中的图形通过对象的(　　)属性设置。

2. 为了使标签能自动调整大小以显示全部文本内容,应把标签的(　　)属性设置为True。

3. 窗体文件的扩展名为(　　)，每个窗体对应一个窗体文件，窗体及其控件的属性和其他信息(包括代码)都存放在该窗体文件中。

4. 写出清除标签显示信息的语句为(　　)。

(3) 简答题

1. 组合框有哪几种类型?

2. 如果要在时钟控件每 2 s 发生一个 Timer 事件，则 Interval 属性应设置为多少?

3. 简述对象的 MouseDown、MouseUp 和 MouseMove 事件在何时发生?

4. KeyPress 和 KeyDown 事件的区别是什么?

(4) 编程题

1. 在窗体中添加一个命令按钮 Command1、一个文本框 Text1，在命令按钮中编写程序。程序的功能在单击命令按钮时，将文本框中的小写字母全部转换为大写字母。

2. 利用文本框 TxtInputbox 输入一行字符串，并对其中所有的字母进行加密，加密的结果显示在标签 Codelabel 中。加密方法如下：将每个字母的序号移动 3 个位置，即“A”→“D”，“a”→“d”，…，“Z”→“C”，“z”→“c”。

3. 建立一个学生基本信息输入界面，要求姓名、学号由文本框输入；班级由组合框选择；性别由单选按钮选择；爱好由复选框选择。然后利用命令按钮将学生信息写入到文本框内。文本框应为具有垂直和水平滚动条的多行文本框。

4. 设计一个定时的闹钟。到达指定时间时发出蜂鸣声。

5. 利用控件数组在运行时产生一个国际象棋棋盘。

第5章　数　组

在前面章节中曾经用循环语句求一个班50名学生的平均分。如果还想输出该班高于平均分的同学的成绩，如何解决呢？若定义一个变量表示同学成绩，则在输入50个成绩后，变量中只能保留最后一名同学的成绩。若定义50个变量，则失去了编程的意义。由于每个同学的成绩类型都相同，班级人数又是确定的，因此可以采用数组类型来解决这个问题，即用一个名字，比如用score来表示该班同学的成绩，则score(1)，score(2)，score(3)，…，score(50)表示每个同学的成绩，score就是一个数组变量，score(1)，score(2)等是数组的元素，相当于简单变量，括号中的数字1,2,3等称为下标。

VB中的数组根据下标数量的不同，可以分为一维数组和多维数组，根据数组元素的数量是否可变分为静态数组和动态数组，由控件对象也可以构成数组，称为控件数组。在本章中，将依次介绍各种数组变量的声明与使用，最后介绍自定义类型及自定义类型数组的应用。

5.1　静态数组

数组通常是用来表示类型相同个数固定的一组数据。当数组在声明时元素个数是固定的，则称为静态数组。根据数组元素的下标数量的不同，数组又分为一维数组和多维数组。下面介绍静态的一维数组和多维数组。

5.1.1　一维数组

当数组元素的下标仅有一个时，称为一维数组。

1. 声　明

数组并不是一种数据类型，而是一组相同类型变量的集合，数组必须先声明后使用。

声明格式：

Dim　数组名([下界 to]　上界)[As　类型]

其中，上下界必须是常数，不能取表达式或变量；下界应小于等于上界，下界最小值为-32768，上界最大值为32767；如果省略下界 to，其下界默认值为0，可以使用Option Base n(n代表一个常数)重新定义数组的下界从n开始；一维数组的大小为上界-下界+1；如果省略As类型，则数组元素为变体型，即元素类型可以变化。例如：

```
Dim　A(-1 to 5) As Integer
```

声明了名称为A的一维数组变量，共有7个整型元素，分别是A(-1)，A(0)，A(1)，A(2)，A(3)，A(4)，A(5)。例如：

```
Dim　B(5) As Integer
```

声明了名称为B的一维数组变量，共有6个整型元素，分别是B(0)，B(1)，B(2)，B(3)，B(4)，

B(5)。例如：

```
Option Base 1
Dim  C(5) As Integer
```

声明了名称为C的一维数组变量，共有5个整型元素，分别是C(1)，C(2)，C(3)，C(4)，C(5)。例如：

```
Dim  D(5)
```

声明了名称为D的一维数组变量，共有5个变体类型元素，分别是D(0)，D(1)，D(2)，D(3)，D(4)。

2. 应　用

在使用一维数组进行程序设计时，主要涉及到数组元素的初始化、输入、赋值、输出等操作，下面以实例说明利用数组设计程序的基本方法。

例5.1：求一个班50名学生的平均分，输出该班高于平均分的同学的成绩。

分析：存放50名同学的成绩可以采用一维数组，首先要从键盘上输入50名同学的成绩；为求平均分，要将50名同学的成绩进行累加求和，和值/50即为平均分；输出高于平均分的同学的成绩，要依次把每个同学的成绩与平均分作比较，如果高于平均分，则输出。

数据类型定义：

```
Dim Score(1 to 50) As Integer        'Score 存放 50 名同学的成绩
Dim S !, Ave !,i%                    'S 存放和值,Ave 存放平均分,i 为循环变量
```

算法实现：

(1) 数组元素输入

数组元素一般通过For循环语句和InputBox函数输入。语句如下：

```
For i=1 to 50
    Score(i) = InputBox("输入第" & i & "名同学的成绩")
Next i
```

(2) 数组元素参与运算(累加求和，求平均分)

数组元素与普通变量一样，可以参加其类型所允许的各种运算。语句如下：

```
For i=1 to 50
    S=S+Score(i)
Next i
Ave=S/50
Print "平均分为" & Ave
```

(3) 数组元素的输出(输出高于平均分的成绩)

数组元素的输出可以通过for循环语句和Print方法来实现，由于程序中要求不是将所有元素输出，而是将高于平均分的成绩输出，因此Print前面应加上if语句判断条件。语句如下：

```
For i=1 to 50
  If Score(i)>Ave then
```

```
    Print Score(i)
  End If
Next i
```

由于第(1)和第(2)步结构基本相同,所以可以合二为一,写成

```
For i = 1 To 50
  Score(i) = InputBox("输入第" & i & "名同学的成绩")
  S = S + Score(i)
Next i
Ave = S / 50
Print "平均分为" & Ave
```

上述程序中,在 for 语句中用 1 和 50 表示数组的下界和上界。VB 中还提供了两个函数 LBound()和 UBound(),可以分别取出数组的下界、上界,函数用数组的名字作参数。

下面写出完整的程序:

```
Private Sub Form_Click()
  Dim Score(1 To 50) As Single
  Dim S!, Ave!, i%, j%
  For i = LBound(a) To UBound(a)
    Score(i) = InputBox("输入第" & i & "名同学的成绩")
    S = S + Score(i)
  Next i
  Ave = S / 50
  Print "平均分为" & Ave
  Print "高于平均分的成绩如下:"
  For i = LBound(a) To UBound(a)
    If Score(i) > Ave Then
      j = j + 1                          'j 是计数高于平均分的人数
      Print Score(i);
      If j Mod 5  = 0 Then Print         '控制输出的成绩满 5 个时换行
     End If
  Next i
End Sub
```

例 5.2:随机产生 10 个整型数据,放入一维数组,求其中的最大值及其下标。

分析:根据题目,要定义一个含 10 个整型元素的一维数组 a,一个存放最大值的整型变量 Max,存放最大值下标的变量 *n*,首先借助 For 语句和 Rnd 函数产生数组的各个元素,先将 a(1)放入 Max,*n* 中记录元素的下标 1,然后用循环语句将 a 数组的其他元素依次与 Max 比较,如果比 Max 大,则取代 Max,并将其位置记录在 *n* 中。

程序代码如下:

```
Private Sub Form_Click()
  Dim a(1 To 10) As Integer                 '数据类型定义
  Dim Max%, i%, n%
  For i = 1 To 10                           '随机产生 10 个整型数
```

```
    a(i) = -32768 + Int(Rnd * 65535)
  Next i
  Max = a(1): n = 1
  For i = 2 To 10                          '通过循环判断求最大值及下标
    If a(i) > Max Then
      Max = a(i)
      n = i
    End If
  Next i
  Print "产生的数据如下:"                   '数组元素的输出
  For i = 1 To 10
    Print a(i)
  Next i
  Print "最大值是:" & Max, "下标是:" & n   '输出最大值及下标
End Sub
```

例 5.3:将 20 以内的奇数放入一维数组 a 中,编程实现数组 a 中的元素倒置。

分析:首先将 20 以内的奇数放入一维数组 a 中,并顺序输出数组元素,若想实现倒置效果,如图 5-1 所示,需要将 a(1)和 a(10)互换,a(2)和 a(9)互换,a(3)和 a(8)互换……一直换到中间两个元素为止,也就是需要互换数组长度的一半次,即(上界-下界+1)/2,因此可以使用循环语句完成,第 i 个元素要与第(上界$-i+1$)个元素互换,最后输出互换后的数组元素。

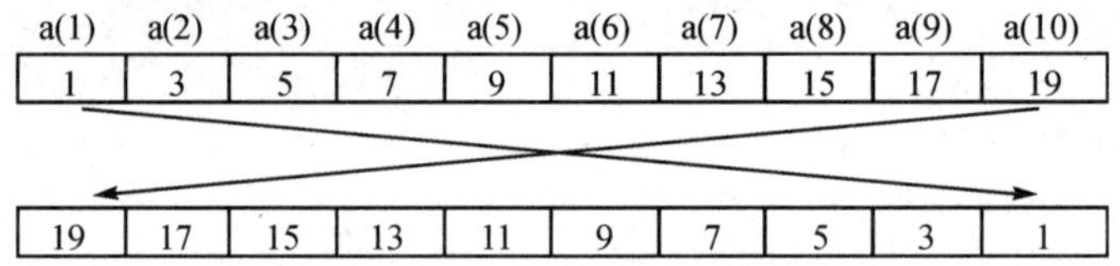

图 5-1 数组元素互换关系

完整的程序代码如下:

```
Private Sub Form_Click()
  Dim a(1 To 10) As Integer, i%, t%
  Print "倒置前数组元素如下:"               '生成数组 a
  For i = 1 To 10
    a(i) = 2 * i - 1
    Print a(i);
  Next i
  Print
  For i = 1 To (10 - 1 + 1) / 2            '通过互换数组元素实现倒置
    t = a(i)
    a(i) = a(10 - i + 1)
    a(10 - i + 1) = t
  Next i
  Print "倒置后数组元素如下:"               '输出倒置后的数组元素
  For i = 1 To 10
```

```
    Print a(i);
  Next i
End Sub
```

例 5.4:对一维数组 a 中的元素实现从小到大排序。

排序是将一组数据按照递增或递减的顺序排列,排序的方法很多。这里主要介绍选择排序法和冒泡排序法。

(1) 选择排序

基本思路:

1) 从 n 个数 a(1)到 a(n)中选出最小的数,与第一个数 a(1)交换位置,这是第一轮选择。

2) 除第 1 个数外,从其余 $n-1$ 个数 a(2)到 a(n)中选出最小的数,与第 2 个数 a(2)交换位置,这是第二轮选择。

3) 依次类推,经过 $n-1$ 轮选择后,数组已按升序排列。

例如:假设 a 数组中的元素有 5 个,分别是:

2　4　5　3　1

第一轮选择,在 a(1)到 a(5)之间,a(5)最小,a(5)和 a(1)交换后,数组变为

1　4　5　3　2

第二轮选择,在 a(2)到 a(5)之间,a(5)最小,a(5)和 a(2)交换后,数组变为

1　2　5　3　4

第三轮选择,在 a(3)到 a(5)之间,a(4)最小,a(4)和 a(3)交换后,数组变为

1　2　3　5　4

第四轮选择,在 a(4)到 a(5)之间,a(5)最小,a(5)和 a(4)交换后,数组变为

1　2　3　4　5

至此,数组已经从小到大排出顺序。

程序代码如下:

```
Private Sub Form_Click()
  Dim a(1 To 10) As Integer, min%, i%, j%, t%
  n = UBound(a)
  Print "排序前数组为:"                    '输出排序前的数组元素
  For i = 1 To n
    a(i) = Int(Rnd * 99 + 1)
    Print a(i);
  Next i
  Print
  For i = 1 To n - 1                     '共进行 n-1 轮选择
  min = i                                '确定 a(i)到 a(n)之间最小值的位置 min
    For j = i + 1 To n
      If a(j) < a(min) Then
        min = j
      End If
    Next j
    If i <> min Then                     '如果 i 与 min 不相同,将 a(i)与 a(min)交换
```

```
            t = a(i)
            a(i) = a(min)
            a(min) = t
        End If
    Next i
    Print "排序后数组为:"                              '输出排序后的数组元素
    For i = 1 To n
        Print a(i);
    Next i
End Sub
```

(2) 冒泡法排序

基本思想是通过相邻两个数据的比较,将小数换到前面,具体步骤如下:

1) 对于数组 a 中的 1 至 n 个数据,先将第 1 个和第 2 个数据进行比较,如果 a(2)<a(1),则两个数交换位置,然后比较第 2 个和第 3 个数据,如果 a(3)<a(2),则两数交换位置;依次类推,直到第 $n-1$ 个数据和第 n 个数据比较完毕。这称为一趟冒泡。这一趟经过 $n-1$ 次两两相邻比较后,最大的数已"沉底",放在最后一个位置,小数有所上升,称为"浮起"。

2) 第二趟对第 2 至第 n 个数据进行同样操作,经 $n-2$ 次两两相邻比较后,次大值的数据被安置在倒数第 2 个位置上,小数有所上升。

3) 依此类推,n 个数共进行 $n-1$ 趟比较,在第 j 趟中要进行 $n-j$ 次两两比较。

在排序过程中,小的数就如气泡一般逐层上冒,而大的数逐个下沉,因此形象地称为冒泡排序法。

例如:假设 a 数组中的元素有 5 个,分别是:2　4　5　3　1,则冒泡排序过程如图 5-2 所示。

程序代码如下:

```
Private Sub Form_Click()
    Dim a(1 To 10) As Integer, i%, j%, t%
    n = UBound(a)
    Print "排序前数组为:"                              '输出排序前的数组元素
    For i = 1 To n
        a(i) = Int(Rnd * 99 + 1)
        Print a(i);
    Next i
    Print
    For i = 1 To n - 1                                'n 个数要进行 n-1 趟
        For j = 1 To n - i                            '第 i 趟,要比较 n-i 次
            If a(j) > a(j + 1) Then                   '若相邻元素间前面数大于后面数,则交换
                t = a(j)
                a(j) = a(j + 1)
                a(j + 1) = t
            End If
        Next j
    Next i
```

```
    Print "排序后数组为:"                    '输出排序后的数组元素
    For i = 1 To n
      Print a(i);
    Next i
End Sub
```

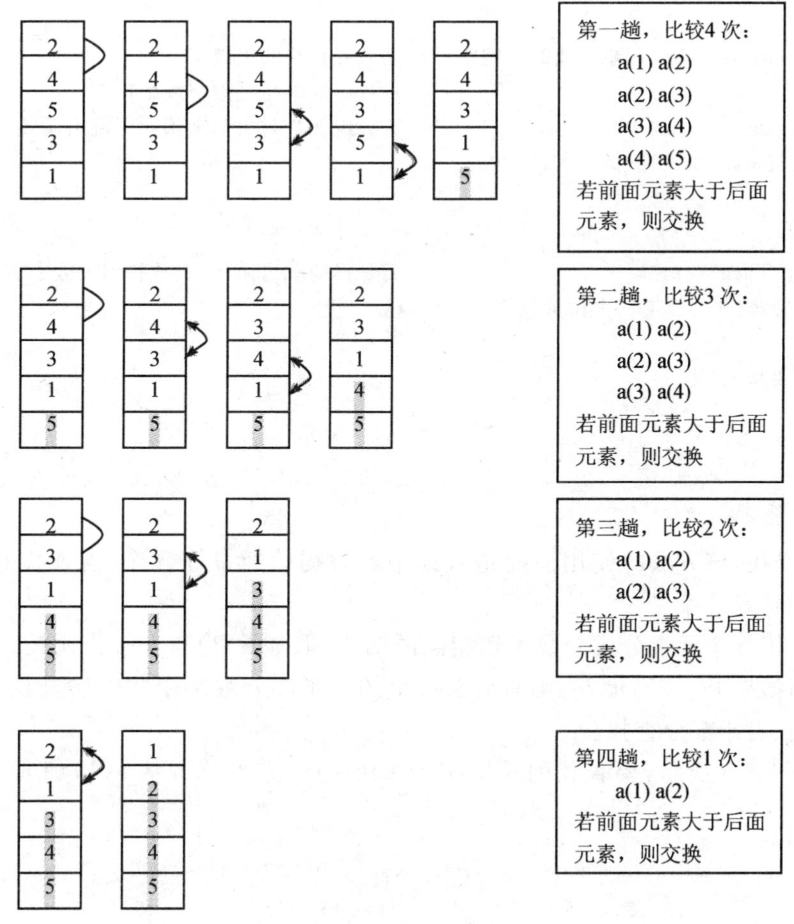

图5-2　冒泡排序过程

例5.5:在一维数组中查找一个指定的数据。

查找是指在给定的数据中,找出与某个关键字相同的元素,常用的方法有顺序查找法和二分查找法。

(3) 顺序查找

基本思想是通过循环语句将要查找的关键字与数组的元素逐个比较,若相同表示查找成功,退出循环;若当循环结束还未找到元素表示查找失败。这种方法适合查找数据量较小的情况。

程序代码如下:

```
Private Sub Form_Click()
  Dim a(1 To 10) As Integer, key%, i%
```

```
    n = UBound(a)
    Print "数组元素为:"                          '随机产生数组 a
    For i = 1 To n
      a(i) = Int(Rnd * 99 + 1)
      Print a(i);
    Next i
    Print
    key = InputBox("请输入要查找的关键字:") '输入要查找的关键字
    For i = 1 To n                              '将数组元素与关键字逐个比较
      If a(i) = key Then                        '若数组元素与关键字相同则跳出循环
        Exit For
      End If
    Next i
    If i <= n Then                              '若是提前跳出循环,表示找到关键字,否则未找到
      Print "在第" & (i) & "个位置找到了" & key
    Else
      Print "未找到" & key
    End If
  End Sub
```

(4) 二分查找

又称折半查找,该方法的使用前提是数组中的数据已经排好顺序,当查找的数据量越大时,该方法效率越高。

基本思路:将 n 个元素分成个数大致相同的两半,取 a[$n/2$]与 key 作比较。如果 key=a[$n/2$],则终止;如果 key<a[$n/2$],则只需在数组的左半部分继续用此方法查找;如果 key>a[$n/2$],则只需在右半部分查找。

例如,如图 5-3 所示,要查找的关键字为 key=11,查找范围从 a(1)到 a(10),low=1,high=10。

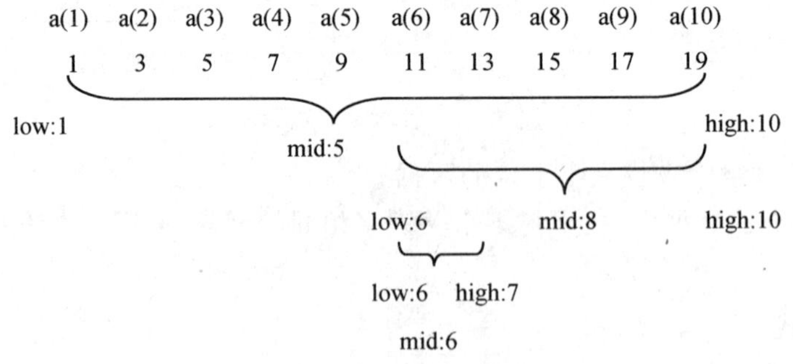

图 5-3 二分查找过程

第一次折半:取中点 mid=(low+high)/2=5,由于 a(5)<key,说明 key 应在 a(5)之后的范围内,所以 low 修改为 mid+1=6,high 不变,查找范围缩小到 a(6)到 a(10)。

第二次折半:取中点 mid=(low+high)/2=8,由于 a(8)>key,说明 key 应在 a(8)之前的范围内,所以 high 修改为 mid-1=7,low 不变,查找范围缩小到 a(6)到 a(7)。

第三次折半：取中点 mid=(low+high)/2=6，由于 a(6)=key，找到了 key。

如果查找的 key 为 12，则前两次折半与上面相同，第三次折半：取中点 mid=(low+high)/2=6，由于 a(6)<key，说明应在 a(6)之后范围内查找，因此修改 low=mid+1=7，high 不变，查找范围缩小到 a(7)到 a(7)；第四次折半：取中点 mid=(low+high)/2=7，此时a(7)>key，应修改 high=mid-1=6，此时 low 为 7，出现 low>high，说明无法查找到关键字 key，应停止折半查找。

程序代码如下：

```
Private Sub Form_Click()
  Dim a(1 To 10) As Integer, key%, i%, low%, mid%, high%
  n = UBound(a)
  Print "数组元素为:"                       '产生一升序数组 a
  For i = 1 To n
    a(i) = 2 * i - 1
    Print a(i);
  Next i
  Print
  key = InputBox("请输入要查找的关键字:")  '输入要查找的关键字
  low = 1                                  '指定查找范围的下界
  high = n                                 '指定查找范围的上界
  Do While low <= high                     '在 low 不大于 high 时实行折半查找
  mid = (low + high) / 2                   '计算上下界的中点
  If a(mid) > key Then                     '若中点元素大于关键字,则上界改为中点-1,查找
                                           '范围折半
    high = mid - 1
  ElseIf a(mid) < key Then                 '若中点元素小于关键字,则下界改为中点+1,查找
                                           '范围折半
    low = mid + 1
  Else
    Exit Do                                '若中点元素等于关键字,表示查找到关键字,退出循环
    End If
  Loop
  If low <= high Then                      '若提前退出循环,表示找到关键字
    Print "在第" & (mid) & "个位置找到了" & key
  Else                                     '若是下界大于上界,表示在数据范围内未找到关键字
    Print "未找到" & key
  End If
End Sub
```

5.1.2　多维数组

用一维数组可以表示一个班同学的一门课成绩，即用一个下标来表示某个同学的成绩。当要存放一个班级同学的多门课成绩时，每个同学的某门课成绩需要用到两个下标表示，这就是二维数组。当要存放多个班级的同学的多门课成绩时，则要用到具有三个下标的三维数组，当数组的下标超过一个时，称为多维数组，VB 中数组的维数最多允许 60 维。这里以二维数

组为重点讲授,其他与此类同。

1. 声　明

格式:

Dim　数组名([下界 to] 上界,[下界 to] 上界)[As 类型]

例如:Dim a (1 to 2,1 to 3) As Integer

声明了名为 a 的二维数组,数组的元素均为整型数,数组共有 6 个元素,分别是 a(1,1),a(1,2),a(1,3),a(2,1),a(2,2),a(2,3),这 6 个元素将顺序存放在内存里连续的一段空间中。

2. 应　用

二维数组元素的输入输出,一般要通过双重循环实现。

例 5.6:输入一个班 30 名同学的三门课成绩,计算出单科平均分,并输出全班的成绩表。

分析:30 名同学,每人 3 门课成绩,可以通过 30 行 3 列的二维数组存放,在计算时,要求单科平均分,也就是要求三个平均分,因此外层循环是 3 次,内层循环 30 次,循环内部实现累加求和,内层循环结束,求平均分;在输出时,因为要输出 30 个人的成绩表,因此外层循环 30 次,内层循环 3 次,循环体实现数组元素的输出。

程序代码如下:

```
Private Sub Form_Click()
  Dim Stu(1 To 30, 1 To 3) As Integer, i%, j%, Ave(1 To 3) As Double
  For j = 1 To 3                          '外层循环控制三门课程
    Ave(j) = 0                            'Ave(j)用来累计第 j 门课的总分,初始值为 0
    For i = 1 To 30                       '内层循环控制 30 名学生
      Stu(i, j) = InputBox("请输入第" & i & "名同学第" & j & "门课成绩")
      Ave(j) = Ave(j) + Stu(i, j)         'Ave(j)用来累加求第 j 门课程的总分
    Next i
    Ave(j) = Ave(j) / 30                  'Ave(j)用来求第 j 门课程的平均分
  Next j
  Print "序号", "第一门课", "第二门课", "第三门课"
  For i = 1 To 30                         '用双重循环输出成绩表,外层循环控制学生数
    Print i,
    For j = 1 To 3                        '内层循环控制课程数
      Print Stu(i, j),
    Next j
    Print
  Next i
  Print "平均分", Ave(1), Ave(2), Ave(3)
End Sub
```


例 5.7:求两个 3×4 矩阵之和。

分析:3×4 矩阵可以用二维数组存放,矩阵之和仍为矩阵,因此需要声明三个 3 行 4 列的二维数组,用双重循环实现,循环内部将前两个数组的对应元素求和,得到第三个数组的对应元素。

程序代码如下:

```
Private Sub Form_Click()
  Dim a(1 To 3, 1 To 4) As Integer, b(1 To 3, 1 To 4) As Integer, c(1 To 3, 1 To 4) As Integer,
  Dim i%, j%
  Print "矩阵 a:"                                '生成矩阵 a
  For i = 1 To 3
    For j = 1 To 4
      a(i, j) = Int(Rnd * 99 + 1)
      Print a(i, j),
    Next j
    Print
  Next i
  Print "矩阵 b:"                                '生成矩阵 b
  For i = 1 To 3
    For j = 1 To 4
      b(i, j) = Int(Rnd * 99 + 1)
      Print b(i, j),
    Next j
    Print
  Next i
  Print "矩阵 c:"                                '计算并输出矩阵 c
  For i = 1 To 3
    For j = 1 To 4
      c(i, j) = a(i, j) + b(i, j)
      Print c(i, j),
    Next j
    Print
   Next i
End Sub
```

5.2 动态数组

在利用数组进行程序设计时，可能会出现数组长度在程序中发生变化的情况。这时，最适合采用动态数组。动态数组是在声明时，仅指定数组名及其类型，在程序中采用 ReDim 来确定或改变其长度，而且可以通过 ReDim 进行多次改变。

5.2.1 动态数组的建立

动态数组可以通过如下格式建立：

```
Dim 数组名()As 类型
ReDim [preserve] 变量名(下标)
```

其中 preserve 可以省略。当省略了 preserve 时，数组内原有的数据将会被清除；如果要保留数组中原有的数据，应在 ReDim 后加上 preserve。

例如：

```
Dim a() As Integer
ReDim a(1 To 2)
a(1) = 5
a(2) = 6
Print a(1), a(2)
ReDim a(1 To 3)
Print a(1), a(2), a(3)
```

第 1 个 ReDim 确定了数组的长度为 2，包括两个元素：a(1)和 a(2)，经过对 a(1)=5，a(2)=6 后，第 1 个 Print 语句输出 a(1)和 a(2)的值是 5　6。

第 2 个 ReDim 重新确定了数组的长度为 3，这时 a 数组包括 3 个元素：a(1)，a(2)和 a(3)，原来 a 数组中的元素将被清除，又没有新值赋上，因此第二个 Print 语句输出的 a(1)，a(2)，a(3)的值为 0　0　0。

若想使用第 2 个 ReDim 之后保留 a(1)和 a(2)原有的值，则第二个 ReDim 应改为：

ReDim preserve a(1 to 3)，这样第二个 Print 语句输出的 a(1)，a(2)，a(3)的值为 5　6　0。

5.2.2 动态数组的应用

例 5.8：在一有序数组中，插入一个数据，使其仍然有序。

分析：在一个数组中插入一数据后，数组的长度会发生变化，因此应将数组 a 定义为动态数组。程序的设计思路是通过循环语句查找数据 x 要插入的位置 i，找到后，要腾出第 i 个位置(如图 5-4 所示，将最后 1 个元素、倒数第 2 个元素、倒数第 3 个元素……、第 i 个元素顺次后移一个位置)，最后将 x 放在第 i 个位置上。

程序代码如下：

```
Option Base 1
Private Sub Form_Click()
  Dim a() As Integer, i%, x%                    '声明 a 为动态数组
  ReDim a(10)                                   '指定 a 数组的长度为 10
  For i = LBound(a) To UBound(a)                '确定有序数组 a 的 10 个元素值
    a(i) = 2 * i - 1
  Next i
  x = InputBox("请输入要插入的数据")             '输入要插入的数据 x
  For i = LBound(a) To UBound(a)                '通过循环查找 x 该插入的位置
    If a(i) > x Then                            '如果发现 a(i)>x，则说明找到了 x 应该插入的位置
      Exit For
    End If
  Next i
  ReDim Preserve a(UBound(a) + 1)               '将数组 a 长度增加 1
  For j = UBound(a) - 1 To i Step -1            '腾出 a 数组的第 i 个位置
    a(j + 1) = a(j)
  Next j
  a(i) = x                                      '将 x 放入 a 数组的第 i 个位置
  For i = LBound(a) To UBound(a)                '输出插入 x 后的 a 数组元素
```

```
    Print a(i);
  Next i
End Sub
```

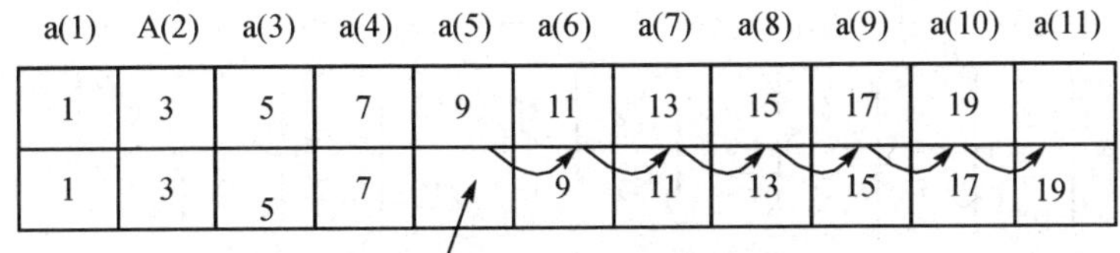

图 5－4　在有序数组中插入一个数据 *x* 的过程

例 5.9:从一个数组中删除一个指定的元素。

分析:由于删除操作也会改变数组的长度,因此也要使用动态数组。这里采用 Array 函数来生成动态数组,首先声明元素类型为 Variant 的动态数组:

Dim a ()As Variant

或者

Dim a As Variant

然后使用 Array 函数为 a 数组赋值:

a = Array(1, 3, 5, 7, 9,11,13,15,17,19)

数组 a 的下界默认为 0,也可由 Option Base 指定;数组 a 的上界根据 Array 函数参数的个数决定,也可由 UBound()函数获得。

删除操作的设计思路是通过循环语句,依次比较数组元素与要删除的数据 x 是否相同。若相同,将当前位置之后的元素依次前移一个位置,最后将数组长度减 1,具体过程如图 5－5 所示。

程序代码如下:

```
Option Base 1
Private Sub Form_Click()
  Dim a() As Variant
  Dim i%, x%, n%
  a = Array(1, 3, 5, 7, 9, 11, 13, 15, 17, 19)     '生成动态数组 a
  n = UBound(a)                                     '取出数组 a 的上界
  x = InputBox("请输入要删除的数据")                 '输入要删除的数据 x
  For i = 1 To n                                    '用循环语句查找要删除数据的位置
    If a(i) = x Then                                '若找到要删除的数据在第 i 个位置上,则将
      For j = i + 1 To n                            '数组从第 i+1 到最后的元素依次前移一个位置
        a(j - 1) = a(j)
      Next j
      ReDim Preserve a(n - 1)                       '数组的长度减少 1
      Exit For
    End If
  Next i
  For i = 1 To UBound(a)                            '输出删除数据后的数组元素
```

```
    Print a(i);
  Next i
End Sub
```

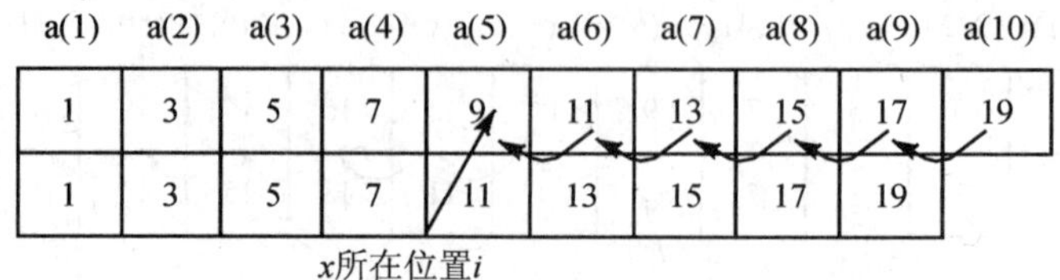

图 5-5　从一个数组中删除一个数据 x 的过程

5.3　控件数组

控件数组是由一组相同类型的控件组成。数组中各个控件的【名称】属性相同，通过 Index 属性区分，数组中的各个控件共享同样的事件过程。例如，创建一个按钮数组，则数组中各个控件的 Name 属性均为 Command1，Index 属性分别为 0，1，2…，可以用 Command1(0)，Command1(1)，Command1(2)等来区分各个控件。各个控件共享 Command1_Click 事件过程：

```
Private Sub Command1_Click(Index As Integer)
……
End Sub
```

在过程内部可以通过判定 Index 的取值，确定由哪个按钮控件激发的该事件过程。

因此当多个同类控件执行相似的操作时，适合采用控件数组。控件数组的建立方法有两种：设计时建立和运行时建立。

5.3.1　设计时建立控件数组

在设计状态下创建控件数组的步骤如下：1）在窗体上放置一个控件，设置该控件的属性。2）选中该控件，进行【复制】和【粘贴】操作，系统提示【已有一个控件为……，创建一个控件数组吗?】，选择【是】，则创建了控件数组。如果多次进行【粘贴】就可以创建多个数组元素。3）编写事件过程代码。

例 5.10：设计如图 5-6 所示的应用程序，在文本框中输入两个操作数后，单击【和】、【差】、【积】、【商】等按钮时，会显示两个操作数对应的运算结果。由于 4 个按钮都要进行单击事件处理，处理代码均是根据两个操作数计算结果，因此可由控件数组实现。

程序代码如下：

```
Private Sub Command1_Click(Index As Integer)
  Dim n As Double
  Select Case Index
    Case 0                                    'Index 取 0 表示求和按钮被单击，执行求和运算
      n = Val(Text1) + Val(Text2)
```

```
    Case 1                                   'Index 取 1 表示求差按钮被单击,执行求差运算
      n = Val(Text1) - Val(Text2)
    Case 2                                   'Index 取 2 表示求积按钮被单击,执行求积运算
      n = Val(Text1) * Val(Text2)
    Case 3                                   'Index 取 3 表示求商按钮被单击,执行求商运算
      n = Val(Text1) / Val(Text2)
  End Select
  Label1.Caption = "结果为:" + Str(n)
End Sub
```

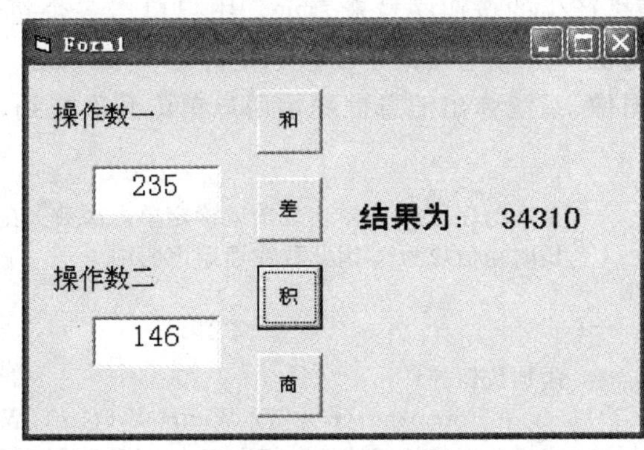

图 5-6 简单的四则运算程序界面

5.3.2 运行时建立控件数组

在运行时创建控件数组的步骤如下:1) 在窗体上放置一个控件,将该控件的 Index 属性设置为 0,表示该控件为数组;2) 在程序中,采用 Load 方法添加数组的其他元素,格式如下:Load 控件数组名(Index)。其中 Index 是将要添加的控件数组元素的下标,也是控件的 Index 属性值,当然也可以通过 UnLoad 方法删除已添加的控件;3) 通过设置控件的 Left 和 Top 属性确定控件元素在窗体上的位置,通过将 Visible 属性设置为 True,使控件可见。

例 5.11:制作一个如图 5-7 所示的简易找金币游戏,用户单击屏幕上的各个空白方块,当单击了藏有金币的按钮时,系统提示用户单击了几次找到了金币。

图 5-7 找金币游戏运行界面

分析:窗体上的 5×5 个空白方块可以由按钮控件数组实现。首先在窗体左上角放置一按钮,其 Index 属性为 0,Caption 属性为空,在程序中采用 Load Command1(n)产生第 *n* 个按钮控件,其位置 Command1(n).Left 和 Command1(n).Top 可以由前一个按钮位置确定。如果前一个按钮的 Left 叠加一个按钮控件的 Width,没有超出窗体宽度,则应将控件顺序右排,不改变高度,即 Command1(n).Left =Command1(n − 1).Left + Command1(n − 1).Width,Command1(n).Top=Command1(n − 1).Top。如果前一个按钮的 Left 叠加一个按钮控件的 Width,超出窗体宽度,则应另起一行,即 Command1(n).Left=0,Command1(n).Top = Command1(n − 1).Top + Command1(n − 1).Height。

金币的位置由系统随机产生的按钮序号来表示。用户单击各个按钮时,在单击事件中累加单击的次数,然后比较随机的序号与用户单击按钮的序号是否一致。若一致,则表示找到金币,在按钮表面显示金币图像,系统弹出消息框提示用户单击几次找到金币。

程序代码如下:

```
Dim m%, n%, c%              '金币的序号 m 在单击之前就确定单击次数 c 在程序执行开
                            '始时初值应为 0,因此放在通用声明中
Private Sub Form_Load()
  For n = 1 To 24
    Load Command1(n)        '添加按钮控件
    If (Command1(n - 1).Left + Command1(n - 1).Width < Form1.Width) Then
                            '当窗体上的按钮控件未超出窗体宽度,则向右摆放控件
      Command1(n).Left = Command1(n - 1).Left + Command1(n - 1).Width
      Command1(n).Top = Command1(n - 1).Top
    Else                    '当窗体上的按钮控件超出窗体宽度,则另起一行摆放控件
      Command1(n).Left = 0
      Command1(n).Top = Command1(n - 1).Top + Command1(n - 1).Height
    End If
      Command1(n).Caption = ""
      Command1(n).Visible = True                '使按钮控件可见
    Next n
    Randomize
    m = Int(Rnd * 25)                           '随机产生金币的位置序号
  End Sub
  Private Sub Command1_Click(Index As Integer)
    c = c + 1                                   '累计用户单击按钮的次数
    If (Index = m) Then                         '判断单击的按钮序号与随机产生的序号是否
                                                '相符
      Command1(Index).Picture = LoadPicture(".\钱币 1.bmp")        '显示金币图像
      MsgBox "恭喜您,单击了" & c & "次找到了金币!", , "找金币"    '提示找到金币
  End If
End Sub
```


5.4 自定义类型数组

如果要存放多名同学的个人信息(包括学号、姓名、家庭住址、三门课成绩),也应该用数

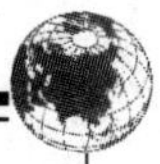

组。数组的每个元素表示每个同学的信息，是一组相关的数据，类型还不同，可以用自定义类型来描述。自定义类型是由若干个标准数据类型构成的复合数据类型，又称为记录类型。

5.4.1 自定义类型的定义

自定义数据类型定义一般放在标准模块中，默认是 Public，若在窗体代码中则应为 Private。

```
Type 自定义类型名
    成员名[下标] As 类型名
      ……
    成员名[下标]As 类型名
End Type
```

其中，自定义类型名是标识所定义的类型名称，应符合标识符定义规则；在 Type 和 End Type 之间可以定义多个成员。成员名称也应符合标识符定义规则，成员类型可以是简单类型，也可以是数组类型。当成员是 String 类型时，要给出具体的长度，即应定义为定长字符串。

例如，定义一个表示学生信息(学号、姓名、家庭住址、三门课成绩)的类型。

```
Type  StudentType
  No As String * 10
  Name As String * 18
  Address As String *200
  Score (1 to 3) As Single
End Type
```

以上定义了一个名为 StudentType 的记录类型，具有 4 个类型各不相同的成员(No, Name, Address, Score)。

5.4.2 自定义类型变量的声明

定义了自定义类型之后，就可以使用该类型来声明变量。声明格式如下：

Dim 变量名 As 自定义类型名

例如：

Dim Student As StudentType

则声明了一个 StudentType 类型的变量 Student。Student 具有了 No, Name, Address, Score 4个成员，借助 Student 变量就可以存放某一个同学的信息。

5.4.3 自定义类型变量的访问

在程序中，对自定义类型变量的操作要通过其成员完成，访问自定义类型变量的各个成员，可以使用如下格式：

变量名.成员名

例如：

```
Student.No="2007063052"
Student.Name="李莉"
Student.Address="北京市海淀区"
Student.Score(1)=InputBox("输入第一门课成绩")
Student.Score(2)=InputBox("输入第二门课成绩")
Student.Score(3)=InputBox("输入第三门课成绩")
```

其中，Student.No 表示 Student 变量的 No(学号)成员，Student.Score(2)表示 Student 变量的 Score 成员的第 2 个元素，即第二门课成绩。

在同时访问多个自定义类型变量的成员时，可以使用 With…End With 语句简化书写，因此上例可简化为：

```
With Student
  .No="2007063052"
  .Name="李莉"
  .Address="北京市海淀区"
  .Score(1)=Inputbox("输入第一门课成绩")
  .Score(2)=Inputbox("输入第二门课成绩")
  .Score(3)=InputBox("输入第三门课成绩")
End With
```

其中，With 后为自定义类型变量名，在 With 和 End With 之间的成员可以写成“.成员名”，即成员前面的变量名可以省略。

同一类型的自定义类型变量之间可以相互赋值，相当于一次性完成变量成员之间的相互赋值。

例如，若又有声明 Dim Student1 As StudentType，则 Student1=Student 语句可以完成将上述 Student 变量的所有成员值，赋值给 Student1 的所有成员。

5.4.4 自定义类型数组的应用

当数组的元素为自定义类型时，称该数组为自定义类型数组。

例 5.12：利用自定义类型数组，实现若干名学生的学号、姓名以及计算机、高数、外语 3 门课成绩的录入，计算平均成绩，并根据平均成绩由高到低进行排序，将排序结果显示出来。

数据结构设计：根据题目要求，每个学生的信息可以使用自定义数据类型变量存放。若干名学生信息则要使用自定义类型数组存放，由于学生人数并不确定，因此选用动态数组。

在标准模块中自定义类型如下：

```
Type StudentType
  No As String * 10              '学号
  Name As String * 6             '姓名
  Score(1 To 3) As Single        '计算机、高数、外语 3 门课成绩
  Average As Single              '平均分
End Type
```

在窗体模块的声明部分代码如下：

```
Dim Student() As StudentType, n%
```

```
'Student 为动态自定义类型数组，n 用于记录其元素个数
```

界面设计：如图 5－8 所示，在窗体上放置 5 个 Label 控件：显示学号、姓名、计算机、高数、外语字样，放置 5 个 Text 控件：接收键盘上输入的学生信息。一个 Picture 控件：显示排序之后的结果。两个按钮：一个用于触发将数据存入自定义类型数组的程序。一个用于触发排序程序。

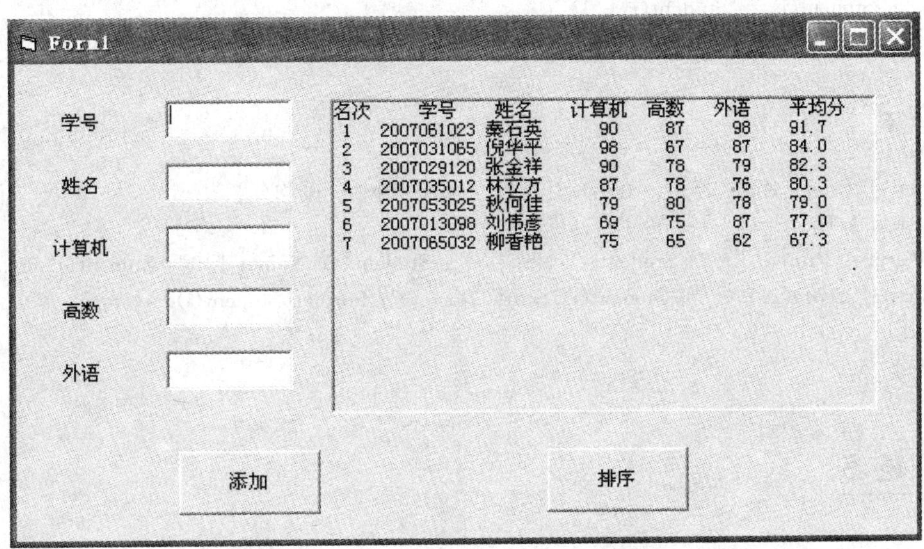

图 5－8　学生成绩录入及排序界面

程序代码如下：

```
Private Sub Command1_Click()             '添加按钮的单击事件代码
  n = n + 1
  ReDim Preserve Student(1 To n)         '使数组的长度增加 1
  With Student(n)                        '将文本框中的数据放入数组元素的各个成员中
    .No = Text1
    .Name = Text2
    .Score(1) = Val(Text3)
    .Score(2) = Val(Text4)
    .Score(3) = Val(Text5)
    .Average = (.Score(1) + .Score(2) + .Score(3)) / 3
  End With
  Text1.Text = ""
  Text2.Text = ""
  Text3.Text = ""
  Text4.Text = ""
  Text5.Text = ""
  Text1.SetFocus
End Sub

Private Sub Command2_Click()              '排序按钮的单击事件代码
```

```
    Dim i%, j%, imax%, temp As StudentType
    Picture1.Cls
    For i = 1 To n - 1
      For j = 1 To n - i
        If Student(j).Average < Student(j + 1).Average Then          '根据 Average 成员排序
          temp = Student(j)                                          '交换两个自定义类型变量
          Student(j) = Student(j + 1)
          Student(j + 1) = temp
        End If
      Next j
    Next i
    Picture1.Print "名次   学号   姓名   计算机   高数   外语   平均分"
    For i = 1 To n
      Picture1.Print i; "   "; Student(i).No; "   "; Student(i).Name; "   "; Student(i).Score(1); "
"; Student(i).Score(2); "   "; Student(i).Score(3); "   "; Format(Student(i).Average, "0.0")
    Next i
  End Sub
```

习题 5

(1) 选择题

1. 用下面语句定义的数组的元素个数是(　　)。

   Dim A (－ 3 To 5) As Integer

   A. 6　　　　B. 7　　　　C. 8　　　　D. 9

2. 下面的数组声明语句中(　　)是正确的。

   A. Dim A[3,4]As Integer　　　　B. Dim A(3,4)As Integer

   C. Dim A[3;4]As Integer　　　　D. Dim A(3;4)As Integer

3. 下面选项中错误的是(　　)。

   A. Dim a　As Variant ：a=Array(“Mon”,”Tue”,”Wen”)

   B. Dim a：a=Array(1,2,3)

   C. Dim a As Integer：a=Array(1,2,3)

   D. Dim a()　As Variant ：a=Array(1,2,3)

4. 可以唯一标识控件数组中每一个控件属性的是(　　)。

   A. 名称　　　　B. Caption　　　　C. Index　　　　D. Enabled

5。在窗体上面有一个命令按钮，编写如下事件过程：

```
Private Sub Command1_Click()
  Dim s%, j%, i%, a
  a = Array(1, 2, 3, 4)
  j = 1
  For i = LBound(a) To UBound(a)
```

```
    s = s + a(i) * j
    j = j * 10
  Next i
  Print s
End Sub
```

运行上面的程序,单击命令按钮后,输出结果是(　　)。

A. 4321　　　　B. 1234　　　　C. 01234　　　　D. 43210

6. 在窗体中有一个命令按钮,编写如下代码:

```
Option Base 1
Private Sub Command1_Click()
  Dim a(3, 3) As Integer
  For i = 1 To 3
    For j = 1 To 3
      a(i, j) = (i - 1) * 3 + j
    Next j
  Next i
  For i = 2 To 3
    For j = 1 To 2
      Print a(j, i);
    Next j
    Print
  Next i
End Sub
```

程序运行后,单击命令按钮,其输出结果为(　　)。

A. 2　3
　4　5　　　B. 2　5
　3　6　　　C. 2　3
　5　6　　　D. 2　4
　3　5

(2) 填空题

1. 静态数组指数组元素的个数是(　　)的数组。
2. DIM a (3,−3 to 0,3 to 6) as String 语句定义的数组元素有(　　)个。
3. 要使同一类型控件组成一个控件数组,各数组元素可以通过(　　)属性加以区分。
4. 在定义数组时,不指明下标下界时,则默认的下界从 0 开始,若要使下界从 1 开始,可用(　　)语句。
5. 数组最多可有(　　)维。
6. 元素个数不固定的数组叫做(　　)。
7. 建立控件数组的方法有两种,在(　　)建立和在运行时添加。
8. 自定义数据类型的元素类型可以是字符串,但应是(　　)字符串。

(3) 编程题

1. 用一维数组来求解 Fibonacci 数列的前 20 项。

2. 将两个有序数组(均为从小到大排列)的数据按由小到大的顺序合并到另一个数组中。

3. 求 4×4 矩阵的两条对角线上的元素之和。

4. 在一矩阵中,找出其中最大的元素,并输出其所在的行号和列号。

5. 编程输出杨辉三角(用一维数组和二维数组分别实现)。

杨辉三角一般形式如下:

```
1
1    1
1    2    1
1    3    3    1
1    4    6    4    1
1    5    10   10   5    1
          ……
```

6. 一个班级学生有 30 名同学,每名同学有学号、姓名和 3 门课成绩,输出有不及格课程的同学的成绩单。

第 6 章　过　程

“过程”是程序设计中的重要概念，是用于完成某项任务而设计的一段相对独立的程序代码。在 VB 中，一个程序是由若干个模块组成的。每个模块又由若干个更小的代码段组成。这些组成模块的代码段称为过程。在 VB 中过程分为事件过程和通用过程。前面已经见过事件过程了。这样的过程是当发生某个事件(如 Click,Load,Change)时，对该事件做出响应的程序段。这种事件过程构成了 VB 应用程序的主体。有时候多个不同事件过程可能需要使用一段相同的程序代码，可以把这一段代码独立出来，作为一个过程。这样的过程叫做“通用过程”(General procedure)。它可以单独建立，供事件过程或其他通用过程调用。通用过程又分为子程序过程(Sub 过程)和函数过程(Function 过程)。

在本章主要围绕着 VB 应用程序中事件过程和通用过程介绍过程中参数的概念、参数的传递及变量的作用域等问题。

6.1　事件过程

事件过程附加在对象上，与某个对象直接相关，当某事件发生时，对象对该事件做出响应的程序代码。事件过程只能在窗体模块中，并由事件触发。例如，窗体的单击事件过程等，VB 为它提供了框架和接口，用户只需要根据需要填写它的内容即可。

定义事件过程的格式如下：

```
Private Sub <对象名>_<事件名>([<形参表列>])
  [语句块 1]
  [Exit Sub]                    '可用该语句提前结束事件过程
  [语句块 2]
End Sub
```

说明：

1) 对象名是一个对象的实际名字(对象的 Name 属性值)，如 Form1,Command1 等。

2) 事件名是该对象要触发的事件名称，如 Click,Load 等。

例 6.1：编写程序，当程序运行时在窗体上显示“窗体事件过程_练习程序”，单击窗体时则结束程序的运行。

分析：由于该程序需要在 Form_Load 事件中调用 Print 方法，故应先将窗体 Form1 的 AutoRedraw 属性设置为 True，然后再按如下步骤操作：

1) 新建一个工程(新建窗体 Form1)。

2) 双击窗体，打开代码窗口，在对象组合框中选择 Form，在事件组合框中选择 Load，然后输入代码：

```
Private Sub Form_Load()
  Font. Name = "宋体"                              '设置窗体显示的字体为"宋体"
  Font. Size = 18                                  '设置窗体显示的字号为"18"
  Print
  Print Tab(3); "窗体事件过程_练习程序"            '提示文本从第 3 列开始显示
  Font. Size = 15
  Font. Bold = True
  Print
  Print Tab(6); "结束程序事件单击窗体"
End Sub
```

3）在对象组合框中选择 Form，在事件组合框中选择 Click，然后输入代码：

```
Private Sub Form_Click()
  Unload Me
End Sub
```

4）运行程序，结果如图 6－1 所示：

Load、Click 都是常用的窗体事件，Load 事件是在窗体装载过程中由系统自动触发的事件，主要用于对窗体属性初始化和对变量赋初值，Click 事件是由用户单击窗体而触发的事件。

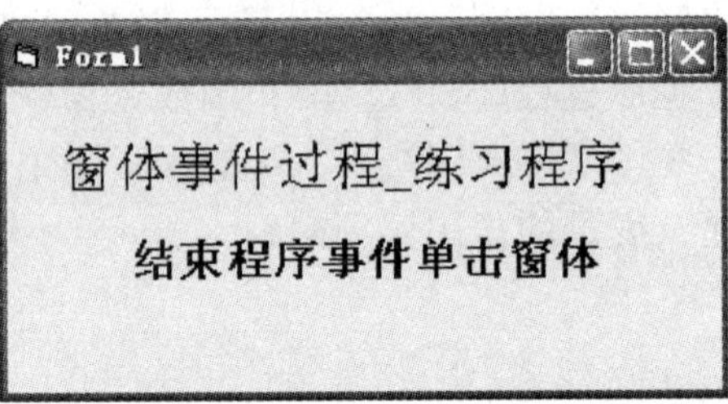

图 6－1　事件过程运行效果

6.2　通用过程

通用过程是指将在不同程序中重复出现的一段事件代码单独编写成一个过程。其目的是在于简化程序设计，避免重复编写代码。通用过程是不属于任何一个过程的，它可以放在窗体模块中，也可以放在标准模块中。通用过程必须由事件过程或通用过程调用才可以执行。通用过程根据是否有返回值，又可以分为子程序过程（Sub 过程）和函数过程（Function 过程）。其中子程序过程在程序运行后没有返回值；而函数过程在程序运行后要返回给调用程序一个值。该值的类型在定义函数过程时声明。

下面主要介绍 Sub 过程和 Function 过程。

6.2.1　Sub 过程

VB 提供了与 Pascal、C 语言等类似的子程序调用机制，即子程序和函数过程。

1. Sub 过程的建立

（1）定义子程序 Sub 过程

通用 Sub 过程的结构与前面介绍的事件过程的结构类似，一般格式如下：

```
[Static] [Private]|[Public] Sub 过程名[(参数列表)]
   [语句块 1]
   [Exit Sub]
   [语句块 2]
```

End Sub

说明：

1）Private 表示 Sub 过程是一个私有过程，只限于本模块内的其他过程调用。

2）Public 表示 Sub 过程是一个公有过程，所有模块都可以调用。

3）Static 表示 Sub 过程内的局部变量的值保留到下次调用；否则在每次调用过程时，局部变量都被重新设置为 0。

4）不加 Private 或 Public，默认是 Public。

5）过程名是用户为过程取的名字。过程名是一个长度不超过 255 个字符的 VB 合法标识符。同一模块内，Sub 过程名不能和 Function 过程名同名。

6）参数列表含有在调用时传送给该过程的简单变量名或数组名，各个名字之间用逗号隔开，参数列表指明了调用时传递给过程的参数的类型和个数。

（2）建立子程序 Sub 过程

前面已经见过如何定义 Sub 过程。通用过程不属于任何一个事件过程，因此不能放在事件过程中。通用过程可以在标准的模块中建立，也可以在窗体模块中建立。如果在标准模块中建立通用过程，则可以使用两种方法：

方法一：利用【工具】菜单下的【添加过程】菜单命令定义。其步骤如下：

1）单击【工程】菜单下的【添加模块】菜单命令，打开【添加模块】对话框。在对话框中选择【新建】选项卡，然后双击模块图标，打开模块代码窗口。

2）单击【工具】菜单下的【添加过程】菜单命令，打开【添加过程】对话框，如图 6－2 所示。

3）在【名称】文本框中输入要建立的过程名。

4）在【类型】选项组中选择要建立的过程的类型。如果建立子程序过程，则选择【子程序】单选按钮；如果要建立函数过程，则应选择【函数】单选按钮。

5）在【范围】选项组中选择【公有的】单选按钮定义一个全局过程；或选择【私有的】单选按钮定义一个模块级的局部过程。

方法二：单击【工程】菜单下的【添加模块】菜单命令，打开【添加模块】对话框，弹出模块代码窗口，然后直接输入过程名字。如，键入 Sub Tryout()，回车后显示如图 6－3 所示的结果，即可在 Sub 和 End Sub 之间键入程序代码。

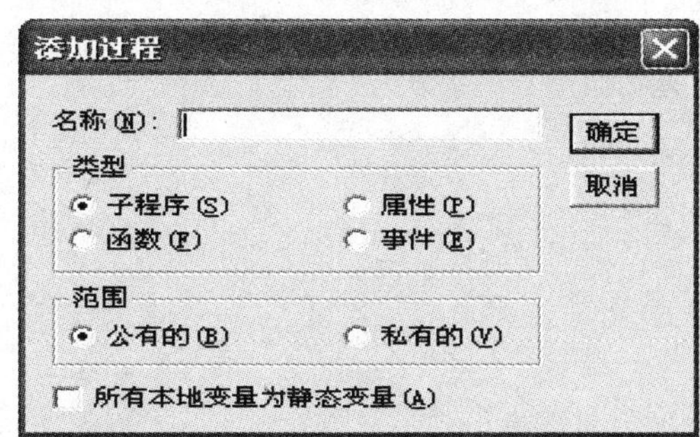

图 6－2　【添加过程】对话框

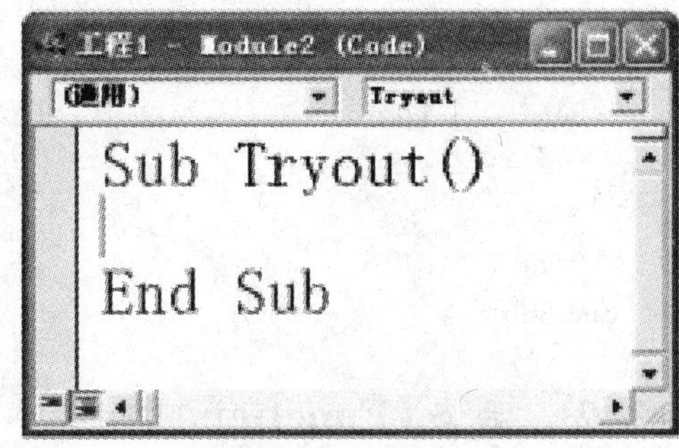

图 6－3　建立子程序过程

2. Sub 过程的调用

调用即引起过程的执行。也就是说，要执行一个过程，必须调用该过程。Sub 过程的调用有两种方式：

方法一：用 Call 语句调用 Sub 过程。

格式：

Call 过程名[(参数列表)]

Call 语句把程序控制传送到一个 Sub 过程。用 Call 语句调用一个过程时，如果过程本身没有参数，则"参数列表"和括号可以省略；否则应给出相应的实际参数。

如：Call　Tryout(a,b)。

方法二：把过程名作为一个语句来使用。

格式：

[窗体名|模块名] 过程名 [参数列表]

如，Tryout a,b。

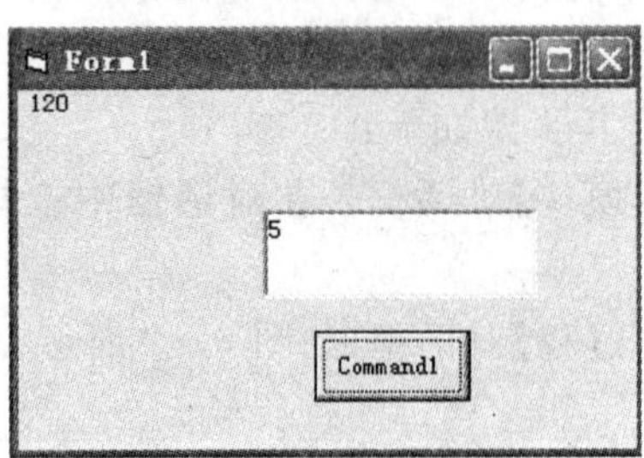

图 6-4　阶乘运行结果

方法二在调用时省略 Call，与第一种方式有两点不同：去掉了关键字 Call 及"参数列表"的括号。

例 6.2：编写一个程序，在文本框(Text1)中输入任意一个数。当单击命令按钮(Command1)时，输出该数的阶乘值，运行结果如图 6-4 所示。

分析：根据题意应在 Command1_Click 事件中取得 text1 的值，将其通过 Val 函数转换成数值型数据赋给 m，调用求阶乘过程 fact(m)。其中 fact(n)功能是计算 $n!$，并将其显示在屏幕上。其相应的事件及过程代码如下：

```
Private Sub Command1_Click()
  Dim m As Integer
  m = Val(Text1.Text)                  '将文本框中输入的内容转换成数值
  Call fact(m)                         '调用过程 fact()
End Sub
Public Sub fact(ByVal n As Integer)    '过程定义
  Dim p As Long, i As Integer
  p = 1
  For i = 1 To n                       '计算 n 的阶乘
    p = p * i
  Next i
  Print p                              '显示结果
End Sub
```


6.2.2　函数(Function)过程

函数 Function 过程调用后要返回一个值，通常出现在表达式中。下面介绍 Function 过程的定义和调用。

1. Function 过程的定义

(1) 利用菜单定义

1) 单击【工具】菜单，选择【添加过程】命令，显示添加过程对话框，如图 6-2 所示。

2) 在【名称】框中输入函数过程名(过程名中不允许有空格)，在【类型】选项组中选取【函数】定义函数过程。

3) 在【范围】选项组中选取【公有的】单选按钮定义一个公共级的全局过程，选取【私有的】单选按钮定义一个标准模块级/窗体级的局部过程。这时 VB 建立了一个函数过程的模块，就可以在其中编写代码了。

(2) 利用代码窗口直接定义

在窗体/标准模块的代码窗口把插入点放在所有现有过程之外，直接输入函数过程。定义 Function 过程的格式如下：

```
[Static][Public]|[Private] Function 过程名 ([(参数列表)])[As 数据类型]
    [语句块 1]
    函数名=返回值
    [Exit Function]
    函数名=返回值
    [语句块 2]
End Function
```

说明：

1) 函数过程名的命名规则与变量命名规则相同，不要与 VB 中的关键字重名，也不要与 API 函数重名，还不能与同一级别的变量重名。

2) 函数过程以 Function 开头，以 End Function 结束。

3) 函数过程通过函数名返回函数的值，因此，函数过程名要有数据类型，用 As(数据类型)定义，如此项默认，则默认为 Variant 类型。

4) 在函数过程内应该至少有一条给函数过程名赋值的语句。如果在 Function 过程中没有给函数名赋值，则该 Function 过程的返回值为数据类型的默认值。例如，数值函数返回值为 0，字符串函数返回值为空字符串，可变类型(Variant)函数返回值为空值。

2. Function 过程的调用

Function 过程调用比较简单，可以像 VB 内部函数一样调用 Function 过程。实际上由于 Function 过程能返回一个值，因此完全可以把它看成是一个函数。它与内部函数没有什么区别，只不过内部函数由系统提供，而 Function 过程由用户自己定义。调用 Function 过程格式如下：

```
函数过程名([参数列表])
```

说明：

1) "参数列表"称为实参，必须与形参的个数保持相同，位置与类型一一对应。

2) 调用时把实参的值传递给形参称为参数传递。

3) 当参数是数组时，形参与实参在参数声明时应省略其维数，但括号不能省略。

例 6.3:编写一函数过程完成例 6.2 的功能。

分析:例 6.2 中的 fact(n)是 Sub 过程,在程序运行后没有返回值,故在过程内将得到的 $n!$ 输出;而本题在求 $n!$ 时用函数过程 fact1 实现,在程序运行后 fact1 将 $n!$ 作为函数值返回给调用程序,故在 Command1_Click 事件中将结果输出。其具体代码如下:

```
Private Sub Command1_Click()
  Dim m As Integer
  m = Val(Text1.Text)                              '将文本框中输入的内容转换成数值
  Print fact1(m)                                   '调用过程 fact1(),并将函数值输出
End Sub
Public Sub fact1(ByVal n As Integer) As Integer    '函数过程定义
  Dim p As Long, i As Integer
  p = 1
  For i = 1 To n                                   '计算 n 的阶乘
    p = p * i
  Next i
  fact1=p                                          '将求得的 n! 赋给函数名 fact1
End Sub
```

例 6.4:利用函数过程求最大公约数和最小公倍数。

分析:求最大公约数的算法思想,对于已知两个数 x,y,使得 $x>y$;x 除以 y 得余数 r;若 $r=0$,则 y 为求得的最大公约数,算法结束,返回 y;如果 $r\neq0$,则 $x\leftarrow y,y\leftarrow r$,再重复上述步骤。而最小公倍数=两个数之积/最大公约数。其过程如下:

```
Function GYS(ByVal x As Integer, ByVal y As Integer) As Integer'定义函数 GYS
  If x < y Then
    t = x : x = y : y = t                          '交换 x 与 y 的值
  End If
  r = x Mod y
  Do While r <> 0
    x = y
    y = r
  Loop
  GYS = y                                          '将要返回 y 的值赋给函数名
End Function
```

上述函数过程通过反复相除求最大公约数,可通过下面的 GBS 过程求最小公倍数:

```
Function GBS(ByVal x As Integer, ByVal y As Integer)
  GBS = (x * y) / GYS(x, y)
End Function
Sub Form_Click()                                   '调用 GYS 和 GBS 的事件
  Dim a As Integer, b As Integer
  a = 48 : b = 96
  m = GYS(a, b)                                    '调用 GYS()函数
  Print "最大公约数是="; m
  n = GBS(a, b)
```

```
  Print "最小公倍数是＝"; n
End Sub
```

例 6.5：编写程序，打印 0～1 000 之间的伪随机数。要打印的随机数的个数在运行时指定，要求每 5 个打印一行，生成随机数的操作用一个 Function 过程实现。

分析：产生随机数的方法很多，用内部函数 Rnd 可以产生随机数。这里用线性同余法来产生随机数，表达式如下：$x=(x*29+37)\text{Mod }1\,000$，此外 x 要有一个初值，即“随机种子”。过程 rand 用线性同余法产生随机数。该过程不带参数，是一个无参过程，每调用一次 rand，就产生一个 0～1000 之间的伪随机数，在事件过程中，用 Mod 操作伪随机数按 5 个打印一行，产生随机数的函数过程 rand()的代码如下：

```
Dim x As Integer, n As Integer                    '在窗体层定义
Static Function rand()
    x=x*29+37
    x=x mod 1000
    n=x
    rand=n
End Function
```

调用 rand()的事件过程如下：

```
Private Sub Form_Click()
  Dim rannum As Integer, n As Integer
  FormSize = 12
  x = 677
  Cls
  rannum = InputBox("How many random integer to be print:")
                                                  '输入产生随机数的个数赋给 rannum
  Print "Print Random integer between 0 to 1000;", Chr$(13)
  Print
  For m = 1 To rannum
    If m Mod 5 = 0 Then
      Print rand(); " ";
      Print
    Else
      Print rand(); " ";
    End If
  Next m
End Sub
```

程序运行后单击窗体，在输入对话框中输入 50 后，其运行结果如图 6－5 所示。

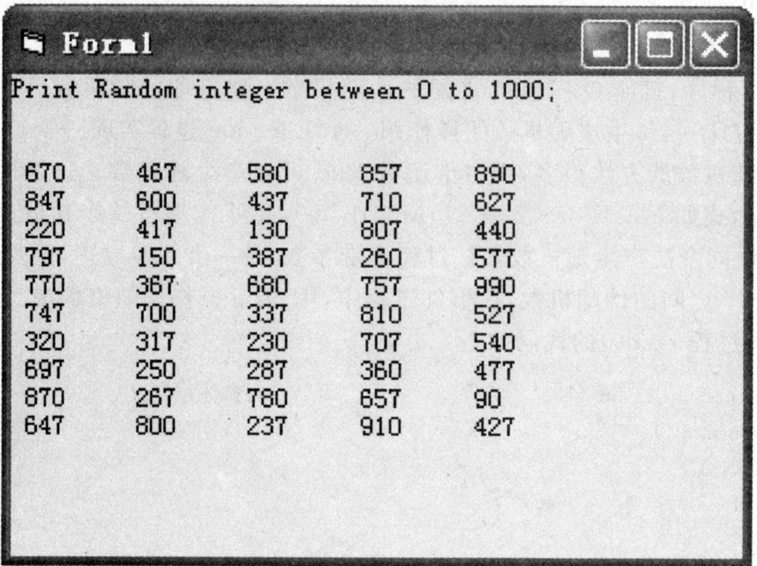

图 6-5 例 6.5 的运行结果

6.2.3 函数过程与子程序过程的区别

1. 函数过程与子程序过程在格式上的区别

1) 函数过程定义以 Function 开头，以 End Function 结束；子程序过程以 Sub 开头，以 End Sub 结束。

2) 函数过程通过函数名返回函数的值，因此，函数过程名要有数据类型，用 As〈数据类型〉定义。如果此项默认，则默认为 Variant 类型；子程序过程无返回值。

3) 通常，在函数过程内的函数名至少应被赋值一次，使函数获得返回值，否则，函数过程将返回一个默认值，数值函数返回 0，字符串函数返回一个空串；而子程序过程内没有对子过程名的赋值。

2. 函数过程与子程序过程在调用上的区别

函数过程与子程序过程在调用上的区别，主要是将函数过程调用写在一个表达式中，作为表达式的一项参与运算，而将子程序过程作为一个程序语句或用 CALL 命令调用。

6.3 参数传递

参数传递是主调过程和被调过程之间进行数据交换的主要途径。在调用一个过程时，将主调过程的实际参数传递给被调过程的形式参数，完成形式参数与实际参数的结合，然后用实际参数执行调用的过程。参数传递有两种方式：按值传递和按址传递。

6.3.1 形参和实参

在过程定义的参数表中出现的参数称为形式参数（简称形参）。在过程被调用之前，形参并未被分配内存，只是说明形参的类型和在过程中的作用。形参列表中的各参数之间用逗号

分隔，形参可以是变量名和数组名。

在调用过程语句或表达式中出现的参数表称为实在参数（简称实参）。在过程调用时，实参将数据传递给形参。实参表可由常量、表达式、有效的变量名、数组名组成。实参表中各参数用逗号分隔。

在调用一个过程时，必须把实参传送给过程中的形参，完成形参与实参的结合。这种参数的传递也称为参数的结合。

例如，定义一个过程：

```
Sub Sum(x As Integer, y As Integer, z As Integer)
  ...
End Sub
```

过程调用：Call Sum(a, b, c)

则其形参与实参的结合关系为，实参传递给对应的形参，即：a→x，b→y，c→z。

在传递参数时，形参表与实参表中对应参数的名字可以不同，但要求形参表与实参表中参数的个数、数据类型、位置顺序必须一一对应。因为在调用过程时，形参和实参结合是按位置结合的，即第一个实参与第一个形参结合，第二个实参与第二个形参结合，依次类推。

6.3.2　按值传递和按址传递

VB 中传递参数的方式有两种：一种是按值传递，另一种是按址传递。在过程定义时，形参前加 ByVal 关键字的是按值传递，形参前加 ByRef 关键字（或省略）的是按址传递。

1. 按值传递

按值传递参数时，VB 给传递的形参分配一个临时的内存单元，将实参的值传递到这个临时单元中去。实参向形参传递是单向的，如果在被调用的过程中改变了形参值，则只是临时单元的值变动，不会影响实参变量本身。当被调用过程结束返回调用过程时，VB 将释放给形参分配的临时内存单元，实参变量的值保持不变。

如果调用语句中的实参是常量或表达式，此时参数传递是按值传递。

例 6.6：按值传递示例。

分析：在 Form_Click() 事件中两次调用了过程 Sum()。其中 Call Sum(1, 2, a + b) 里的实参分别是常量和表达式，因此是按值传递。而 Call Sum((a), (b), (c)) 里的实参分别是表达式和变量，但形参 ByVal z As Integer 说明第 3 个参数也是按值传递，其参数传递过程可以参照图 6－6。因此，在 Sum 过程中形参 x，y，z 值虽然被改变了，但实参的值不会受到影响。其运行结果如图 6－7 所示。

图 6－6　按值传递时参数的内存空间分配

```
Private Sub Form_Click()
    Dim a As Integer, b As Integer, c As Integer
    a = 1: b = 2: c = 3
    Print "调用过程前 a,b,c="; a, b, c
    Call Sum(1, 2, a + b)                      '实参是常量或表达式时,是按值传递
    Print "第一次调用后 a,b,c="; a, b, c
    Call Sum((a), (b), c)
      'a,b 用括号括起来了,c 所对应的形参前有 ByVal,是按值传递如图 6-6 所示
    Print "第二次调用后 a,b,c="; a, b, c
End Sub
Sub Sum(x As Integer, y As Integer, ByVal z As Integer)
      x = x + y: y = y + z: z = z + x
      Print "过程调用中 x,y,z="; x, y, z
End Sub
```

```
Form1
调用过程前 a, b, c= 1      2      3
过程调用中 x, y, z= 3      5      6
第一次调用后a, b, c= 1     2      3
过程调用中 x, y, z= 3      5      6
第二次调用后a, b, c= 1     2      3
```

图 6-7　按值传递运行结果

2. 按址传递

按址传递参数是指实参变量的内存地址传递给形参,使形参和实参具有相同的地址。这意味着形参和实参共享一段存储单元。因此,在被调用过程中改变形参的值,则相应实参的值也被改变。也就是说,与按值传递参数不同,按址传递参数可以在被调用过程中改变实参的值。

当实参是变量,并且形参前无 ByVal 关键字说明时即按址传递。

例 6.7:按址传递示例。

分析:在本题中,形参前均无 ByVal 且实参均是变量,因此参数的传递方式是按址传递,其参数传递过程可以参照图 6-8,其运行结果如图 6-9 所示。

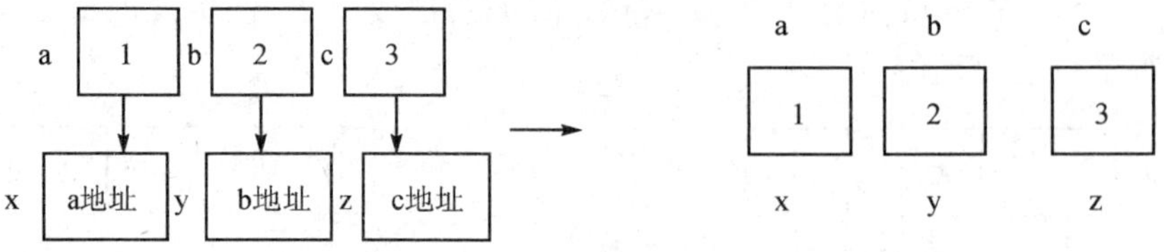

图 6-8　变量参数传递示意

```
  Sub Sum(x As Integer, ByRef y As Integer, z As Integer)
x = x + y: y = y + z: z = z + x
Print "过程调用中 x,y,z="; x, y, z
End Sub
```

```
Private Sub Form_Click()
  Dim a As Integer, b As Integer, c As Integer
  a = 1: b = 2: c = 3
  Print "调用过程前 a,b,c="; a, b, c
  Call Sum(a, b, c)                         '实参是变量,按址传递
  Print "调用过程后 a,b,c="; a, b, c
End Sub
```

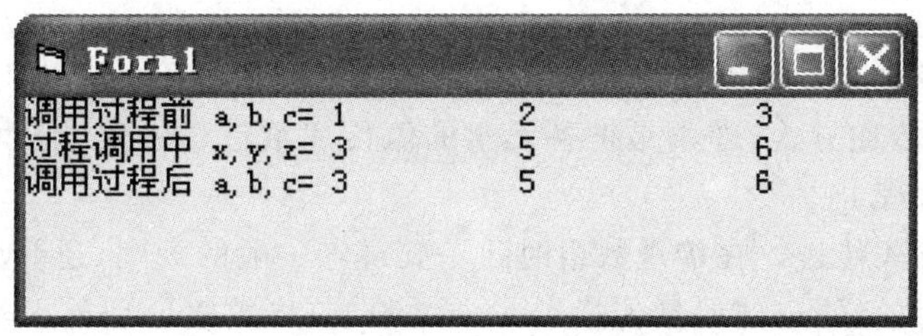

图 6－9　例 6.7 运行结果

6.3.3　数组参数的传递

过程参数可以是任何的数据类型,即基本类型、数组、自定义类型数据和对象均可以作为过程参数,数组作为过程参数分为两种:传递数组中的元素和传递整个数组。

1. 数组元素作参数

当过程中使用数组元素作为实参进行参数传递时,同基本类型的变量作参数的用法一样,即形参前有 ByVal 关键字时按值传递,否则按址传递。

例 6.8:数组元素作为参数实例。

分析:实例中的 Call Sqval(test_array(5,3))语句把数组 test_array 第 5 行第 3 列的元素送到了过程 Sqval,在执行过程 Sqval 之后,改变了 Test_array(5,3)的值。

```
Dim test_array() As Integer                 '定义动态数组 test_array()
Sub Sqval(a As Integer)
  a = Sqr(Abs(a))                           '改变 a 的值
End Sub
Sub Form_Click()
  ReDim test_array(1 To 5, 1 To 3)          '重新定义 test_array()为二维数组
  test_array(5, 3) = -36                    '为 test_array(5, 3)赋值
  Print test_array(5, 3)                    '输出-36
  Call Sqval(test_array(5, 3))              '通过调用过程 Sqval,把实参 test_array
                                            '(5, 3)的值按址传递的方式传给形参 a
  Print test_array(5, 3)                    '输出 6
End Sub
```


2. 数组整体作参数

当要把整个数组传递给过程处理时,只能按址传递,调用中使用的实参是数组名,向形参传递的是数组的首地址。形参中的数组名后可以用一对空括号,但是形参的数据类型必须与实参一致。

VB 允许把数组作为实参传递给过程，例如，定义如下过程：

```
Sub S(a(),b())
…
End Sub
```

这个过程有 2 个形参，a()和 b()都是数组。注意数组后的括号，以便与变量区分。可以用下面的语句调用该过程：

Call S(p1(),p2())

这样把数组 p1 和 p2 传递给数组 a 和 b。当用数组作为过程的参数时，使用的是按址传递方式，而不是按值传递方式，即不是把各元素的值传递给过程的数组，而是把数组的 p1，p2 的起始地址传递给过程。

数组一般按址方式传送。在传送数组时除了要遵守一般的规则，还要注意以下几点：

1）为了把一个数组的全部元素传递给一个过程，应将数组分别放入实参和形参列表中，并省略数组的上下界，但括号不能省略。

2）如果不需要把整个数组传递给过程，可以只传递指定的单个元素，这需要在数组名后面的括号里指定元素的下标。

例 6.9：编写程序实现顺序查找功能。

分析：顺序查找根据查找的关键值与数组中的元素逐一比较，若相同，查找成功；若找不到，则查找失败。查找子过程及其子过程调用如下：

```
Public Sub Search(a() As Integer, ByVal key, index)
  For i = LBound(a) To UBound(a)
    If key = a(i) Then
      index = i
                                        '如果找到，元素的下标保存在 index 形参中
      Exit Sub                          '结束查找
    End If
  Next i
  index = -1                            '找不到，index 形参的值为-1
End Sub
Private Sub Form_Click()
  Dim b(1 To 6) As Integer
  For i = 1 To 6
    b(i) = i * 2 + 1
  Next i
  k = Val(InputBox("输入要查找的关键值:"))
  Call Search(b, k, n)
  If n = -1 Then
    Print "没有要找的数据!"
  Else
    Print "要找的数据在第"; n; "个位置"
  End If
End Sub
```

6.3.4 可选参数

一般来说，一个过程在声明时定义了几个形参，则在调用这个过程时就必须使用相同数量的实参。VB 允许在形参前面使用 Optional 关键字把它设定为可选参数。如果一个过程的某个形参为可选参数，则在调用此过程时可以不提供对应于这个形参的实参。

如果在过程定义的形参表中用 Optional 关键字将某个参数指定为可选参数，则参数表中此参数后面的所有其他参数也必须是可选的，并都要用 Optional 来修饰。

例 6.10：编写函数来计算两个数(或 3 个数)的乘积。

分析：编写 Multi 函数，定义 3 个参数，其中前两个参数与普通过程中的书写格式相同，最后一个参数没有指定类型(使用默认类型 Variant)，而是前面加了 Optional，表明该参数是一个可选参数。在过程体中，首先计算前两个参数的乘积，并把结果赋给变量 *n*，然后测试第 3 个数是否存在。如果存在，则把第 3 个参数与前两个参数的乘积相乘，最后输出乘积。并且在过程体中通过 IsMissing 函数来测试调用时是否传递可选参数。当调用时，提供了可选参数，则 IsMissing 函数的返回值为 Flase。如果没有提供可选参数，则 IsMissing 函数返回值为 True。具体的过程代码如下：

```
Function Multi(fir As Integer, sec As Integer, Optional third)
  Dim n As Integer
  n = fir * sec
  If Not IsMissing(third) Then                    '判断第 3 个参数是否存在
    n = n * third
  End If
  Multi = n
End Function
Private Sub Form_Click()
  Print Multi(2, 3)                               '提供 2 个参数
  Print Multi(2, 3, 4)                            '提供 3 个参数
End Sub
```

6.3.5 可变参数

如果一个过程的最后一个参数是使用 ParamArray 关键字声明的数组，则这个过程在被调用时可以接受任意多个实参。调用这个过程时使用的多个实参值均按顺序存于这个数组中。ParamArray 关键字不能与 Byval、ByRef 或 Optional 关键字针对同一个形参一起使用。使用 ParamArray 关键字修饰的参数只能是 Variant 类型，一个过程只能有一个这样的形参。当有多个形参时，ParamArray 修饰的形参必须是形参表中的最后一个。

例 6.11：编写函数来计算多个数的乘积。

分析：编写 Multi 函数，定义可变参数 ParamArray Num()，在调用时将实参分别传给数组 Num，函数体内运用 For 循环将在数组 Num 中的每一个元素相乘，最后将乘积作为函数值返回。具体的过程代码如下：

```
Function Multi(ParamArray Num())
  Dim n As Integer
```

```
    n = 1
    For Each x In Num
      n = n * x
    Next x
    Multi = n
End Function
Private Sub Form_Click()
    Print Multi(2, 3)                        '提供 2 个参数
    Print Multi(2, 3, 4)                     '提供 3 个参数
    Print Multi(1, 2, 3, 4, 5)               '提供 5 个参数
End Sub
```

6.3.6 对象参数

和传统的程序设计语言一样，通用过程一般用变量作为形式参数。但是，和传统的程序设计语言不同，VB 还允许使用对象，即窗体或控件作为过程的参数。在有些情况下，这样可以简化程序设计，提高效率。下面来看用窗体和控件作为通用过程参数的操作。

1. 窗体参数

首先通过一个例子来说明窗体参数的使用。

例 6.12：设计一个多窗体的程序。该程序含有 4 个窗体，要求这 4 个窗体的位置、大小都相同，单击窗体后 4 个窗体按照设定的 Form1，Form2，Form3，Form4 的顺序切换。

分析：窗体的大小、位置通过 left，Top，Width 及 Height 属性来设置。每个窗体通过 4 个语句确定其大小和位置，除窗体名称不同外，其他都一样。因此，可以用窗体作为参数，编写一个调用过程：

```
Sub FormSet(FormNum As Form)
    FormNum. Left = 2000
    FormNum. Top = 3000
    FormNum. Width = 5000
    FormNum. Height = 3000
End Sub
```

上面通用过程有一个形式参数。该参数的类型为窗体（Form），在调用时，可以用窗体作为实参，例如：

```
FormSet Form1
```

将按过程中给出的数值设置窗体 Form1 的大小和位置。

为了调用上面的通用过程，可以在该工程中添加 4 个窗体，即 Form1，Form2，Form3 和 Form4，在默认的情况下，Form1 是启动窗口。

对 Form1 编写如下事件过程：

```
Private Sub Form_Load()
    FormSet Form1
    FormSet Form2
    FormSet Form3
```

```
  FormSet Form4
End Sub
```

对4个窗体分别编写如下事件过程：

```
Form1 中添加代码：
Private Sub Form_Click()
  Form1.Hide
  Form2.Show
End Sub
Form2 中添加代码：
Private Sub Form_Click()
  Form2.Hide
  Form3.Show
End Sub
Form3 中添加代码：
Private Sub Form_Click()
  Form3.Hide
  Form4.Show
End Sub
Form4 中添加代码：
Private Sub Form_Click()
  Form4.Hide
  Form1.Show
End Sub
```

上述程序运行后，首先显示 Form1，单击该窗体后，Form1 消失，显示 Form2，单击 Form2 窗体，Form2 消失，显示 Form3，以此类推。所显示的每个窗体的大小和位置均相同。

2. 控件参数

与窗体参数一样，控件也可以作为通用过程的参数，即在一个通用过程中设置相同性质控件所需要的属性，然后在调用此过程时使用不同的控件作实参。

例 6.13：对文本框中输入的数据进行检查。

分析：一个界面中有若干个文本框用于输入数据，现要求文本框中输入的数据均为数值型的，因此，在文本框的失去焦点(LostFocus)事件中，要检查输入数据是否是数值型的。如果不是数值型的，则出现 MsgBox 对话框提示出错，并且用 SetFocus 方法将焦点移回文本框。显然，在每个文本框的失去焦点事件中，均需要编写进行数据检查的代码，可以编写一个通用过程 txtCheck 进行数据检查。在文本框的失去焦点事件过程中调用这个通用过程。

编写的 txtCheck 通用过程，将文本框作为参数，调用这个通用过程时，将文本框的对象名作为实参传递给形参，从而使得同一个 txtCheck 通用过程可以对不同文本框进行检查。程序示例代码如下：

```
Private Sub txtCheck(txt As TextBox)          '定义文本框输入数据检查的通用过程
  If IsNumeric(txt.Text) = True Then
    txtNumber = Val(txt.Text)
  Else
```

```
        MsgBox ("输入数据出错!")
        txt. Text = ""
        txt. SetFocus
        End If
    End Sub
    Private Sub Text1_LostFocus()
      Call txtCheck(Text1)                    '调用 txtCheck 过程判断 text1 输入的是不是数字
    End Sub
    Private Sub Text2_LostFocus()
      Call txtCheck(Text2)
    End Sub
```

6.4 变量和过程的作用域

VB 的应用程序由若干个过程组成。这些过程一般保存在窗体文件(. frm)或标准模块文件(. bas)中。变量在过程中是必不可少的。一个变量、过程随所处的位置不同,可被访问的范围不同,变量、过程可被访问的范围称为变量、过程的作用域。

6.4.1 过程的作用域

一般 VB 的应用程序组成可用图 6 - 10 描述。本章只讨论窗体和标准模块文件。过程的作用域分为:窗体/模块级和全局级。

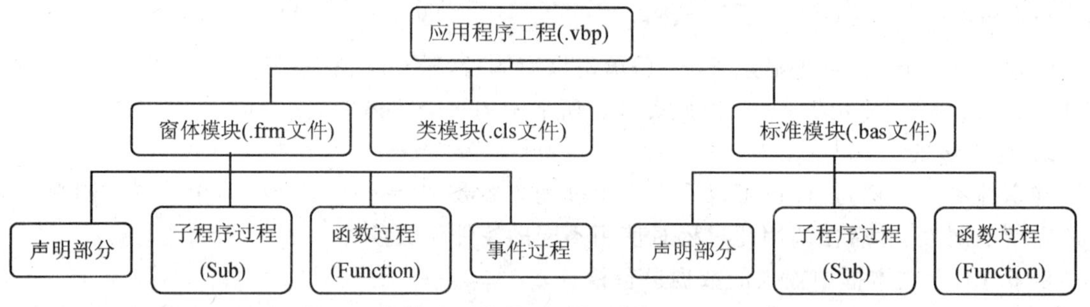

图 6 - 10 VB 应用程序组成

1. 窗体/模块级

指在某个窗体或标准模块内定义的过程,定义过程前加 Private 关键字。这类过程只能被本窗体(在本窗体内定义)或本标准模块(在本标准模块内定义)中的过程调用。

2. 全局级

指在窗体或标准模块中定义的过程,默认是全局的,也可加 Public 进行说明。全局过程可供该应用程序的所有窗体和所有标准模块中的过程调用,但根据过程所处的位置不同,其调用方式有所不同。

1) 在窗体中定义的过程。外部过程要调用时,必须在过程名前加该过程所处的窗体名。

2) 在标准模块中定义的过程。外部过程均可调用,但过程名必须唯一,否则要加标准模块名。有关规则参如表 6 - 1 所列。

表6-1 不同作用范围的过程定义及调用规则

<table>
<tr><td rowspan="2">作用范围</td><td colspan="2">模块级</td><td colspan="2">全局级</td></tr>
<tr><td>窗体</td><td>标准模块</td><td>窗 体</td><td>标准模块</td></tr>
<tr><td>定义方式</td><td colspan="2">过程名前加 Private
例:Private Sub S1(形参表)</td><td colspan="2">过程名前加 Public 或缺省
例:[Public] Sub S2(形参表)</td></tr>
<tr><td>能否被本模块其他过程调用</td><td>能</td><td>能</td><td>能</td><td>能</td></tr>
<tr><td>能否被本应用程序其他模块调用</td><td>不能</td><td>不能</td><td>能,但必须在过程名前加窗体名例:Call 窗体名.S2(实参表)</td><td>能,但过程名必须唯一,否则要加标准模块名例:Call 标准模块名.S2(实参表)</td></tr>
</table>

6.4.2 变量的作用域

变量的作用域与过程类似,它决定了哪些过程可访问该变量。根据变量的作用域不同,变量可以分为:局部变量、窗体/模块级变量和全局变量。表6-2列出了变量的作用范围及使用规则。

1. 局部变量

局部变量是指在过程内用 Dim 语句声明的变量(或不加声明直接使用的变量),只能在本过程中使用的变量,其他过程不可访问。局部变量随过程的调用而分配存储单元,并进行变量的初始化,在此过程体内进行数据的存取,一旦该过程体结束,则内容自动消失,占用的存储单元释放。不同的过程中可有相同名称的变量,彼此互不相干,使用局部变量,有利于程序的调试。

例6.14:在下面的过程 Command1_Click 中定义了局部变量 a,b,在过程中也定义了局部变量 a,b。

分析:在这两个过程中定义的同名局部变量互不相干。它们的作用域分别是它们所在的过程。每次执行 Command1_Click 过程的结果都一样。具体的代码如下:

```
Private Sub Command1_Click()
  Dim a As Integer, b As Integer          '局部变量
  a = 1 : b = 2
  Call S1(a, b)
  Print a, b                              '输出1,2
End Sub
Sub S1(ByVal x As Integer, ByVal y As Integer)
  Dim a As Integer, b As Integer          '局部变量
  a = x + 2
  b = y + 3
  Print a, b                              '输出3,5
End Sub
```

2. 窗体/模块级变量

窗体/模块级变量是指在一个窗体/模块的任何过程外,即在“通用声明”段中用 Dim 语句

或用 Private 语句声明的变量，可被本窗体/模块的任何过程访问。

例 6.15：将例 6.14 中的变量 a,b 在窗体的通用声明段中定义。

分析：在窗体通用声明段中定义的变量为窗体/模块级变量，故在本窗体的所有过程中都能引用这些变量。具体的代码如下：

```
Dim a As Integer, b As Integer                    '窗体/模块级变量
Private Sub Command1_Click()
  a = 1 : b = 2
  Call S1(a, b)
  Print a, b                                      '输出 3,5
End Sub
Sub S1(ByVal x As Integer, ByVal y As Integer)
  a = x + 2
  b = y + 3
  Print a, b                                      '输出 3,5
End Sub
```

3. 全局变量

全局变量是指只能在标准模块的任何过程或函数外，即在“通用声明”段中用 Public 语句声明的变量，可被应用程序的任何过程或函数访问。全局变量的值在整个应用程序中始终不会消失和重新初始化，只有当整个应用程序执行结束时，才会消失。表 6-2 列出了变量的作用范围及使用规则。

表 6-2　不同作用范围的变量声明及使用规则

作用范围	局部变量	窗体/模块级变量	全局变量	
			窗　体	标准模块
声明方式	Dim,Static	Dim,Private	Public	
声明位置	在过程中	窗体/模块的"通用声明"段	窗体/模块的“通用声明”段	
被本模块的其他过程存取	不能	能	能	
被其他模块存取	不能	不能	能，但在变量名前加窗体名	

6.4.3　变量的生命周期

所谓变量的生命周期，是指能够保存变量值的时间。如果说变量的作用域是从空间角度来看待变量的，那么生命周期则是从变量存在的时间上来理解的。根据变量的生存期不同，可以将变量分为动态变量和静态变量。

1. 动态变量

在应用程序中的变量如果不使用 Static 语句进行声明，则属于动态变量。对于过程级的动态变量，在程序运行到变量所在的过程时，系统为变量分配存储空间，并进行变量的初始化工作；当该过程结束时，释放变量所占用的存储空间，其值不再存在。窗体/模块级动态变量在运行窗体/模块时被初始化，在退出窗体/模块时释放其所占用的存储空间。全局级动态变量在应用程序执行时分配存储空间，在退出应用程序时释放存储空间。

2. 静态变量

如果一个变量用 Static 语句声明，则该变量只被初始化一次，在应用程序运行期间保留其值，即在每次调用该变量所在的过程时，该变量不会被更新初始化，而在退出变量所在的过程时，不释放该变量所占的存储空间。

在 Sub 过程、Function 过程的定义语句中使用 Static 修饰词，表明该过程内所有的变量均为静态变量。

例 6.16：用 Static 关键字来声明局部变量示例。

分析：当每次单击 Command1 时，*j* 的值都会在上次执行的结果上加 1。程序运行后，第 1 次单击在文本框中显示 1，第 2 次单击在文本框中显示 2，以此类推，第 *n* 次单击时在文本框中显示 *n*。如果将 Static j As Integer 改为 Dim j As Integer，则程序在执行时无论单击多少次都会在文本框中显示 1。模块/窗体级和全局变量的生命周期是程序的运行期，不必使用 Static 关键字进行声明。

```
Private Sub Command1_Click()
  Static j As Integer
  j = j + 1
  Text1. Text = j
End Sub
```

例 6.17：模块/窗体级变量示例。

分析：本题将例 6.16 中的局部变量 *j* 改为模块/窗体级变量，其运行结果同上题。也可将 Dim j As Integer 改为 Public j As Integer 或 Private j As Integer。

```
Dim j As Integer
Private Sub Command1_Click()
  j = j + 1
  Text1. Text = j
End Sub
```

6.5 递 归

递归就是某一事物直接地或间接地由自己组成。一个过程直接或间接地调用自身，便构成了过程的递归调用。前者称为直接递归调用，后者称为间接递归调用。包含递归调用的过程称为递归过程。

例 6.18：运用递归计算 $N!$。

分析：根据数学知识，负数的阶乘没有定义，0 的阶乘为 1，正数 N 的阶乘为 $N\times(N-1)\times(N-2)\times\cdots\times2\times1$。因此，如果 $N=0$ 或 $N=1$ 时，则 $N!=1$；如果 $N>0$，则 $N!=N\times(N-1)!$。在 VB 中，可以用递归过程实现上述运算，程序如下：

```
Function Fact(ByVal N As Integer)
  If N < 0 Then
    MsgBox ("Data Error!")
    Fact = -1
```

```
    Exit Function
  End If
  If N = 0 Or N = 1 Then
    Fact = 1
  Else
    Fact = N * Fact(N - 1)
  End If
End Function
Private Sub Form_Click()
  Dim x As Integer
  x = Val(InputBox("请输入一个非负整数"))
  If Fact(x) <> -1 Then
    Print x; "的阶乘为"; Fact(x)
  End If
End Sub
```

递归求解分为两个阶段。第一个阶段是“递推”，即把求 N 的阶乘表示为求($N-1$)阶乘的函数，而($N-1$)的阶乘仍然不知道，还要“递推”到求($N-2$)的阶乘……，直到求 1 的阶乘。此时 Fact(1)已知，不必再“推”了，然后开始第二阶段，采用“回推”方法，从 1 的阶乘(1)推算出 2 的阶乘(2)，从 2 的阶乘推算出 3 的阶乘(6)……，一直到推算出 N 的阶乘为止。也就是说，递归的操作可以分为“递推”和“回推”两个阶段，要经过多步才能求出最后的值。显而易见，如果不是要求递归过程无限制地进行下去，则必须有一个结束递归过程的条件。在上面的例子中，结束递归的条件是 Fact(1)=1。

6.6 过程应用举例

本节主要列出了解决数学问题的一些常用算法，并通过过程实现，以此进一步加深对 VB 语言中过程的理解，为以后各章的学习打下良好的基础。

6.6.1 利用牛顿切线法求根

分析：对方程 $f(x)$ 给定一个初值 x_0 作为方程的近似根，经过若干次迭代后，得到方程较高精度的近似根。牛顿切线法迭代公式为：

$$x_{i+1} = x_i - \frac{f(x_i)}{f'(x_i)}$$

其中，$f'(x_i)$ 是 $f(x_i)$ 的导数，当 $|x_{i+1}-x_i| \leqslant \varepsilon$ 时，x_{i+1} 就作为方程的近似解。牛顿切线法的实质是逐步以切线与 x 轴的交点来作为曲线与 x 轴交点的近似值。

本例中，方程为

$$f(x) = 2x^3 - 3x^2 - 4x + 5 = 0$$

求根子过程为 Nt，在 Command1_Click()事件中调用该过程，其精度要求为 0.00001。

```
Public Sub Nt(ByVal Xi#, x#, ByVal e#)        '迭代初值 Xi,求得的根 x,精度 e
  Dim fx#, f1x#
  Do
```

```
    fx = 2 * Xi ^ 3 - 3 * Xi ^ 2 - 4 * Xi + 5
    f1x = 6 * Xi ^ 2 - 6 * Xi - 4
    x = Xi - fx / f1x
    If Abs(x - Xi) < e Then Exit Do
    Xi = x
  Loop
End Sub
Private Sub Command1_Click()
  Dim x#
  Call Nt(3#, x, 0.00001)
  Print x
End Sub
```

6.6.2　利用二分法求根

分析:二分法求根的思路是利用二分过程不断缩小求根的区间。即若方程 $f(x)=0$ 在 $[a,b]$ 区间有一个根,则 $f(a)$ 与 $f(b)$ 的符号必然相反,求根方法如下:

1) 取 a 与 b 的中点 $c=(a+b)/2$,将求根区间分成两半。

2) 判断根在哪个区间,有 3 种情况:

① $f(c)\leqslant\varepsilon$ 或 $|c-a|<\varepsilon$,c 为求的根,结束。

② 若 $f(c)f(a)<0$,求根区间在 $[a,c]$,$b=c$ 转(1)。

③ 若 $f(c)f(a)>0$,求根区间在 $[c,b]$,$a=c$ 转(1)。

这样不断重复二分过程,将含根区间缩小一半,直到 $f(c)\leqslant$ 精度。

本例中,方程为

$$f(x) = 2x^3 - 3x^2 - 4x + 5 = 0$$

求根子过程为 Bin,在 Command1_Click()事件中调用该过程,其精度要求为 0.00001。

```
Public Sub Bin(ByVal a#, ByVal b#, ByVal e#, c#)        '二分法在[a,b],求得的根 c,精度 e
  Dim fa#, fb#, fc#
  Do
    c = (a + b) / 2
    fa = 2 * a ^ 3 - 3 * a ^ 2 - 4 * a + 5
    fb = 2 * b ^ 3 - 3 * b ^ 2 - 4 * b + 5
    fc = 2 * c ^ 3 - 3 * c ^ 2 - 4 * c + 5
    If Abs(c - a) < e Or fc <= e Then Exit Do
    If fc * fa < 0 Then b = c Else a = c
  Loop
End Sub
Private Sub Command1_Click()
  Dim x#
  Call Bin(0, 1, 0.00001, x)
  Print x
End Sub
```

6.6.3 数值积分

分析:数值积分是用近似计算方法,解决定积分计算问题。常用的方法有矩形法、梯形法、抛物线法(又称辛卜生法)等。按积分划分的区间,又有定长和变长的不同实现方法。下面介绍用定长的梯形法计算 $\int_a^b f(x)\mathrm{d}(x)$ 的积分。

将积分区间$[a,b]n$ 等分,小区间的长度为 $h=\frac{(b-a)}{n}$,第 i 块小梯形的近似面积 $A_i=\frac{f(x_i)+f(x_{i+1})}{2}h$,积分的结果为所有小面积的和,公式为

$$S=\int_a^b f(x)\mathrm{d}x \approx \sum_{i=1}^{n}\frac{f(x_i)+f(x_{i+1})}{2}h \approx \left\{\frac{1}{2}(f(a)+f(b))+\sum_{i=1}^{n-1}f(x_i)\right\}h$$

n 越大,求出的面积值越接近于积分的值。

本例中,求:$\int_1^2 f(x)\mathrm{d}x=\int_1^2(2x^3-3x^2-4x+5)\mathrm{d}x$ 的定积分,程序如下:

```
Public Function DJF(ByVal a!, ByVal b!, ByVal n%) As Single
  Dim sum!, h!, x!
  h = (b - a) / n
  sum = (F(a) + F(b)) / 2
  For i = 1 To n - 1
    x = a + i * h
    sum = sum + F(x)
  Next i
  DJF = sum * h
End Function
Private Sub Command1_Click()
  Print DJF(1, 2, 100)
End Sub
Public Function F(ByVal x!)            '此函数的功能是求 f(x)
  F = 2 * x^3 - 3 * x^2 - 4 * x + 5
End Function
```

习题 6

(1) 选择题

1. Sub 过程与 Function 过程函数的最根本的区别是(　　)。
   A. Function 过程可以有参数,而 Sub 过程不可以
   B. 两种过程参数的传递方式不同
   C. Sub 过程无返回值,但 Function 过程有返回值
   D. Sub 过程是语句级调用,可以使用 Call 或直接使用过程名,但 Function 过程是在表达式中调用

2. 为了保留动态数组中原有元素的值,需要使用关键字(　　)。

A. Static　　B. Preserve　　C. Option Base　　D. Option Compare

3. 在过程形参的前面加上关键字(　　),则说明该参数为传值参数。

A. Val　　B. ref　　C. ByRef　　D. ByVal

4. 在函数体中退出函数的语句是(　　)。

A. Exit Do　　B. ExitFor　　C. Exit　　D. ExitFunction

5. 若已经定义了一个子过程 s1,它有三个数值传值参数,则调用该子过程的正确语句是(　　)。

A. s1(0,1,2)　　B. s1　　C. call s1 0,1,2　　D. s 0,1,2

(2) 填空题

1. 通用过程又分为(　　)和(　　)。

2. 在 VB 中变量按照作用域,可分为(　　)、(　　)和(　　)。

3. 在 VB 中变量按照生存周期,可分为(　　)和(　　)。

4. Sub 过程中的参数的传递方式有(　　)和(　　)两种,其中默认的传递方式为(　　)。

(3) 编程题

1. 编写程序计算 1! +2! +3! +4! +5! 的值。

2. 编写交换两个数的过程,Swap1 用按值传递,Swap2 用按址传递。哪个过程能真正实现两个数的交换? 为什么?

3. 在下面的过程 Command1_Click 中定义了局部变量 a、b,在过程 s 中也定义了局部变量 a、b。

```
Private Sub Command1_Click()
  Dim a As Integer,b As Integer
  a=1:b=2
  Call s(a,b)
  Print a,b
  End Sub
  Sub s(ByVal x As Integer,ByVal y As Integer)
  Dim a As Integer,b As Integer
  a=a+x+2
  b=b+y+3
  Print a,b
End Sub
```

在这两个过程中定义的同名局部变量互不相干,它们的作用域分别是它们所在的过程。请仔细分析每次执行 Command1_Click 过程的结果。

4. 一个窗体的单击事件过程如下,观察连续两次单击窗体的结果。

```
Private Sub Form_Click()
  Dim x As Integer
```

```
    x=x+1
    Print x
End Sub
```

若把 Dim x As Integer 改为 Static x As Integer，连续两次单击窗体的结果又会如何？

5. 编写程序，实现英语单词或短语的加密/解密操作。

6. 编写一个求 3 个数中最大值 Max 和最小值 Min 的过程，然后用这个过程分别求 3 个数，5 个数，7 个数中的最大值和最小值。

7. 编写八进制数和十进制数相互转换的过程：

1）过程 ReadOctal，读入八进制数，然后转换为等值的十进制数。

2）过程 WriteOctal，将十进制正整数以等值的八进制形式输出。

第7章 界面设计

在VB中，可以通过界面设计来使程序的运行界面达到Windows风格的运行界面。本章介绍VB中界面设计的工具和方法，包括通用对话框、菜单、工具栏和状态栏、RichTextBox、多重窗体和多文档界面。

7.1 通用对话框(CommonDialog)

7.1.1 通用对话框

VB提供了一组基于Windows的常用的标准对话框界面，用户可以利用通用对话框控件在窗体上创建6种标准对话框。它们分别是【打开】对话框(Open)、【另存为】对话框(Save As)、【颜色】对话框(Color)、【字体】对话框(Font)、【打印】对话框(Printer)和【帮助】对话框(Help)。

通用对话框不是标准控件，所以使用前需要把通用对话框控件添加到工具箱中，操作步骤如下：

1）选择【工程】菜单中的【部件】菜单命令，打开【部件】对话框。

2）选定Microsoft CommonDialog Control 6.0选项。

3）选择【确定】按钮退出。

经过上面的操作后，通用对话框控件就出现在控件工具箱中了。

在程序中要显示通用对话框，还必须对控件的Action属性赋于正确的值，或者使用Show方法来代替数字值。表7-1给出了显示通用对话框的属性值和方法。

表7-1 通用对话框的Action属性和Show方法

方法	Action	说明
ShowOpen	1	显示文件打开对话框
ShowSave	2	显示另存为对话框
ShowColor	3	显示为颜色对话框
ShowFont	4	显示为字体对话框
ShowPrinter	5	显示为打印机对话框
ShowHelp	6	显示为帮助对话框

除了Action属性外，通用对话框具有其他一些共同的属性。

1. DialogTiltle属性

该属性决定通用对话框的标题文字。

2. CancelError属性

该属性表示用户在与对话框进行信息交互时，按下【取消】按钮时是否产生出错信息。此时，通用对话框自动将错误对象Err.Number设置为32755(cdlCancel)以便供程序判断。若取值为True，表示用户选择了【取消】按钮，出现错误警告，Err.Number置为32755(cdCancel)；若取值为False(默认)，选择【取消】按钮，没有错误警告。

3. Flags 属性

该属性可以修改每个具体对话框的默认操作。

除以上 3 个属性外，所用对话框都具有 Name(对话框的名称)属性、Index(由多个对话框组成的控件数组的下标)属性、Left 和 Top(通用对话框的位置)属性。

7.1.2 【打开】对话框

通用对话框的 Action 属性被设置为 1 时，对话框成为【打开】文件对话框，如图 7－1 所示。但注意，打开文件对话框并不能真正打开一个文件，它仅提供一个打开文件的用户界面，供用户选择要打开的文件。打开文件的具体工作还是要通过编程来完成的。

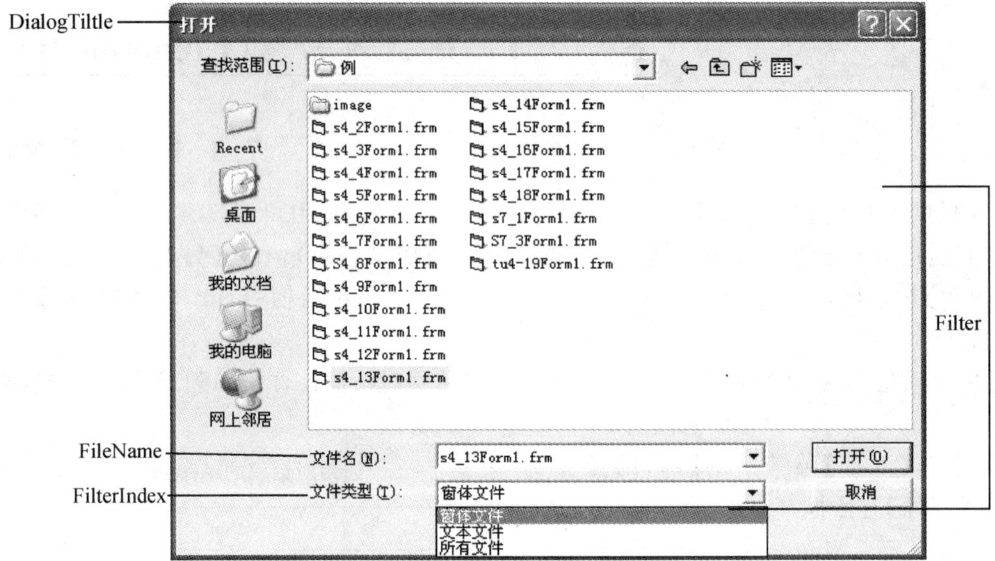

图 7－1 【打开】对话框属性

1. FileName 属性

该属性设置或得到用户所选的文件名(包含路径)，值为字符串。

2. FileTitle 属性

该属性设计时无效，在程序中只读，只得到返回的文件名(不包含路径)。

3. Filter 属性

该属性用于过滤可打开的文件类型，使文件列表框中只显示指定类型的文件。可以在设计时设置该属性，也可以在代码中设置该属性。代码中设置该属性的格式为

Documents(*.DOC)| *.DOC|Text Files(*.TXT)| *.txt|All Files| *.*

4. FilterIndex 属性

该属性决定在文件类型列表框中显示第几组类型的文件。在图 7－1 中，若想显示默认的窗体文件，则 FilterIndex=0。

5. InitDir 属性

该属性用于初始化打开对话框中的初始路径。若显示当前目录，则不需要设置该属性。打开对话框的属性页如图 7－2 所示。

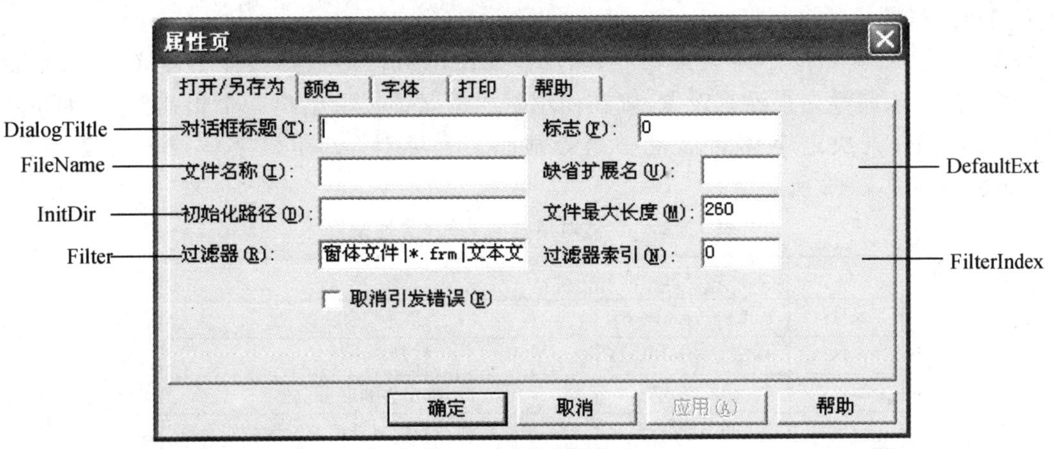

图 7－2　打开对话框属性页

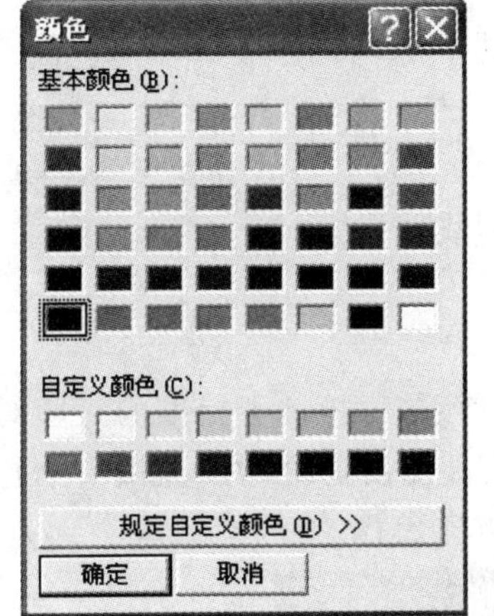

图 7－3　颜色对话框

7.1.3 【颜色】对话框

当通用对话框的 Action 属性设置为 3 时，就变成了【颜色】对话框，供用户选择颜色，如图 7－3 所示。如在程序中设置文本的前景色、背景色等。它只有一个重要属性，那就是 Color 属性，可以返回或设置选定的颜色值。

7.1.4 【字体】对话框

当通用对话框的 Action 属性设置为 4 时，就变成了【字体】对话框，供用户选择字体，如图 7－4 所示。对于【字体】对话框，主要有以下几种属性。

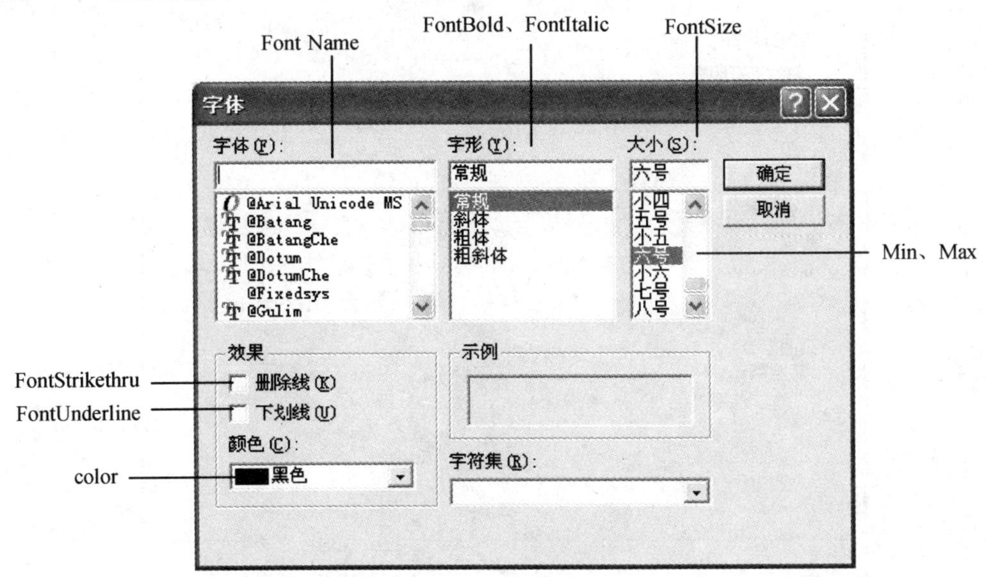

图 7－4　字体对话框

1. Flags 属性

该属性指示所显示的字体类型，必须设置。在使用对话框控件选择字体之前，必须设置Flags 属性值。该属性如果没有设置，则在使用时通用对话框会给出一个出错提示；如果设置了 Flags 属性值，则决定字体对话框中是否显示屏幕字体、打印机字体或者两者都显示。Flags 属性值如表 7－2 所列。

表 7－2　字体对话框的 Flags 属性设置

值	常　数	说　明
&H1	cdlCFScreenFonts	屏幕字体
&H2	cdlCFPrinterFonts	打印机字体
&H3	cdlCFBoth	打印机字体和屏幕字体
&H100	cdlCFEffects	显示删除线和下划线复选框以及颜色组合框

2. Color 属性

该属性值表示字体的颜色。注意，要使 Color 有效，必须先设置 Flags 含有 cdlCFEffects 值。

3. Font 属性

该属性包括 FontName（字体名称）、FontSize（字体大小）、FontItalic（斜体）、FontStrikethru（删除线）、FontBold（粗体）和 FontUnderline（下划线）。

7.1.5 【打印】对话框

当通用对话框的 Action 属性设置为 5 时，就变成了【打印】对话框，是一个标准的打印对话窗口界面，如图 7－5 所示。【打印】对话框也不能处理打印工作，仅仅是给用户提供一个打印参数的界面，所选参数存于各属性中，再通过编写程序来处理打印操作。

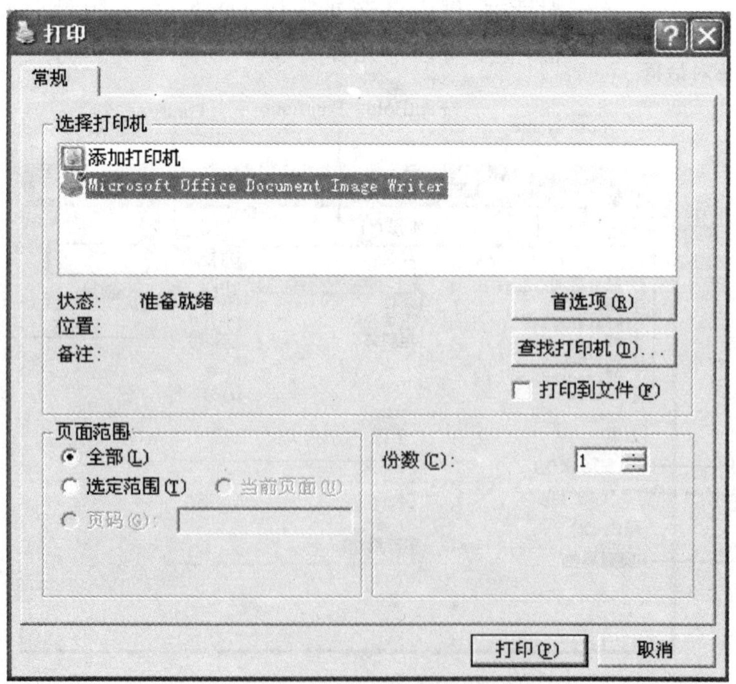

图 7－5　打印对话框

【打印】对话框的主要属性有：

1. FromPage 属性

该属性决定打印时的起始页号。

2. ToPage 属性

该属性决定打印时的终止页号。

3. Copies 属性

该属性决定打印的份数。如果打印驱动程序不支持多份打印，该属性有可能始终返回1。

7.1.6 【帮助】对话框

当通用对话框的 Action 属性设置为 6 时，就变成了【帮助】对话框，可以用于制作应用程序的联机帮助，如图 7-6 所示。帮助文件需要用其他的工具制作，如 Microsoft Windows Help Compiler。

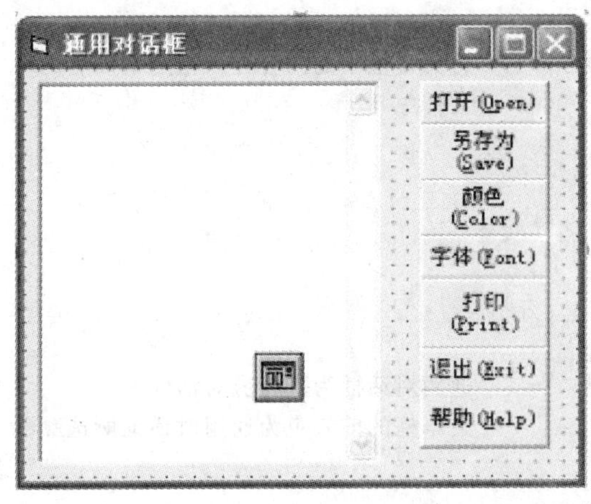

(a)设计界面

(b)运行界面

图 7-6　例 7.1 界面

【帮助】对话框的主要属性有：

1. HelpCommand 属性

该属性用于设置或返回所需要的联机在线帮助 Help 类型。有关类型请参阅 VB 帮助系统。

2. HelpFile 属性

该属性用于指定 Help 文件的路径及其名称，即找到帮助文件，然后在 Help 窗口中显示相应的文件内容。

3. HelpKey 属性

该属性用于在帮助中显示由该帮助关键字指定的帮助信息。

4. HelpContext 属性

该属性返回或设置所需要的 HelpTopic 的 Context ID，一般与 HelpCommand 属性(设置为 vbHelpContents)一起使用，指定要显示的 HelpTopic。

例 7.1：设计一个能够对文档内容进行编辑的程序。程序设计界面与运行界面如图 7-6

所示。

```
Dim str As String
Private Sub cmdOpen_Click()
    CommonDialog1. Action = 1                          '通用对话框为"打开"对话框
    text1. Text = ""
    Open CommonDialog1. FileName For Input As #1       '打开指定的文件,文件名由 filename 获得
    Do While Not EOF(1)                                '将文件的内容显示在文本框中
        Line Input #1, str
        text1. Text = text1. Text + str + Chr(13) + Chr(10)
    Loop
    Close #1
    Exit Sub
End Sub
Private Sub cmdSaveas_Click()
    CommonDialog1. Action = 2                          '通用对话框为【另存为】对话框
    Open CommonDialog1. FileName For Output As #1      '将文本框中的内容存入指定文件名的
                                                       '文件中
    For i = 1 To Len(text1. Text)
        Print #1, Mid$ (text1. Text, i, 1);
    Next i
    Close #1
End Sub
Private Sub cmdColor_Click()
    CommonDialog1. Action = 3                          '通用对话框为【颜色】对话框
    text1. ForeColor = CommonDialog1. Color            '文本框的前景色为通用对话框所选颜色
End Sub
Private Sub cmdFont_Click()
    CommonDialog1. Flags = cdlCFBoth Or cdlCFEffects   '打印机字体和屏幕字体 or 显示删除线和
                                                       '下划线检查框以及颜色组合框
    CommonDialog1. Action = 4                          '通用对话框为【字体】对话框
    If CommonDialog1. FontName <> "" Then
        text1. FontName = CommonDialog1. FontName
    End If
    text1. FontSize = CommonDialog1. FontSize
    text1. FontBold = CommonDialog1. FontBold
    text1. FontItalic = CommonDialog1. FontItalic
    text1. FontStrikethru = CommonDialog1. FontStrikethru
    text1. FontUnderline = CommonDialog1. FontUnderline
End Sub
Private Sub cmdPrint_Click()
    CommonDialog1. ShowPrinter                         '通用对话框为【打印】对话框
    For i = 1 To CommonDialog1. Copies
        Printer. Print text1. Text
    Next i
    Printer. EndDoc
```

```
End Sub
Private Sub CmdHelp_Click()                                        '通用对话框为【帮助】对话框
    CommonDialog1.HelpCommand = vbhelpcontents                     '帮助的类型
    CommonDialog1.HelpFile = "VB.hlp"                              '提供帮助的文件
    CommonDialog1.HelpKey = "Common Dialog Control"                '帮助中指定的关键字
    CommonDialog1.ShowHelp                                         '打开帮助窗口
End Sub
Private Sub cmdQuit_Click()
    End
End Sub
```

7.2 菜　单

目前绝大多数的大型应用程序的用户界面是菜单界面。利用菜单可以对命令进行分组，使用户能够更方便、更直观地访问这些命令。

菜单按它的使用方式有下拉式菜单和弹出式菜单两种。下拉式的菜单位于窗口的顶部，弹出式菜单是独立于窗体菜单栏而显示在窗体内的浮动菜单，一般使用鼠标右键激活。图 7－7(a)说明了下拉式菜单系统的组成结构，图 7－7(b)说明了弹出式菜单的组成结构。每个菜单名包含若干个菜单命令。菜单命令可以包括菜单命令、分隔条和子菜单标题。只有菜单名没有菜单命令的菜单称为【顶层菜单】。每个菜单命令对应一个应用程序，菜单命令可以有热键与快捷键，菜单名只能有热键。

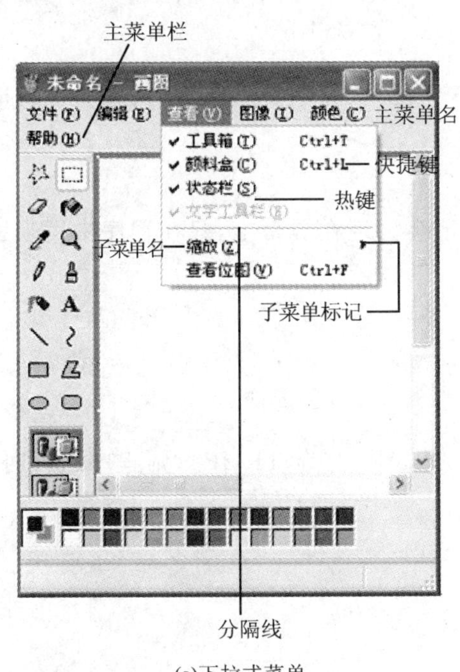

(a)下拉式菜单

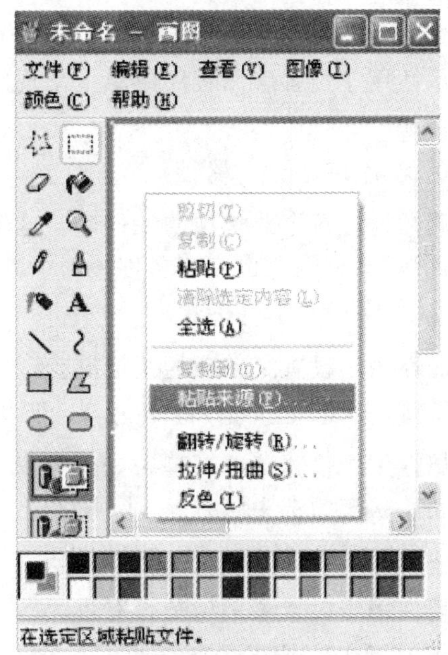

(b)弹出式菜单

图 7－7　菜单系统组成

7.2.1 菜单编辑器

VB 提供了【菜单编辑器】如图 7－8 所示，可以非常方便地在应用程序的窗体上建立菜单。启动菜单编辑器的方法是在设计状态下，选择【工具/菜单编辑器(CTRL＋E)】。

图 7－8 【菜单编辑器】对话框

在图 7－8 所示的窗口中可以指定菜单结构，设置菜单项的属性。每一个菜单项都是一个控件对象，只有 Click 事件。

1. 菜单项常用的属性

(1) 标题(Caption)属性

该属性用于设置应用程序菜单上出现的字符。若要设置菜单的热键，则在名称中的某个字符前面加 & 即可。

(2) 名称(Name)属性

该属性设置每个菜单项的控件名。这个属性不会出现在屏幕上，只在程序中用来引用该菜单项。注意，分隔符也应有名称。

(3) 快捷键(Shortcut)

该属性用于设置菜单项的快捷键。

(4) 复选(Checked)检查框

该属性用于设置菜单项是否处于复选状态。若选中(值为 TRUE)，则程序运行时，该菜单项的初始状态为选中状态。

(5) 有效(Enabled)检查框

该属性用于设置菜单项是否有效。

(6) 可见(Visible)检查框

该属性用于设置菜单项是否可见。

2. 创建菜单项

创建菜单项的步骤如下：

1）在标题栏输入该菜单项的文本。

2）在名称栏输入程序中要引用该菜单项的名称(类型于控件的 Name)。

3）单击下一个按钮或插入按钮，建立下一个菜单项。

4）单击【确定】按钮，关闭【菜单编辑器】。

菜单操作按钮中的上下箭头按钮可调整菜单项在菜单列表框中的排列位置，左右箭头按钮可调整菜单项的层次。在菜单列表框中，下级菜单项标题前比上一级菜单项多“…”标志。

3. 分隔菜单项

在菜单项很多的菜单上，可以使用水平线将菜单项划分为一些逻辑组。在菜单编辑器中建立菜单分隔线的步骤与建立菜单项的步骤相似，唯一区别就是在标题栏输入一个连字符-即可。

4. 热键与快捷键

用户还可以为菜单定义热键和快捷键。热键指使用 Alt 键和菜单项标题中的带下画线的字符来打开菜单。建立热键的方法是在菜单标题的某个字符前加上一个 & 符号，在菜单中这一字符会自动加上下画线，表示该字符是一个热键字符。

利用快捷键可以不必打开菜单，而直接执行相应菜单项的操作。若要为菜单项指定快捷键，只要打开快捷键(ShortCut)下拉式列表框并选择一个键，则菜单项标题的右边就会显示该快捷键的名称。

例 7.2:为一个简单的学生成绩管理系统建立一个主菜单，程序的菜单编辑器如图 7-9 所示。菜单结构如表 7-3 所列。

其实，程序中的菜单编辑器只能做出菜单结构的外观，具体功能的实现还得靠编写各个菜单项的事件程序代码实现。如本程序中的数据输入中的初始化代码和追加数据菜单项的程序代码如下：

```
Private Sub M11_Click()                                      '初始化
  Dim b As Integer
  b = MsgBox("此功能将会清除现存所有数据。" & vbCrLf & "单击确定清除...", vbOKCancel +
vbQuestion, "警告")
  If b = 1 Then
    If Dir(App.Path & "\data.dat") <> "" Then Kill App.Path & "\data.dat"
    MsgBox "原有数据已经清理完毕!", vbOKOnly + vbInformation, "完毕"
  End If
End Sub
Private Sub M12_Click()                                      '追加数据
  Me.Enabled = False                                         '本窗体不可用
  AddFrm.Show                                                '添加数据窗体打开
End Sub
```

通过以上代码，用户就可以通过单击菜单项来完成数据的初始化和打开添加数据的窗体了。

表 7-3　学生成绩管理系统菜单结构

标　题	名　称	标　题	名　称
数据输入	M1	数据查询	M2
…初始化	M11	…按学号查询	M21
…追加数据	M12	…按姓名查询	M22
数据修改	M3	数据删除	M4
数据浏览	M5	退出	M6

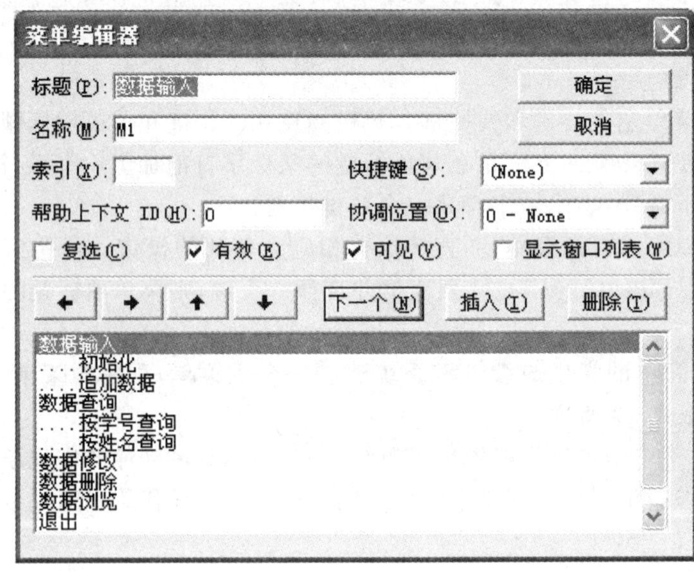

图 7-9　例 7.2 菜单编辑器

7.2.2　动态菜单

在程序运行时，菜单随时增减，如【文件】菜单能保留最近打开的文件数。这同控件数组一样，使用菜单数组。实现动态菜单的具体步骤是：首先，在菜单设计时，加入一个菜单项，将其索引 Index 项属性设置为 0(菜单数组)，然后可以加入名称相同，但 Index 值相邻的菜单项。也可以只有一个 Index 为 0 的选项，在程序运行时，通过 Load 方法向菜单数组增加新的菜单项。

下面通过实例说明动态菜单的制作过程。

例 7.3：在例 7.1 的基础上添加一个【最近打开的文档】菜单，其中可以显示最近打开过的 4 个文档。程序运行界面如图 7-10 所示。

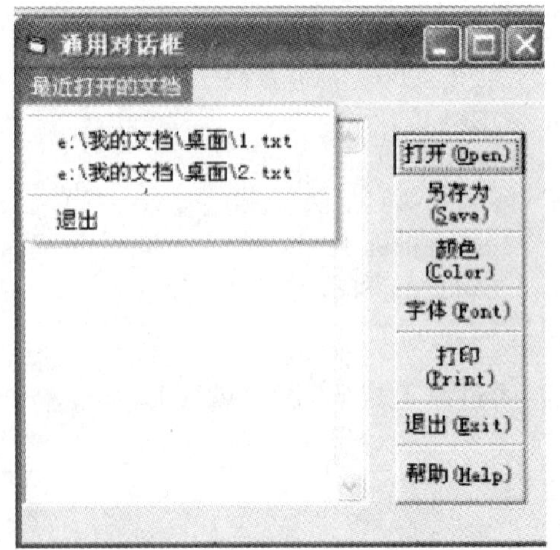

图 7-10　例 7.3 运行结果

在例 7.1 的基础上添加一个【最近打开的文

档】菜单 CurrentDocument，在它的子菜单中添加一个分隔线，名称为 Bar1，状态为不可见，接着添加一个菜单项 Document，设置索引(Index)属性为 0，使 Document 成为菜单数组，Visible 属性设置为 False。后面再添加一个分隔线 Bar2，也不可见，最后的子菜单项 Mexit(退出)。

设定一个全局变量 Docount，用来统计文件打开的数量。当 Docount<5 时，每打开一个文件，就用 Load 方法向 CurrentDocument 菜单的 Document 菜单数组中加入动态菜单成员，并设置菜单项标题为所打开的文件名，对于第 4 个以后打开的文件不再需要加入数组元素，采用先进先出的算法刷新最先使用的动态菜单成员的标题。

```
Dim str As String
Dim Docount As Integer                                    '记录文件的打开数目
Private Sub CmdHelp_Click()                               '通用对话框为【帮助】对话框
    CommonDialog1.HelpCommand = vbhelpcontents            '帮助的类型
    CommonDialog1.HelpFile = "VB.hlp"                     '提供帮助的文件
    CommonDialog1.HelpKey = "Common Dialog Control"       '帮助中指定的关键字
    CommonDialog1.ShowHelp                                '打开帮助窗口
End Sub
Private Sub cmdOpen_Click()
    CommonDialog1.Action = 1                              '通用对话框为【打开】对话框
    text1.Text = ""
    Open CommonDialog1.FileName For Input As #1           '打开指定的文件,文件名由 filename 获得
    Do While Not EOF(1)                                   '将文件的内容显示在文本框中
        Line Input #1, str
        text1.Text = text1.Text + str + Chr(13) + Chr(10)
    Loop
    Close #1
    Docount = Docount + 1
    If Docount < 4 Then
        Bar1.Visible = True
        Bar2.Visible = True
        Load DocumentRun(Docount)                         ' 装入新菜单项
        DocumentRun(Docount).Caption = CommonDialog1.FileName
                                                  '打开的文件名字符串存入所对应的菜单数组
        DocumentRun(Docount).Visible = True
    Else
    i = Docount Mod 3                                     ' 第 4 个以后的文件刷新数组控件的标题
    If i = 0 Then i = 3
        DocumentRun(i).Caption = CommonDialog1.FileName
    End If
    Exit Sub
End Sub
Private Sub cmdSaveas_Click()
    CommonDialog1.Action = 2                              '通用对话框为【另存为】对话框
    Open CommonDialog1.FileName For Output As #1 '将文本框中的内容存入指定文件名的文件中
    For i = 1 To Len(text1.Text)
        Print #1, Mid$(text1.Text, i, 1);
    Next i
    Close #1
```

```
End Sub
Private Sub cmdColor_Click()
    CommonDialog1. Action = 3                                    '通用对话框为【颜色】对话框
    text1. ForeColor = CommonDialog1. Color                      '文本框的前景色为通用对话框所选颜色
End Sub
Private Sub cmdFont_Click()
    CommonDialog1. Flags = cdlCFBoth Or cdlCFEffects             '打印机字体和屏幕字体 or 显示删除线和
                                                                 '下划线检查框以及颜色组合框
    CommonDialog1. Action = 4                                    '通用对话框为【字体】对话框
    If CommonDialog1. FontName <> "" Then
        text1. FontName = CommonDialog1. FontName
    End If
    text1. FontSize = CommonDialog1. FontSize
    text1. FontBold = CommonDialog1. FontBold
    text1. FontItalic = CommonDialog1. FontItalic
    text1. FontStrikethru = CommonDialog1. FontStrikethru
    text1. FontUnderline = CommonDialog1. FontUnderline
End Sub
Private Sub cmdPrint_Click()
    CommonDialog1. ShowPrinter                                   '通用对话框为【打印】对话框
    For i = 1 To CommonDialog1. Copies
        Printer. Print text1. Text
    Next i
    Printer. EndDoc
End Sub
Private Sub cmdQuit_Click()
    End
End Sub
Private Sub Command1_Click()
    End Sub
Private Sub Mexit_Click()
    End
End Sub
```

7.2.3 弹出菜单

弹出菜单是显示在窗体的浮动菜单，操作时使用右键。弹出菜单在窗体内的位置与鼠标右击时指针的位置有关。

设计弹出菜单与设计一般的普通菜单相类似，只是该弹出菜单的名称不可显示，需将菜单名的 Visible 属性设置为 False；要显示弹出菜单时，应使用 VB 提供的 PopupMenu 方法弹出菜单。当使用 PopupMenu 方法时，它忽略 Visible 的设置。该方法的调用形式是：

[对象.]PopupMenu 菜单名，标志，x，y

其中，菜单名是必须的，其他参数是可选的。x，y 表示弹出菜单显示的位置；【标志】表示弹出的位置和触发的键，用于进一步定义弹出菜单的位置和性能，它可采用表 7－4 中的数值。其中位置与性能是加的关系，可以选择位置值和性能值，将其用“或”运算符组合。结合鼠标的

MouseDown 和 MouseUp 事件过程使用 PopupMenu 方法。

表 7－4　弹出菜单的标志参数

分　类	常　数	值	说　明
位置	vbPopupMenuLeftAlign	0	X 位置确定弹出菜单的左边界(默认)
	vbPopupMenuCenterAlign	4	弹出菜单以 X 为中心
	vbPopupMenuRightAlign	8	X 位置确定弹出菜单的右边界
性能	vbPopupMenuLeftButton	0	只能用鼠标左键触发弹出菜单
	vbPopupMenuRightButton	2	能用鼠标左、右键键触发弹出菜单

例 7.4: 在例 7.3 的基础上把【最近打开的文档】加入了右键的弹出菜单中。当用户在文本框中右击时,弹出【最近打开的文档】菜单。运行界面如图 7－11 所示。

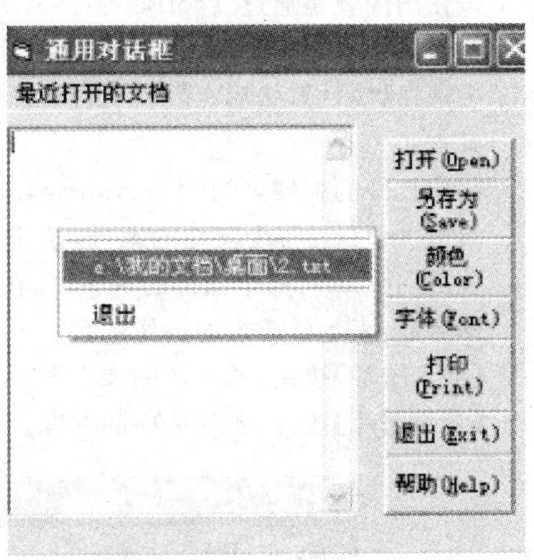

图 7－11　例 7.4 运行结果

```
Private Sub text1_MouseDown(Button As Integer, Shift As Integer, X As Single, Y As Single)
    If Button = 2 Then Form1. PopupMenu CurrentDocument, vbPopupMenuCenterAlign
End Sub
```

只要对文本框 Text1 添加一个 MouseDown 事件就可以完成弹出菜单的创建了。其中,Button＝2 表示按下鼠标右键,CurrentDocument 是最近打开的文档菜单名,vbPopupMenuCenterAlign 指定弹出菜单的位置(也可使用数值 &H4)。

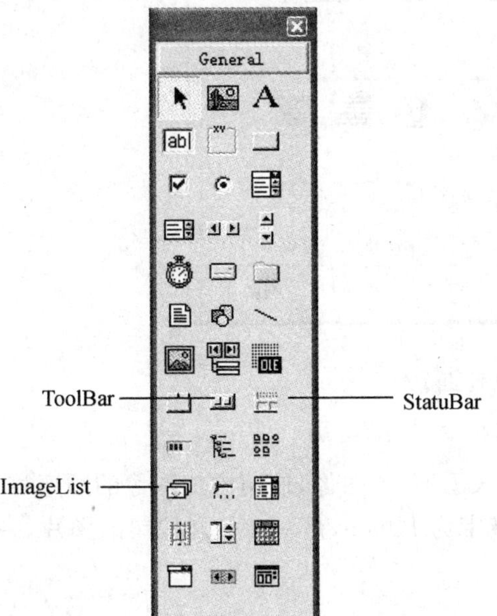

图 7－12　工具箱上的工具栏和状态

7.3　工具栏和状态栏

Windows 应用程序中有一个标准功能,那就是工具栏。它为用户提供了应用程序中最常用的菜单命令的快速访问。制作工具栏有两种方法:一是手工制作,即利用图形框和命令按钮制作,比较繁琐。另一种方法通过组合使用 ToolBar、ImageList 控件,可以使得工具栏的制作与菜单制作一样简单易学。

状态栏 StatusBar 控件可以显示各种状态信息。在多文档界面(MDI)的应用程序开发中,工具栏和状态栏应放在 MDI 父窗体中。

要想制作工具栏或状态栏,首先必须打开【部件】对话框,选择 Microsoft Windows Common Controls 6.0 将控件添加到工具箱,如图 7－12 所示。

7.3.1 工具栏

通过 ToolBar，ImageList 组合使用建立工具栏分为三个步骤：

1）在 ImageList 控件中添加所需的图像。

2）在 ToolBar 控件中创建 Button 对象。

3）在 ButtonClick 事件中用 Select Case 语句对各按钮进行相应的编程。

7.3.2 在 ImageList 控件中添加图像

ImageList 控件不单独使用，专门为其他控件提供图像库，是一个图像容器控件。工具栏上的按钮图像就是通过 ToolBar 控件从 ImageList 的图像库中获得的。

在窗体上添加一个 ImageList 控件后，选中该控件，默认名为 ImageList1，再右击，从弹出菜单中选择【属性】，然后在【属性页】对话框中选择【图像】标签，如图 7 - 13 所示。

其中：

图像文件的扩展名为：.ico，.bmp，.gif，.jpg 等。

索引（Index）：每个图像的编号，在 ToolBar 的按钮中引用。

关键字（Key）：每个图像的标识名，在 ToolBar 的按钮中引用。

图像数：表示已插入的图像数目。

【插入图片】按钮：插入新图像。

【删除图片】按钮：删除选中的图像。

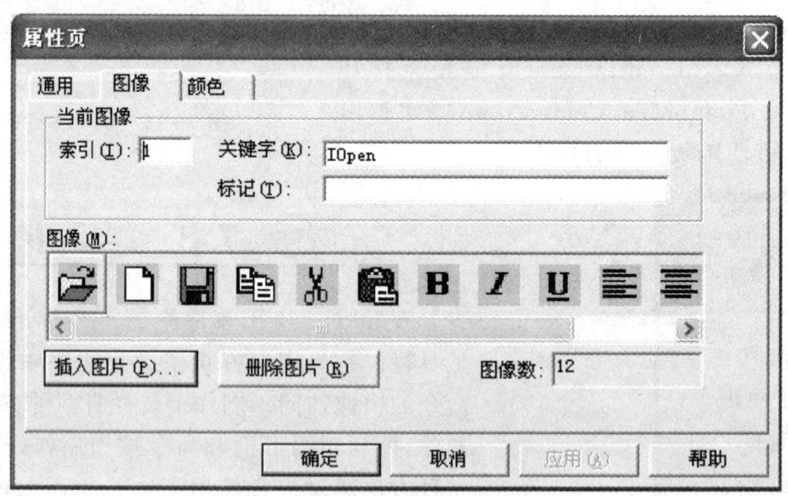

图 7 - 13 ImageList 属性页

例 7.5：设计一个 ImageList 控件，如图 7 - 13 所示。

图 7 - 13 中的 ImageList 控件名为 ImageList1，装入了 12 个图像，使用添加图像的顺序号作为图像的索引属性值，如图中索引号为 1 的图片关键字为 IOpen，是一个打开按钮的图片。

7.3.3　在 ToolBar 控件中添加命令按钮

工具栏 ToolBar 建立后，可以添加多个按钮。每个按钮的图像来自 ImageList 对象。

1. 为工具栏按钮连接图像

在窗体上增加 ToolBar 控件后，打开【属性页】对话框，选择【通用】选项卡，然后在【图像列表】列表框中选择 ImageList1 控件名，至此，将 ToolBar 与 ImageList 控件连接起来，如图 7 - 14 所示。选项卡中的【可换行的】复选框被选中表示当工具栏的长度不能容纳所有的按钮时，在下一行显示，否则剩余的不显示。【样式】是 VB6.0 新增功能，用于设置工具栏的风格。0 - tbrStandard 表示采用标准风格；1 - tbrFlat 表示采用平面风格。

当 ImageList 与 ToolBar 控件相关联后，就不能对其进行编辑了。若要对 ImageList 控件进行图像的增删，必须先把 ToolBar 控件的【图像列表】设置为“无”，切断二者的联系之后再进行。

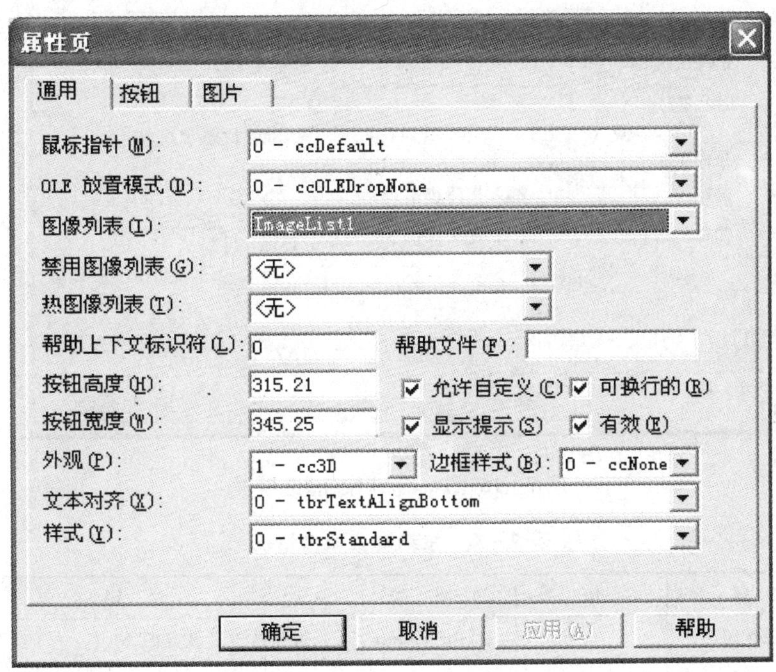

图 7 - 14　工具栏的属性

2. 在 ToolBar 控件中添加按钮

在设计时可以在 ToolBar 控件的属性页中，选择【按钮】选项卡，如图 7 - 15 所示。单击【插入按钮】可以在工具栏上插入 Button 对象。【按钮】选项卡中的主要属性有：

(1) 索引(Index)

表示每个按钮的数字编号，在 ButtonClick 事件中引用。

(2) 关键字(Key)

表示每个按钮的标识名，在 ButtonClick 事件中引用。

(3) 图像(Image)

选定 ImageList 对象中的图像,值可以用图像的 Key 或 Index 值。

(4) 样式(Style)

指定按钮样式,共 6 种,见表 7-5 所列。其中,当样式值为 3 时,Button 对象可用于分隔其他按钮。当工具栏采用平面风格时,它显示为一条细窄的竖线;当工具栏采用标准风格时,它显示为一点空间[YZ],如图 7-16 所示。

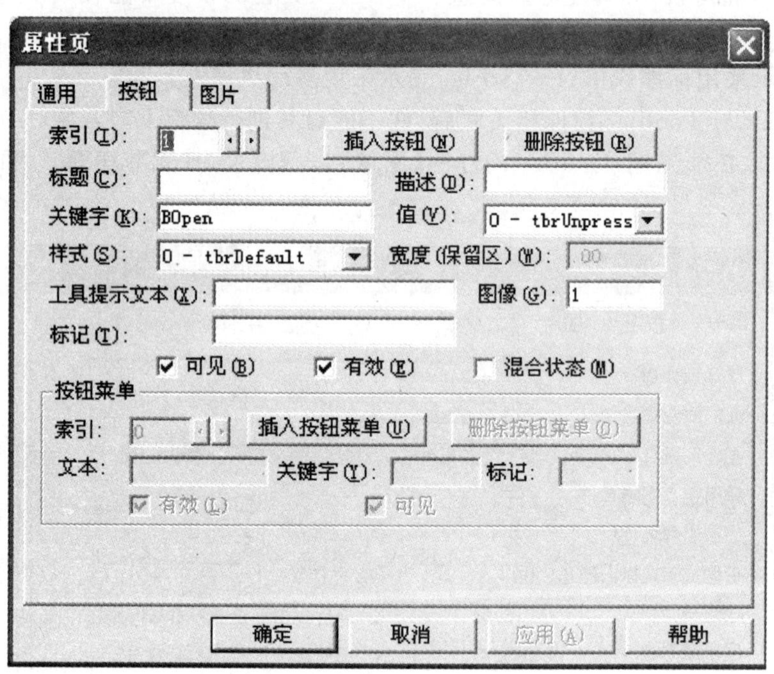

图 7-15 ToolBar【按钮】选项卡

表 7-5 按钮样式取值情况

按 钮	值	常 数	说 明
普通按钮	0	tbrDefault	按钮按下后恢复原态
开关按钮	1	tbrCheck	按钮按下后将保持按下状态
编组按钮	2	tbrButtonGroup	一组按钮同时只能一个有效
分隔按钮	3	tbrSepatator	把左右的按钮分隔其他按钮
占位按钮	4	tbrPlaceholder	以便安放其他控件,可设置按钮宽度
菜单按钮	5	tbrDropdown	具有下拉式菜单

(5) 值(Value)

表示按钮的状态,有按下(tbrPressed)和没按下(tbrUnPressed)两种,对样式 1 和样式 2 有用。

例 7.6:在例 7.5 的基础上设计一个工具栏,与 ImageList 相联系,生成一个可进行文档编辑的工具栏,如图 7-16 所示。

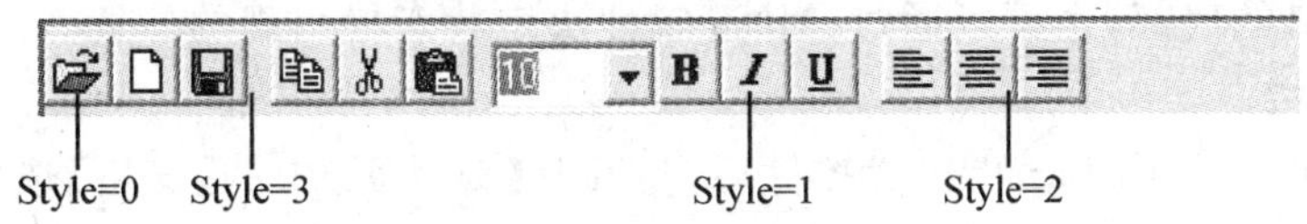

图 7－16　工具栏效果

3. 响应 ToolBar 控件事件

ToolBar 控件常用的事件有两个：ButtonClick 和 ButtonMenuClick。前者对应按钮样式为 0～2，后者对应样式为 5 的菜单按钮。

实际上，工具栏上的按钮是控件数组。单击工具栏上的按钮就会发生 ButtonClick 事件或 ButtonMenuClick 事件，我们可以利用数组的索引（Index 属性）或关键字（Key 属性）来识别被单击的按钮，然后再使用 Select Case 语句完成代码编制。现以 ButtonClick 事件为例。在例 7.6 的基础上，编写相应的事件代码，完成工具栏上相应按钮的功能。

（1）用索引 Index 确定按钮

```
Private Sub Toolbar1_ButtonClick(Byval Button As ComctlLib. Button)
  Select Case Button. Index
    Case 1              '按下了新建按钮，执行新建过程，过程代码在标准模块中定义
      FileNewProc
    Case 2              '按下了打开按钮，执行打开过程
      FileOpenProc
      ……
    End Select
End Sub
```

注意：第 1 个按钮的 Index 值为 1。后面按钮的索引值依次递增 1。与 Index 相比较，用关键字 Key 来确定按钮的方法，程序的可读性好，可维护性更高。

（2）用关键字 Key 确定按钮

```
Private Sub Toolbar1_ButtonClick(Byval Button As ComctlLib. Button)
Select Case Button. Key
    Case  "TNew"            '按下了新建按钮，执行新建过程，过程代码在标准模块中
      FileNewProc
    Case  "TOpen"           '按下了打开按钮，执行打开过程
      FileOpenProc
……
End Select
End Sub
```

使用关键字 Key 确定按钮必须在设计时为第一个按钮设置标识名，即需要在图 7－15 所示的选项卡中的关键字文本框输入每个按钮的标识名。

7.3.4　状态栏

状态栏显示系统信息和对用户的提示，如系统日期、软件版本、光标的当前位置、键盘的状

态等。一般在窗口的底部,也可以通过 Align 属性决定状态栏出现的位置。

1. 建立状态栏

当窗体上增加了 StatusBar 状态栏控件后,打开其【属性页】中的【窗格】选项卡,如图 7 - 17 所示,就可以进行所需的设计了。其中:

1)【插入窗格】按钮可以在状态栏上增加新的窗格,在状态栏增加的窗格,最多 16 个。

2)【索引(Index)】表示每个窗格的编号。

3)【关键字(Key)】表示每个窗格的标识。

4)【文本(Text)】每个窗格的显示的文本。

5)【浏览】按钮可以插入图像,图像文件的扩展名为. ico 或. bmp。

6)【样式(Style)】下拉式列表框指定系统提供的显示信息,表示每个窗格的样式,共 8 种。

在例 7. 8 中,我们在父窗体中设计了状态栏,一共设置了 5 个窗格。各窗格(Panel)主要属性设置如表 7 - 6 所列。状态栏效果如图 7 - 17 所示。

表 7 - 6 各窗格主要属性

索 引	样 式	文本或位图	说 明
1	sbrText	光标位置	显示提示
2	sbrText		运行时获得当前光标位置的值
3	sbrTime	Time. bmp	显示当前时间和时钟图像
4	sbrCaps		显示大小写控制键的状态
5	sbrIns		显示插入控制键的状态

图 7 - 17 状态栏

2. 运行时改变状态栏

运行时,可以重新设置窗格 Panel 对象来反映不同的功能。这些功能取决于应用程序的状态和各控制键的状态。有些状态要通过编程实现,有些系统已具备。如图 7 - 17 中的第二个窗格的值要通过编程实现,动态的反映光标在文本框中的位置。假设其中 Rich TextBox1 为文本框,状态栏位于名称为 frmMDI 的窗体上。当光标在 RichTextBox1 控制上移动时,光标位置值将显示在状态栏的第二个窗格上。程序代码如下:

```
Private Sub RichTextBox1_Click()
    '当单击文本框时,当前光标位置在状态栏的第二个窗格显示
    frmMDI. statusbar1. panel(2). text=edit1. selstart
End Sub
```

 7. 4 RichTextBox

RichTextBox 控件可以输入和编辑文本,还可以实现多种文字格式、段落等的设置,还可以插入图形的功能,可真正构成一个像 Word 一样的字处理软件。

要使用 RichTextBox 控件，必须先添加该控件到工具箱上。选择 Microsoft Rich TextBox Controls 6.0 将控件添加到工具箱即可。

7.4.1 文件操作方法

用 LoadFile 和 Savefile 方法可以方便地为 RichTextBox 控件打开或保存文件。

1. LoadFile 方法

LoadFile 方法能够将 RTF 文件或文本文件装入控件，其格式如下：

对象.LoadFile 文件标识符[，文件类型]

其中，文件类型取值为 0 或 rtfRTF 为 RTF 文件(缺省)；取 1 或 rtfTEXT 为文本文件。

例如，RichTextBox1.LoadFile CommonDialog1.FileName 就是将由通用对话框获得的文件内容加载到 RichTextBox 中。下面一段代码是在 RichTextBox 控件中打开文件的过程。其中应用到了 RichTextBox 控件的 oadFile 方法。

```
Public Sub FileOpen() '打开
  If frmMDI.ActiveForm Is Nothing Then FileNew                  '若无子窗体，则新建
  With frmMDI.ActiveForm
    .CommonDialog1.Filter = "RTF 文件(*.rtf)|*.rtf|TXT 文件(*.txt)|*.txt"
    .CommonDialog1.Action = 1
    If .CommonDialog1.FilterIndex = 1 Then
      .RichTextBox1.LoadFile .CommonDialog1.FileName            '载入指定文件(rtf)
    Else
      .RichTextBox1.LoadFile .CommonDialog1.FileName, 1         '(txt)
    End If
    .Caption = .CommonDialog1.FileName
  End With
End Sub
```

2. SaveFile 方法

SaveFile 方法将控件中的文档保存为 RTF 文件或文本文件，其格式：

对象.SaveFile(文件标识符[，文件类型])

例如，RichTextBox1.SaveFile CommonDialog1.FileName，rtfRTF 就是将 RichTextBox 中的内容通过通用对话框保存在 FiileName 所指定的文件中。

7.4.2 常用格式化属性

RichTextBox 的格式化属性，可对该控件中选中的任何部分的文本使用不同的格式。例如，可以将文本变为粗体或斜体，还可以改变上下标、颜色等。格式化属性内容如表 7-7 所列。

表 7-7 格式化属性

分 类	属 性	值类型	说 明
选中文本	SelText、SelStart、SelLength		意义同 Text 控件对应属性
字体、字号	SelFontName、SelFontSize		意义同 Text 控件对应属性

续表 7-7

分　类	属　性	值类型	说　明
字型	SelBold、SelItalic、SelUnderline、SelStrikethru	逻辑量	粗体、斜体、下划线、删除线
上、下标	SelCharOffset	整型	>0 上标、<0 下标
颜色	SelColor	整型	
缩排	SelIndent、SelRightIndent、SelHangingIndent	数值型	缩排单位由 ScalMode 决定
对齐方式	SelAlignment	整型	0 左、1 右、2 中

7.4.3　在 RichTextBox 控件中插入图像文件

在 RichTextBox 控件中可以插入 .bmp 类型的图像文件，调用格式如下：

对象. OLEObjects. Add [索引],[关键字],文件标识符

其中，OLEObjects 是集合，包含一组添加到 RichTextBox 控件的对象；索引和关键字表示添加的元素编号和标识，可省，但逗号不能省。例如：

RichTextBox1. OLEObjects. Add , ,"c:\windows\circles. bmp"

下面一段是关于 RichTextBox 控件插入图片的程序代码：

```
Public Sub insertpicture()                 '插入图片
    frmMDI. ActiveForm. CommonDialog1. Filter= "*.bmp|*.bmp|*.ico|*.ico|*.wmf|*.wmf"
    frmMDI. ActiveForm. CommonDialog1. Action = 1
    frmMDI. ActiveForm. RichTextBox1. OLEObjects. Add
End Sub
```

RichTextBox 控件一般多与 MDI 窗体配合使用，来实现多文栏界面。可与窗体上的工具栏按钮或菜单命令配合实现文本的格式化。

7.4.4　RichTextBox 控件的应用

下面两段代码分别给出了 RichTex1Box 控件与工具和菜单的配合使用情况。

1. 与菜单命令的配合

```
Private Sub mnuFont_Click()           '字体命令
  With frmMDI. ActiveForm. CommonDialog1
    . Flags = cdlCFBoth + cdlCFEffects
    . FontSize = RichTextBox1. SelFontSize
    . Action = 4
  End With
  With frmMDI. ActiveForm. RichTextBox1
    . SelFontName = CommonDialog1. FontName
    . SelFontSize = CommonDialog1. FontSize
    . SelBold = CommonDialog1. FontBold
    . SelItalic = CommonDialog1. FontItalic
    . SelUnderline = CommonDialog1. FontUnderline
    . SelStrikeThru = CommonDialog1. FontStrikethru
```

```
  End With
End Sub
```

2. 与工具栏配合使用

```
Private Sub Toolbar1_ButtonClick(ByVal Button As MSComctlLib.Button)
  With frmMDI.ActiveForm
    Select Case Button.Key
    ...
    Case "TBold"                    '粗体
      .SelBold = Not .SelBold
    Case "TUnderline"               '下划线
    .SelUnderline = Not SelUnderline
    Case "TItalic"                  '斜体
      .SelItalic = Not .SelItalic
    Case "TLeft"                    '左对齐
      .SelAlignment = 0
    Case "TRight"                   '右对齐
      .SelAlignment = 1
    Case "TCenter"                  '居中对齐
      .SelAlignment = 2
  End Select
  End With
End Sub
```

7.5 多重窗体和多文档界面

多重窗体是指一个应用程序中有多个并列的普通窗体。每个窗体可以有自己的界面和程序代码,完成不同的功能。多文档界面与多重窗体不同,它是指一个应用程序(父窗体)中包含多个文档(子窗体),绝大多数的基于 Windows 的大型应用程序都是多文档界面,比如 Microsoft Office 中的电子表格等。多文档界面的实现,简化了文档之间的信息交换。

7.5.1 多重窗体

当一个程序中需要多个界面时,如输入数据窗体、显示统计结果窗体、查询窗体及某些对话框等,则需要用到多个窗体,称为多重窗体。

1. 添加窗体

用户可以通过【工程】菜单上的【添加窗体】命令或工具条上的添加窗体按钮来打开【添加窗体】对话框,选择【新建】选项卡,可以新建一个窗体;选择【现存】选项卡,可以把一个已经存在的窗体添加到当前工程中。但添加【现存】窗体时要注意,首先要防止多个窗体的 name 相同而不能添加;其次添加的窗体实际是将其他工程中已有的窗体加入,多个工程共享窗体;可以通过【另存为】命令以不同的窗体文件名保存,断开共享。

2. 保存窗体

一个工程中有多个窗体,应分别取不同的文件名保存在磁盘上,VBP 工程文件中记录了该工程的所有窗体文件名。

3. 设置启动窗体

在多个窗体共存的时候，还应确定一个开始窗体，即启动窗体。系统默认窗体名为 Form1 的窗体为开始窗体。如果要指定其他窗体为启动窗体，可使用【工程】菜单中【属性】命令。如图 7-18 所示，图中设置了名为 Main 的窗体为工程的启动窗体。

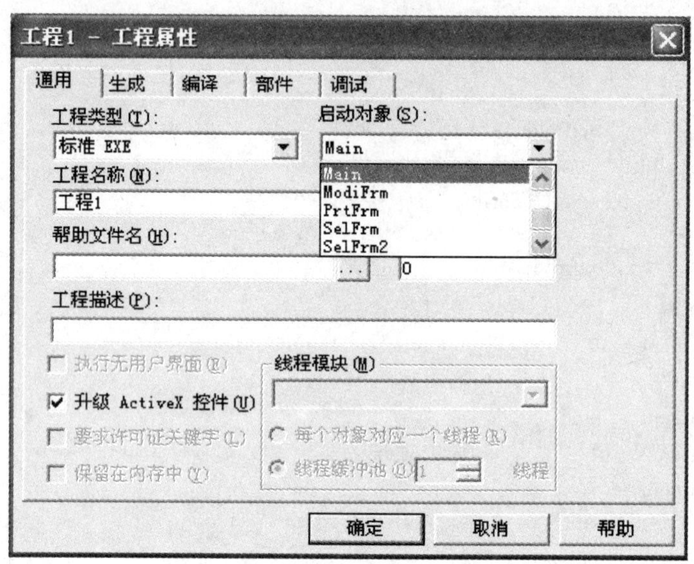

图 7-18 设置启动窗体

4. 窗体语句

当窗体被建立后，如果要显示在屏幕上，还得被装入(Load)内存，最后显示(Show)在屏幕上。当窗体暂不需要时，可以从屏幕上隐藏(Hide)，或者直接从内存中删除(Unload)。

(1) Load 语句

该语句可以把一个窗体装入到内存，但没有显示窗体。其调用格式如下：

```
Load 窗体名称
```

其实，在首次使用 Load 语句将窗体调用内存时依次发生了 Initialize 和 Load 两个事件。

(2) Unload 语句

该语句可以把一个已加载的窗体从内存删除，同时激活 QueryUnLoad 和 Unload 事件。其调用格式如下：

```
Unload 窗体名称
```

Unload 最常见的用法是 Unload Me。这里的 Me 指的是窗体本身(即当前窗体)，也就是表示关闭窗体自己。

5. 窗体方法

(1) Show 方法

该方法可以加载并显示一个窗体(当窗体没有 Load 时，会自动 Load)，其调用格式如下：

［窗体名称］. Show［模式］

其中，［模式］用来确定窗体的状态，有 0 和 1 两种取值。若取值为 0－Modal，表示关闭当前窗体之后才能对其他窗体进行操作；若取值为 1－Modeless，则可以对其他窗体进行操作，而不需要关闭当前窗体。"模式"的默认值为 0。

(2) Hide 方法

该方法用来将窗体暂性地隐藏起来，并没有从内存中 Unload 删除窗体。其调用格式如下：

［窗体名称.］Hide

省略窗体名称时，默认为当前窗体被隐藏。

6. 不同窗体间数据的存取

不同窗体的存取分为两种情况：

(1) 存取控件的属性

若要在当前窗体中存取另一个窗体中某个控件的属性，则可以使用如下格式：

另一窗体名.控件名.属性

例如，设置当前窗体为 Form1，要求 Form2 中的 Command1 命令按钮可见，则实现的语句为：

```
Form2.Command1.Visible=True
```

(2) 存取变量的值

必须规定要存取的窗体内声明的是全局变量(public)，其格式如下：

另一窗体名.全局变量名

一般为了方便，我们把在多个窗体中存取的变量都放在标准模块(.Bas)内声明。

例 7.7：设计一个多窗体的学生成绩管理系统。工程资源管理器及各窗体界面如图 7－19 所示。

本例中，Main 窗体为本应用程序的主窗体，运行后看到的第一个窗体。该窗体上有菜单栏。通过菜单命令打开不同的窗体。

添加数据窗体由【数据输入】菜单中【追加数据】命令打开，代码如下：

```
Private Sub M12_Click()
  Me.Enabled = False
  AddFrm.Show                    '添加窗体显示
End Sub
```

修改数据窗体由【数据修改】菜单命令打开，代码如下：

```
Private Sub M3_Click()
  ModiFrm.Show                   '修改窗体显示
End Sub
```

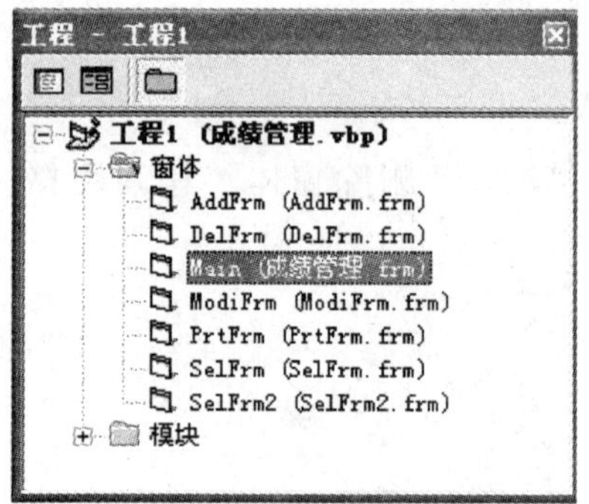

(a)工程资源管理器

(b)添加数据窗体

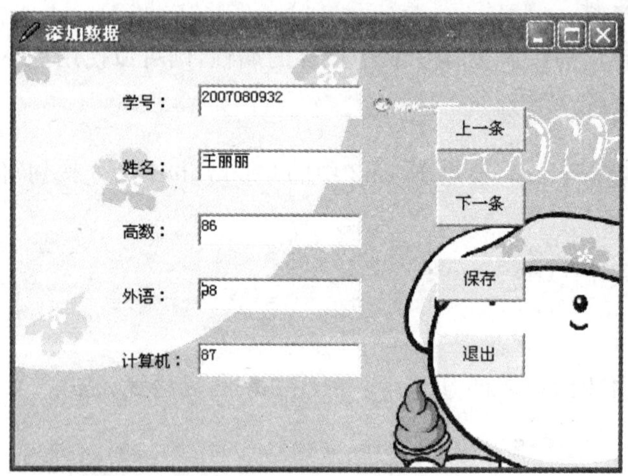

(c)修改数据窗体

图 7-19　例 7.7 多重窗体

不同窗体间的显示和隐藏，可利用 Show 和 Hide 方法，其他窗体的设计，请读者自行参考程序。

本例中在 Module 标准模块中存入了多窗体间共用的全局变量声明，即：

```
Type StudentType
   No As String * 10
   Name As String * 8
   Score(1 To 3) As Single
End Type
Public Stu As StudentType
```

声明后，所有的窗体都可以引用 StudentType 这个记录类型变量了。

7.5.2　多文档界面

多文档界面在 Windows 风格的应用程序中是最为常见的一种操作界面。多文档界面由父窗口和子窗口组成，父窗口也称 MDI 窗体是子窗口的容器。子窗口或称文档窗口显示各自文档，所有子窗口具有相同的功能。

1. 文档界面的特性

1）所有子窗体均显示在 MDI 窗体的工作区中。用户可以改变或移动子窗体的大小，但被限定在 MDI 窗体中。

2）当最小化子窗体时，它的图标将显示于 MDI 窗体上而不是在任务栏中。当最小化 MDI 窗体时，所有的子窗体也同时被最小化，只有 MDI 窗体的图标出现在任务栏中。

3）当最大化一个子窗体时，它的标题与 MDI 窗体的标题一起显示在 MDI 窗体的标题栏上。

4）MDI 窗体和子窗体都可以有各自的菜单，当子窗体加载时覆盖 MDI 窗体的菜单。

例 7.8：设计一个具有多文档界面的字处理程序。它由一个父窗口和多个子窗口组成，具有状态栏，能够完成对文档的新建、保存、编辑、查找以及对多个文档窗口的排列。效果如图 7－20 所示。

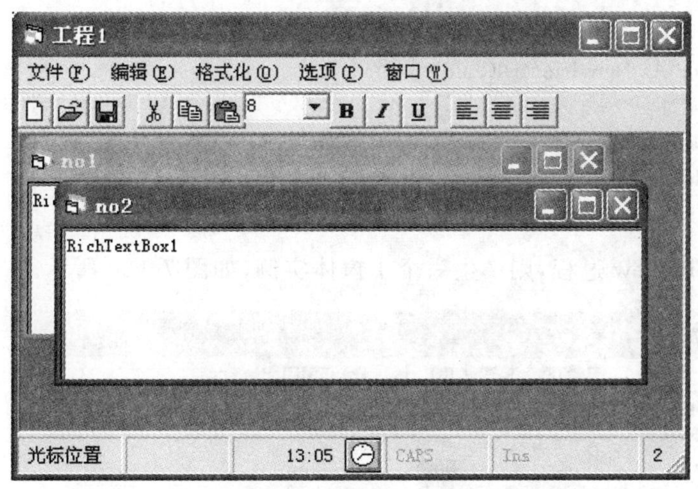

图 7－20　例 7.8 运行结果

2. 创建和设计 MDI 窗体及其子窗体

一个多文档界面的应用程序至少需要两个窗体：一个 MDI 窗体（只能有一个）和一个或若干个子窗体。一般在不同窗体中共用的过程或变量应存放在标准模块中。

（1）创建和设计 MDI 窗体

创建一个 MDI 窗体，可以选择【工程/添加 MDI 窗体】命令。**注意**，这里的 MDI 窗体是一个容器，它可以用菜单栏、工具栏、状态栏，但不可以有文本框等控件。如果想使用文本框等控件，则必需在这个容器的子窗体上使用。例 7.8 中的 MDI 窗体名为 frmMDI，如图 7－21 所示。其中，frmFind 为普通窗体，frmMDIChild 为子窗体。

(2) 创建和设计 MDI 子窗体

子窗体主要是为了显示应用程序的文档，可以用菜单栏，也可以有文本框等其他控件。

MDI 子窗体是一个 MDIChild 属性为 True 的普通窗体。因此，要创建一个子窗体，首先应创建一个新的普通窗体，然后将它的 MDIChild 属性设置为 True 即可。如图 7-21 中的 frmMDIChild 窗体。由图 7-21 中可以看出，普通窗体、MDI 窗体和子窗体的图标都略有不同。

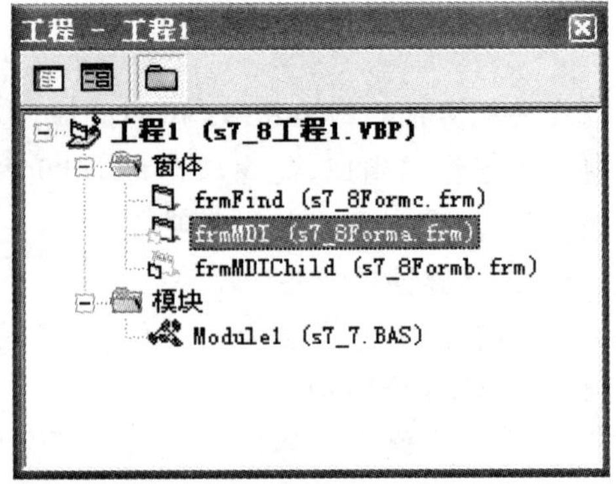

图 7-21　MDI 窗体及子窗体

如果想要创建多个子窗体，只要建立多个普通窗体，再设置它们的 MDIChild 属性为 True 即可。第二种方法创建多个子窗体，可以通过窗体类来实现。以创建好的子窗体为模板，通过对象变量的定义来建立新的子窗体。如例 7.8 的文件新建过程中，先建立了一个 frmMDIChild 窗体模板，然后通过语句：Dim NewDoc As New frmMDIChild 创建一个新的实例 NewDoc。新实例 NewDoc 与 frmMDIChild 具有相同的属性、控件和代码。New 表示隐式地创建对象的关键字。**注意**，子窗体的设计中可有菜单栏，但必须有文本框。

```
Public Sub FileNew()
    Dim NewDoc As New frmMDIChild
    No = No + 1
    NewDoc.Caption = "no" & No
    NewDoc.Show
  End Sub
```

每调用一次 FileNew 过程，则产生一个子窗体实例，如图 7-20 所示。

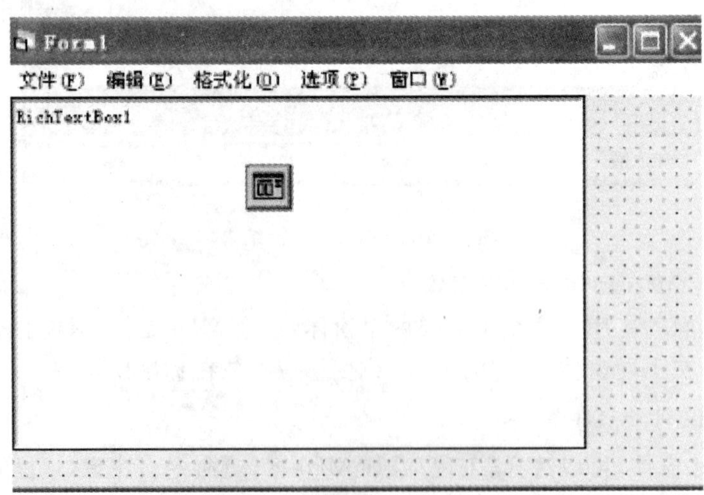

图 7-22　MDI 子窗体设计模式

本例的 MDI 子窗体的菜单栏上有 5 个菜单名，如图 7-22 所示。为了便于对文档实现不同字体、字号的混排和图形的插入，在子窗体中，使用的是 RichTextBox 控件。有关该控件的

使用,我们在 7.4 节已经详细介绍过。

3. MDI 窗体与子窗体的交互

在程序运行时如果建立多个子窗体的实例,它们就会具有相同的属性和代码,那么如何来区分操作的是哪一个窗体,保存的是哪一个文档呢?下面就来解决这个问题。

(1) 活动子窗体和活动控件

MDI 窗体有两个属性,一个是 ActiveForm,另一个是 ActiveControl。前者表示具有焦点的或者最后被激活的子窗体;后者表示活动子窗体上具有焦点的控件。

下面是例 7.8 中将剪贴板上的内容粘贴到活动子窗体的文本框中的过程:

```
Public Sub PasteProc()                    '粘贴
    frmMDI. ActiveForm. ActiveControl. SelText = Clipboard. GetText
End Sub
```

注意:当访问 ActiveForm 属性时,至少有一个 MDI 子窗体被加载或可见,否则会返回一个错误。指定当前窗体也可使用关键字 Me。如要关闭当前窗口,语句可写为:

```
UnLoad Me
```

(2) 显示 MDI 窗体及其子窗体

显示任何窗体的方法为 show,在 FileNew 过程中曾经使用过。它还有一些有关规则:

1) 加载子窗体时,其父窗体会自动加载并显示;反之则无。

2) MDI 窗体有 AutoShowChildren 属性,决定当改变子窗体属性时,是否自动显示子窗体。若设置为 False,则改变子窗体属性值后,不会自动显示该子窗体,子窗体处于隐藏状态,直至用 show 方法把它们显示出来。MDI 子窗体没有 AutoShowChildren 属性。

4. 多文档界面应用程序中的【窗口】菜单

例 7.8 的子窗体中还有一个【窗口】菜单,如图 7-23 所示。在【窗口】上不但显示了所有打开的子窗体标题,另外还有层叠、平铺和排列图标命令。

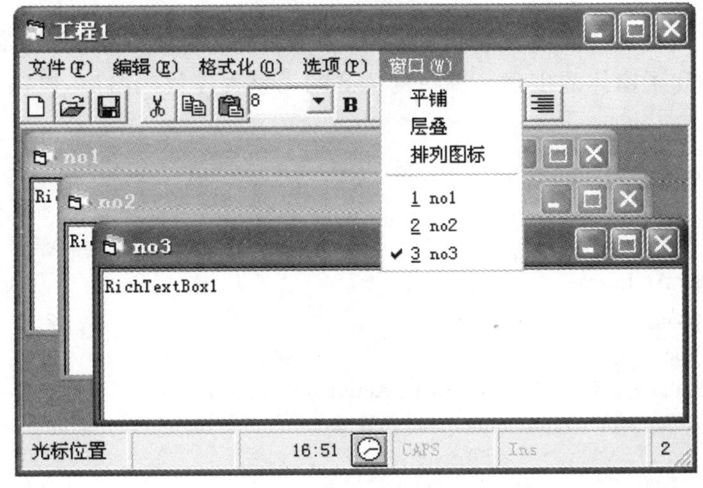

图 7-23 窗口菜单

程序代码如下：

```
Private Sub mnuIcon_Click()
  frmMDI. Arrange vbArrangeIcons  '对任何已经最小化的子窗体排列图标
End Sub
Private Sub mnuTile_Click()
  frmMDI. Arrange vbTileHorizontal '水平平铺所有非最小化 MDI 子窗体
End Sub
Private Sub mnuCascade_Click()
  frmMDI. Arrange vbCascade        '层叠所有非最小化 MDI 子窗体
End Sub
```

(1) 显示打开的多个文档窗口

要在某个【窗口】菜单上显示所有打开的子窗体标题，只需利用菜单编辑器将该菜单的 WindowList 属性设置为 True。

(2) 排列窗口

可以利用窗体的 Arrange 方法对子窗体进行层叠、平铺和排列图标。其调用形式如下：

MDI 窗体对象. Arrange　排列方式

其中，排列方式有 4 种取值情况，见表 7-8。

表 7-8　排列方式

常　数	值	说　明
vbCascade	0	层叠所有非最小化 MDI 子窗体
vbTileHorizontal	1	水平平铺所有非最小化的 MDI 子窗体
vbTileVertical	2	垂直平铺所有非最小化 MDI 子窗体
vbArrangeIcons	3	对任何已经最小化的子窗体排列图标

在这一章中介绍了多文档界面的创建过程，主要包括菜单的建立、工具栏的创建、状态栏的设计以及父窗体和子窗体的创建。现将例 7.8 的完整程序代码给出，以供学习参考。

```
'模块代码
Public gFindDirection As Integer
Public gFindString As String
Public gCurPos As Integer
Public gFirstTime As Integer
Public no As Integer
Public Sub CutProc()                          '剪切
    Clipboard. SetText frmMDI. ActiveForm. ActiveControl. SelText
    frmMDI. ActiveForm. ActiveControl. SelText = ""
End Sub
Public Sub PasteProc()                        '粘贴
    frmMDI. ActiveForm. ActiveControl. SelText = Clipboard. GetText
End Sub
```

```
Public Sub CopyProc()                          '复制
    Clipboard. SetText frmMDI. ActiveForm. ActiveControl. SelText
End Sub
Public Sub FileNew()                           '新建
  Dim newdoc As New frmMDIChild
  no = no + 1
  newdoc. Caption = "no" & no
  newdoc. Show
End Sub
Public Sub FileSave()                          '保存
  'If Left(frmMDI. ActiveForm. Caption, 2) = "No" Then
    frmMDI. ActiveForm. CommonDialog1. Action = 2
    frmMDI. ActiveForm. ActiveControl. SaveFile
    frmMDI. ActiveForm. CommonDialog1. FileName, rtfRTF
    'End If
End Sub
Public Sub FileOpen()                          '打开
  If frmMDI. ActiveForm Is Nothing Then FileNew   '若无子窗体,则新建
  With frmMDI. ActiveForm
  . CommonDialog1. Filter = "RTF 文件( * . rtf) | * . rtf| TXT 文件( * . txt) | * . txt"
  . CommonDialog1. Action = 1
  If . CommonDialog1. FilterIndex = 1 Then
    . RichTextBox1. LoadFile . CommonDialog1. FileName '载入指定文件(rtf)
  Else
    . RichTextBox1. LoadFile . CommonDialog1. FileName, 1 '(txt)
  End If
  . Caption = . CommonDialog1. FileName
  End With
End Sub
Public Sub FileClose()                         '关闭
  Unload Me
End Sub
Public Sub insertpicture()                     '插入图片
    frmMDI. ActiveForm. CommonDialog1. Filter = " * . bmp| * . bmp| * . ico| * . ico| * . wmf| * . wmf"
    frmMDI. ActiveForm. CommonDialog1. Action = 1
    frmMDI. ActiveForm. RichTextBox1. OLEObjects. Add
End Sub
Sub FindIt()
  Dim intStart As Integer
  Dim intPos As Integer
  Dim strFindString As String
  Dim strSourceString As String
  Dim strMsg As String
  Dim intResponse As Integer
  Dim intOffset As Integer
```

```
    '根据当前光标位置设置偏移量变量
    If (gCurPos = frmMDI.ActiveForm.ActiveControl.SelStart) Then
      intOffset = 1
    Else
      intOffset = 0
    End If
    '为起始位置读全局变量
    If gFirstTime Then intOffset = 0
    '给搜索起始位置赋值。
    intStart = frmMDI.ActiveForm.ActiveControl.SelStart + intOffset
    '如果不匹配大小写,将字符串转换成大写
    If gFindCase Then
      strFindString = gFindString
      strSourceString = frmMDI.ActiveForm.ActiveControl.Text
    Else
      strFindString = UCase(gFindString)
      strSourceString = UCase(frmMDI.ActiveForm.ActiveControl.Text)
    End If
    '搜索字符串
    If gFindDirection = 1 Then
      intPos = InStr(intStart + 1, strSourceString, strFindString)
    Else
      For intPos = intStart - 1 To 0 Step -1
        If intPos = 0 Then Exit For
        If Mid(strSourceString, intPos, Len(strFindString)) = strFindString Then Exit For
      Next
    End If
    '如果找到了字符串...
    If intPos Then
      frmMDI.ActiveForm.ActiveControl.SelStart = intPos - 1
      frmMDI.ActiveForm.ActiveControl.SelLength = Len(strFindString)
    Else
      strMsg = "找不到 " & Chr(34) & gFindString & Chr(34)
      intResponse = MsgBox(strMsg, 0, App.Title)
    End If
    '重新设置全局变量
    gCurPos = frmMDI.ActiveForm.ActiveControl.SelStart
    gFirstTime = False
End Sub
'父窗体代码
Public no As Integer
Private Sub mnuexit_Click()
    Unload frmMDI
End Sub
Private Sub Combo1_Click()
```

```
    ActiveForm. ActiveControl. SelFontSize = Val(Combo1. Text)
End Sub
Private Sub mnuNew_Click()                          '新建命令
    FileNew
End Sub
Private Sub mnuOpen_Click()                         '打开命令
  FileOpen
End Sub
Private Sub Toolbar1_ButtonClick(ByVal Button As MSComctlLib. Button)
  With frmMDI. ActiveForm
    Select Case Button. Key
      Case "TNew"                                   '按【新建】按钮,执行新建过程,该过程代码在
                                                    '【标准代码模块】中
        FileNew
      Case "TOpen"                                  '按【打开】按钮,执行打开过程
        FileOpen
      Case "TSave"                                  '按【保存】按钮,执行保存过程
        FileSave
      Case "TCut"                                   '按【剪切】按钮,将选中的文本送到剪贴板
        CutProc
      Case "TCopy"
        CopyProc
      Case "TPaste"
        PasteProc
      Case "TBold"
        . RichTextBox1. SelBold = Not . RichTextBox1. SelBold
      Case "TUnderline"
        . RichTextBox1. SelUnderline = Not . RichTextBox1. SelUnderline
      Case "TItalic"
        . RichTextBox1. SelItalic = Not . RichTextBox1. SelItalic
      Case "TLeft"
        . RichTextBox1. SelAlignment = 0
      Case "TRight"
        . RichTextBox1. SelAlignment = 1
      Case "TCenter"
        . RichTextBox1. SelAlignment = 2
  End Select
  End With
End Sub
'子窗体代码
Dim boolDirty As Boolean
Private Sub Form_Resize()
    Me. RichTextBox1. Width = Me. Width
    Me. RichTextBox1. Height = Me. Height
End Sub
```

```
Private Sub mnuSearch_Click()
        frmFind. Show vbModal
End Sub
Private Sub mnuIcon_Click()
  frmMDI. Arrange vbArrangeIcons                     '对任何已经最小化的子窗体排列图标
End Sub
Private Sub mnuTile_Click()
  frmMDI. Arrange vbTileHorizontal                   '水平平铺所有非最小化 MDI 子窗体
End Sub
Private Sub mnuCascade_Click()
  frmMDI. Arrange vbCascade                          '层叠所有非最小化 MDI 子窗体
End Sub
Private Sub mnuCut_Click()
  CutProc
End Sub
Private Sub mnuCopy_Click()
  CopyProc
End Sub
Private Sub mnuPaste_Click()
  PasteProc
End Sub
Private Sub mnuClose_Click()
  If boolDirty Then
    FileSave
  End If
  Unload Me
End Sub
Private Sub mnuFont_Click()                          '字体命令
  With frmMDI. ActiveForm. CommonDialog1
    . Flags = cdlCFBoth + cdlCFEffects
      . FontSize = RichTextBox1. SelFontSize
    . Action = 4
  End With
  With frmMDI. ActiveForm. RichTextBox1
    . SelFontName = CommonDialog1. FontName
    . SelFontSize = CommonDialog1. FontSize
    . SelBold = CommonDialog1. FontBold
    . SelItalic = CommonDialog1. FontItalic
    . SelUnderline = CommonDialog1. FontUnderline
    . SelStrikeThru = CommonDialog1. FontStrikethru
  End With
End Sub
Private Sub mnuNew_Click()
  FileNew
End Sub
```

```
Private Sub cd_Click()
  frmMDI. Arrange vbCascade
End Sub
Private Sub mnuOpen_Click()
  FileOpen
End Sub
Private Sub mnuPicture_Click()                     '插入图片
  With frmMDI. ActiveForm. CommonDialog1
    . Filter = " * . bmp| * . bmp| * . ico| * . ico"
    . Action = 1
  End With
  frmMDI. ActiveForm. RichTextBox1. OLEObjects. Add, ,
    frmMDI. ActiveForm. CommonDialog1. FileName
  End Sub
  Private Sub mnuSave_Click()
  FileSave
End Sub
Private Sub pp_Click()
  frmMDI. Arrange vbTileHorizontal
End Sub
Private Sub mtb_Click()
  frmMDI. Arrange vbArrangeIcons
End Sub
Private Sub mnuStatus_Click()
  If mnuStatus. Checked Then
    frmMDI. StatusBar1. Visible = 0
    mnuStatus. Checked = 0
  Else
    frmMDI. StatusBar1. Visible = 1
    mnuStatus. Checked = 1
  End If
End Sub
Private Sub RichTextBox1_Change()
  frmMDI. StatusBar1. Panels(2). Text = RichTextBox1. SelStart
  boolDirty = True
End Sub
'查找窗体代码
Option Explicit
Private Sub chkCase_Click()
' 给公共变量赋值
    gFindCase = chkCase. Value
End Sub
Private Sub cmdCancel_Click()
    ' 将值保存到公共变量
    gFindString = Text1. Text
```

```
    gFindCase = chkCase.Value
    '卸载【查找】对话框
    Unload frmFind
End Sub
Private Sub cmdFind_Click()
    '将文本字符串赋值给公共变量
    gFindString = Text1.Text
    FindIt
End Sub
Private Sub Form_Load()
    '【查找】按钮无效 — 还没有要查找的文本
    '读公共变量并设置选项按钮
    optDirection(gFindDirection).Value = 1
End Sub
Private Sub optDirection_Click(index As Integer)
    '给公共变量赋值
    gFindDirection = index
End Sub
```

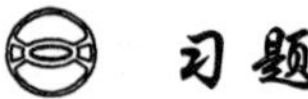

习题 7

(1) 选择题

1. 在用菜单编辑器设计菜单时,必须输入的项有(　　)。

   A. 快捷键　　B. 标题　　C. 索引　　D. 名称

2. 假定有一个菜单项,名称为 MenuItem,为了在运行时使该菜单项失效(变灰),应使用的语句为(　　)。

   A. MenuItem. Enabled=False　　B. MenuItem. Enabled=True

   C. MenuItem. Visible=True　　D. MenuItem. Visible=False

3. 在下列程序中,(　　)不论使用鼠标右键,还是左键,弹出菜单中的菜单项都响应鼠标单击。

   A. Sub Form_MouseDown(Button As Integer, Shift As Integer, X As Single, Y As Single)
        If Button=2 Then PopupMenu Menu_Test, 2
      End Sub

   B. Sub Form_MouseDown(Button As Integer, Shift As Integer, X As Single, Y As Single)
        PopupMenu Menu_Test, 0
      End Sub

   C. Sub Form_MouseDown(Button As Integer, Shift As Integer, X As Single, Y As Single)

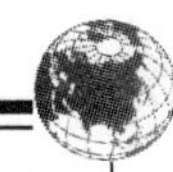

```
    PopupMenu Menu_Test
  End Sub
```

D. Sub Form_MouseDown(Button As Integer, Shift As Integer, X As Single, Y As Single)

```
    If ( Button=0 ) Or ( Button=2 ) Then PopupMenu Menu_Test
  End Sub
```

4. 在下列关于通用对话框的叙述中，错误的是(　　)。

A. CommonDialog1. ShowFont 显示字体对话框

B. 在打开或另存为对话框中，用户选择的文件名可以经 FileTitle 属性返回

C. 在文件打开或另存为对话框中，用户选择的文件名及其路径可以经 FileName 属性返回

D. 通用对话框可以用来制作和显示帮助对话框

5. 以下正确的语句是(　　)。

A. CommonDialog1. Filter=All Files| *. * |Pictures(*. Bmp)| *. Bmp

B. CommonDialog1. Filter="All Files"|"*. *"|"Pictures(*. Bmp)"|" *. Bmp"

C. CommonDialog1. Filter="All Files| *. * |Pictures(*. Bmp)| *. Bmp"

D. CommonDialog1. Filter={All Files| *. * |Pictures(*. Bmp)| *. Bmp}

6. 下面关于多重窗体的叙述中，正确的是(　　)。

A. 作为启动对象的 Main 子过程只能放在窗体模块内

B. 如果启动对象是 Main 子过程，则程序启动时不加载任何窗体，以后由该过程根据不同情况决定是否加载或加载哪一个窗体

C. 没有启动窗体，程序不能执行

D. 以上都不对

7. 以下关于多文档描述不正确的是(　　)。

A. 一个应用程序只能定义一个 MDI 父窗体，这个父窗体可以有多个子窗体

B. MDI 子窗体可以设置为启动窗体

C. 当最小化子窗体时，它的图标在 MDI 窗体上显示

D. MDI 窗体中为把其它控件加到 MDI 窗体上，可在 MDI 窗体上设置一个图片框，将其它控件加到图片框上

8. 在窗体上已经添加了名为 CommonDialog1 的控件，用 Show 方法显示【打开】对话框的正确方法是(　　)。

A. Show. Open　　B. ShowOpen

C. CommonDialog1. Show. Open　　D. CommonDialog1. ShowOpen

(2) 填空题

1. 在菜单中，建立热键的方法是在菜单标题的某个字符前加上一个(　　)符号，在菜单中这一字符会自动加上下划线表示该字符是一个热键字符。

2. 要在程序中显示通用对话框，必须对控件的(　　)属性赋于正确的值，另一个调用通用对话框的方法是使用说明性的 Show 方法来代替数字值。

3. CommonDialog 控件是 ActiveX 控件，需要通过(　　)命令选择 Microsoft Common Dialog Control6.0 选项，将 CommonDialog 控件添加到工具箱。

4. 菜单的热键指使用(　　)键和菜单项标题中的一个字符来打开菜单。

5.【文件打开】对话框是当 Action 为(　　)时的通用对话框。

6. MDI 子窗体是一个(　　)为 True 的普通窗体。在该窗体上可以有不同的控件也可以有菜单栏。

(3) 简答题

1. 建立动态菜单的关键是什么?
2. ToolBar 控件和 ImageList 控件的关系如何?
3. 使用什么方法可以将 RTF 文件或文本文件装入 RichTextBox 控件中?

第8章 文 件

文件是程序进行数据处理的重要工具。本章将介绍在VB中如何通过文件将程序运行时所处理的各种数据和计算结果保存到磁盘中,以及在程序中如何访问和操作文件。其内容包括:文件基本知识的概述;文件的打开和关闭语句的语法,以及与文件处理相关的内部函数和语句;顺序文件操作的语句;随机文件操作的语句;二进制文件操作的语句;构建文件操作界面的文件系统控件;对文件进行复制、删除、更名等操作的语句以及文件系统对象模型等内容。

8.1 文件概述

8.1.1 文件的概念

程序在运行时处理的数据,按其生存周期与存储介质通常分为两类:一类是只存储在内存中的工作数据,如在前面章节中所使用的各种类型的常量与变量。这类数据是程序在运行过程中因解决某个问题而产生的,在程序执行完毕就不再需要。因此,它们只生存在程序运行时的内存中,程序结束或计算机断电即刻消失。另一类数据是记录了程序的运行结果,并且需要在以后的程序运行或其他软件中重复使用。这类数据在内存中产生后,还需要存储到磁盘中,以便日后使用。对于后一类数据,需要通过文件对其进行管理。

在计算机系统中,文件被定义为具有符号名(文件名)并在逻辑上具有完整意义的有序数据集合,它被保存在磁盘、光盘等外部存储器中,由操作系统进行统一管理,用户通过文件名对其进行访问。

8.1.2 文件逻辑结构

由于文件是有序数据的集合,因此它必然具有一定的逻辑结构。在操作系统中,文件的逻辑结构分为字节流式与记录式。VB的随机文件属于记录式结构,而顺序文件与二进制文件在本质上都属于字节流式结构。

在记录式文件内数据被划分为多个记录,一个记录通常对应现实中的一条信息,用户必须以记录为单位来组织数据。记录是一种具有特定意义的数据单元,它被进一步划分为若干个字段,一个字段由若干个字节组成,对应于某一VB标准数据类型,表示记录的一个数据项。

例如:以下学生记录:

学 号	姓 名	数学成绩	语文成绩	外语成绩

是由学号、姓名、数学成绩、语文成绩、外语成绩等字段组成。

字节流式文件是由字节或字符序列组成的文件。其内部不再划分结构,因此字节或字符是其基本的数据访问单位。

8.1.3 文件的类型

VB 文件的类型有两种划分方法。一种是按存取方式与逻辑结构分为顺序文件、随机文件和二进制文件;另一种是按编码方式划分为 ASCII 码文件和二进制编码文件。其中,顺序文件属于 ASCII 码文件,而随机文件和二进制文件同属于二进制编码文件。

1. 顺序文件

顺序文件在 VB 中专门用来处理以 ASCII 形式存储的文本文件,即顺序文件是字符流式文件。顺序文件一般以文本行作为数据单位进行读/写。文本行之间以回车符与换行符作为分隔,并且规定必须按文本行的排列顺序进行读/写。例如,先写入第一个记录,再写入第二个记录,依次下去;读文件时,也必须从第一个记录开始。因此,顺序文件的最大缺点在于对文件修改时,必须将所有文件字符读入内存,修改后再将结果写入文件。由于无法灵活地随意存取,它只适用于有规律的、不经常修改的数据。

顺序文件既可用于存储文字信息,也可存储表示数值的数字,但在存储数字时会比二进制文件占用更多的存储空间,原因在于每个数字都要按字符串存储。例如,一个 4 位整数"2007"将需要 4 个字节的存储空间,而在二进制文件中存储只需 2 个字节的存储空间。

虽然顺序文件的插入、修改不太方便,但由于其操作简单、直观,并可以与 Windows 字处理软件保持一致,建议用户在建立顺序文件时使用".txt"作为文件扩展名。

2. 随机文件

随机文件是一种可进行随机读/写的记录式文件。所谓"随机"是指在这种文件中对任意位置的记录的访问,都只须一次磁盘操作就可完成,而无须访问它前面的记录。在同一个随机文件的逻辑结构中,每个记录都分配有一个记录号,所有的记录都由相同的字段组成,并具有相同的字节长度。由于记录等长,因此只要给出记录号,系统可进行任意记录的位置换算,从而实现按记录号快速定位任意读/写。

例如,设随机文件记录长度为 240 B,当用户想要读取第 5 条记录时,系统可以在读操作前计算出该记录在文件的第 1 200 B 处。因此只须进行一次读操作即可读出该记录,而无须像顺序文件那样先读出前 4 条记录。为保持记录等长,记录中的空白字段也必须占据存储空间,因此会造成一定的存储空间的浪费。可以说随机文件的快速读/写,是以牺牲存储空间为代价换取的。

随机文件的数据操作规范,并可进行快速的存取,通常用作信息处理、数值计算或大型应用程序中的数据文件。随机文件存储的编码是二进制数,无法在 Windows 的字处理软件中打开,建议对其使用".dat"作为文件扩展名。

3. 二进制文件

二进制文件是一种以二进制编码存储的字节流式文件。它可以以字节为单位进行快速存取,并可避免随机文件中的空间浪费。但由于不存在记录结构,文件数据的逻辑意义与存储位置,都完全需要编程者自己进行解释与控制,因此编程难度较大,初学者不易掌握。一般只用在要求文件存取速度快而体积必须短小的应用程序中。

二进制文件在访问方式上也具有随机性,它可以直接从任意位置开始访问文件。因此,可以将二进制文件理解为记录长度为 1 个字节的特殊随机文件。如果知道文件中数据的逻辑结构,则任何文件都可以按照二进制文件来访问。

8.1.4 文件处理的一般步骤

上述三类文件的操作都有着相同的步骤。

1. 打开文件

这是文件操作的第一步，由 Open 语句完成，一个文件只有执行打开命令后，才能对其进行读/写。在 VB 中，文件的建立也隐含在文件的打开操作中，即当用户试图打开一个不存在的文件进行写或追加操作时，系统将自动为其新建该文件。

2. 读/写文件

打开文件后，就可以进行所需的输入/输出操作。例如，从文件中读出数据到内存，或者把内存中的数据写入到文件。文件读/写是文件操作的核心与目的。

3. 关闭文件

当程序不再使用文件时，应立刻执行关闭语句，以便释放相关的系统资源。

8.1.5 文件指针

用户每打开一个文件，系统都会为其生成并维持一个文件指针，用来指示用户对文件的下一个操作位置，其作用类似于字处理软件中的光标。该指针对用户来说是不可见的，但确实存在，并对文件操作的理解有着非常大的帮助。对于大多数的文件打开方式，文件打开时文件指针指向文件的开始位置，并可随用户的文件访问而自动后移。对于顺序文件和二进制文件，指针的移动单位为字节，对于随机文件移动单位为记录。在程序中，用户无法直接操作文件指针，但可以通过 Seek( )函数或 Seek 语句返回或设置文件指针的当前值。

8.2 文件的基本操作

8.2.1 文件的打开

所有类型文件的打开或建立都使用 Open 语句。Open 语句的一般语法格式如下：

Open　文件名　[For　模式]　As　[#]文件号　[Len=记录长度]

说明：

1) 文件名是字符串表达式，指定要打开的文件名。该文件名中允许包括目录或文件夹及驱动器名。

2) 模式用于指定文件访问的方式，若无指定，则以 Random 方式打开文件。模式包括以下几种：

① Output：将顺序文件中的数据输出到顺序文件，对文件实施写操作。文件操作指针的初始值为文件的开始位置。以 Output 模式打开一个不存在的文件时，则建立一个新文件。如果该文件已经存在，则以后写入的数据会覆盖原有的数据。

② Input：将顺序文件中的数据输入到内存变量，对文件实施读操作。文件操作指针的初始值为文件的开始位置。**注意**，所谓输入或输出是针对主机内存而言，而不是对文件。当使用 Input 模式时，文件必须已经存在，否则会产生错误。

③ Append：将数据追加到顺序文件末尾，是一种特殊的写操作方式，文件操作指针的初始值为文件的结束位置。

④ Random：随机存取方式，文件以 Random 方式打开后，可以同时进行写入与读出操作。文件刚刚被打开时，文件指针指向第一条记录，以后将随着文件处理命令的执行把文件指针移到文件的任何地方。

⑤ Binary：二进制访问模式，文件一旦以 Binary 方式打开后，就可以同时进行写入与读出操作。文件刚刚被打开时，文件指针指向第一个字节，以后将随着文件处理命令的执行把文件指针移到文件的任何地方。

3）文件号是文件打开后在系统中的编号。一个文件被打开后，是通过文件号而不是文件名来实现对文件的访问。一个有效的文件号，其前面的"#"号为可选，范围在 1～511 之间。在一个程序同时打开多个文件时，文件号不允许重复，使用 FreeFile 函数可得到下一个可用的文件号。

4）Len 用来指定每个记录的长度（字节数）。记录长度小于或等于 32 767 B 的一个数。对于用随机访问方式打开的文件，该值就是记录长度。对于顺序文件及二进制文件，则可省略该参数。

8.2.2 文件的关闭

所有类型的文件关闭操作都使用相同的语句 Close，其格式为：

Close [[#]文件号 1[,[#]文件号 2…]]

Close 的作用是关闭已打开的文件，同时释放文件在打开时所分配的缓冲区与文件号。Close 语句可以同时关闭多个已打开的文件。多个文件号在参数中用","号分隔。当 Close 语句没有带参数时（即 Close），将关闭所有已打开的文件。

Close 语句的执行对于顺序文件的写操作非常重要，因为顺序文件的写操作只是简单地写入内存中的缓冲区，仅当缓冲区满或在文件被关闭时，才将缓冲区中的数据写入磁盘文件。因此对于顺序文件，如果死机或不使用 Close 语句，都可能会造成数据丢失。对于随机文件与二进制文件，缓冲区中的数据会立即写入磁盘文件。这两类文件一般不会出现数据丢失的现象。

以顺序模式打开 E:\VB\VB1.txt 文件，并从中读取数据。例如：

```
Open "E:\VB\VB1.txt" For Input As #1
```

以顺序追加模式打开 E:\VB\VB2.txt 文件。例如：

```
Open "E:\VB\VB2.txt" For Append As #2
```

以随机存取方式打开 E:\VB\VB3.dat 文件。例如：

```
Open "E:\VB\VB3.dat" For Random As #3
```

关闭 E:\VB\VB1.txt 文件。例如：

```
Close #1
```

关闭文件 E:\VB\VB2.txt 及 E:\VB\VB3.dat。例如：

```
Close #2,#3
```

8.2.3　与文件有关的函数和语句

1. EOF 函数

格式:EOF(文件号)

功能:测试与文件号相关的文件是否已达到文件的结束位置。若达到文件的结束位置,函数值返回真值(True),否则返回假值(False)。使用 EOF( )是为了避免在文件结束位置读取数据而发生错误。

2. LOF 函数

格式:LOF(文件号)

功能:返回用 Open 语句打开的文件的总字节数,返回值类型是长整型。其中文件号,指定进行操作的文件所对应的文件号。

3. Loc 函数

格式:Loc(文件号)

功能:返回已打开文件的当前读、写位置,返回值的类型是长整型。Loc( )函数对于各种文件访问方式的返回值的含义是不同的。Loc 函数返回值的含义如表 8-1 所列。

表 8-1　Loc 函数返回值的含义

打开文件的方式	函数返回值
随机存取	返回上一次对文件进行读出或写入的记录号
顺序存取	返回文件中当前字节位置除以 128 的值
二进制访问	返回上一次读出或写入的字节位置

4. Seek 函数

格式:Seek(文件号)

功能:返回指定文件的当前读/写位置。如果文件是以 Random 方式访问的,则返回值是下一个读出或写入的记录号;如果文件是以 Binary 方式访问的,则返回下一个操作的字节位置。

5. FreeFile 函数

格式:FreeFile()

功能:返回 1 到 511 之间的下一个可用的文件号,以避免程序在打开多个文件时文件号使用重复。

6. FileLen 函数

格式:FileLen(文件名)

功能:返回一个尚未打开的文件的长度。该长度以字节为单位。

7. Seek 语句

格式:Seek [#]文件号,记录位置

功能:指定文件中下一个读、写操作的位置。在 Get 和 Put 语句中指定的记录号将覆盖由

Seek 语句指定的文件位置。若在文件尾之后进行 Seek 操作，则进行文件写入的操作会把文件扩大。如果试图对一个位置为负数或零的文件进行 Seek 操作，则会导致错误发生。

8.3 顺序文件的访问

8.3.1 顺序文件的写操作

对顺序文件的写操作比较方便，Visual Basic 提供了 Print # 和 Write # 语句来完成写操作。实施写操作的顺序文件必须以 Output 或 Append 方式打开。

1. Print #语句

格式：

Print #文件号，[输出项列表]

功能：将格式化显示的数据写入顺序文件中。

说明：

1）输出项可以是常量、变量或表达式。输出项多于一个时，各输出项之间可以用逗号或分号分隔。

2）输出项之间使用分号分隔时，按紧凑格式输出到文件。如果输出项是字符串，则输出项之间不留空格；如果输出项是数值型数据，则在整数前面留一个前导空格，在负数前面输出一个负号。

3）输出项之间使用逗号分隔时，按分区格式输出到文件。10 列为一个分区。

4）在输出项中可以使用 Spc(n)函数输出 *n* 个空格，使用 Tab(n)函数指定其后的输出项从第 *n* 列开始输出。

5）Print #语句的末尾可以加分号、逗号或不加任何符号。加分号时，表示下一个 Print #语句的输出项不换行，直接按紧凑格式输出；加逗号时，表示下一个 Print #语句的输出项不换行，按分区格式输出；不使用任何符号时，下一个 Print #语句的输出项换行输出。

例 8.1：利用 Print #语句把数据写入文件。

分析：在用 Print #语句往指定文件里写入数据时，应首先用 Open 打开文件，然后用 Print#往文件里写，最后用 Close 关闭文件，具体代码如下：

```
Private Sub Command1_Click()
  Open "e:\vb\vb1.txt" For Output As #1              '打开输出文件
  Print #1, "Print # 语句测试"                        '输出一行内容
  Print #1, "hello"; "world" ; 2 + 3; 2 * 3          '紧凑格式输出字符串和数值
  Print #1, "hello", "world" , 2 + 3, 2 * 3          '分区格式输出字符串和数值
  Print #1, "hello";                                 '输出后不换行，与下一个输出显示在同一行
  Print #1, "world"
  Print #1,                                          '输出一个空行
  Print #1, "a"; Tab(10); "b"                        '输出 a 后，定位到第 10 列输出 b
  Print #1, "a"; Spc(10); "b"                        '输出 a 后，空 10 个空格后输出 b
  Close #1                                           '关闭文件
End Sub
```

运行程序，单击 Command1 就可以在 e 盘 vb 目录下创建 vb1.txt，并且将数据直接输出到该文件中。如需要观察运行结果，可以利用 Windows 系统的记事本打开该文件，如图 8－1 所示。

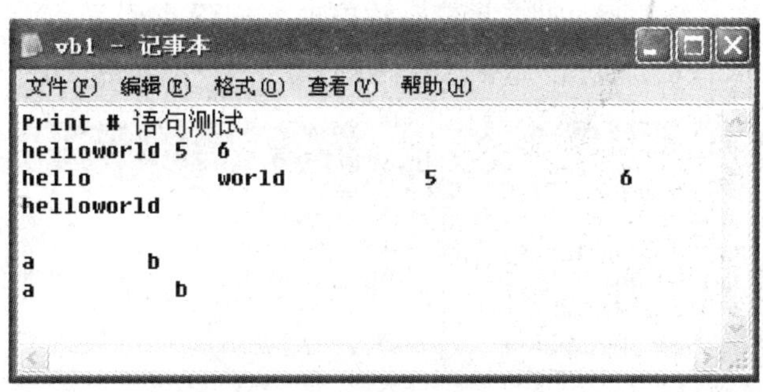

图 8－1　记事本中的 vb1.txt

2. Write #语句

格式：

Write #文件号,[输出项列表]

功能：向指定的文件号所对应的文件中写入数据。

说明：

1) Write #语句在各输出项之间自动插入逗号。

2) Write #语句为字符串加双引号。

3) Write #语句在将最后一个字符写入文件后会插入回车换行符，即 Chr(13)＋Chr(10)。

例 8.2：利用 Write # 语句把数据写入文件。

分析：Write #语句的功能与 Print #语句基本相同，但也存在着上述 3 点差异。当将例 8.1中的 Print #换为 Write #后，其代码如下：

```
Private Sub Command1_Click()
  Open "e:\vb\vb2.txt" For Output As #1
  Write #1, "Print # 语句测试"
  Write #1, "hello"; "world"; 2 + 3; 2 * 3
  Write #1, "hello", "world", 2 + 3, 2 * 3
  Write #1, "hello";
  Write #1, "world"
  Write #1,
  Write #1, "a"; Tab(10); "b"
  Write #1, "a"; Spc(10); "b"
  Close #1
End Sub
```

运行结果如图 8－2 所示。

运行程序，单击 Command1 就可以在 e 盘 vb 目录下创建 vb2.txt，并且将数据直接输出到该文件中。如需要观察运行结果，可以利用 Windows 系统的记事本打开该文件。

对比 Print # 语句和 Write # 语句的结果，可以看到：

1) Print #语句在输出项中,用逗号分隔输出项,则可按分区格式输出;而用 Write #语句虽然也用逗号分隔输出项,但是并不按分区格式输出,而是在输出项之间用逗号分隔,所以对于 Write #语句而言,采用逗号分隔输出项,还是分号分隔输出项,二者是没有差别的。

2) Print # 语句生成的数据文件,字符型数据项之间没有引号;而 Write # 语句生成的数据文件,字符型数据项自动加上了引号。

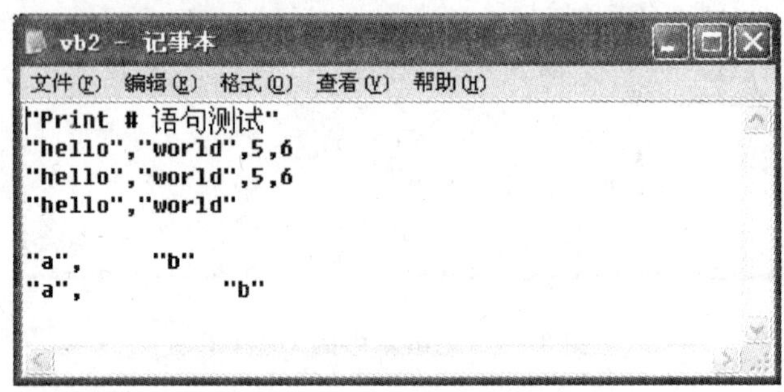

图 8-2 记事本中的 vb2. txt

8.3.2 顺序文件的读操作

以 Input 方式打开顺序文件后,可以使用 Input # 语句、Line Input # 语句或 Input 函数从文件中读数据。

1. Input # 语句

格式:

Input #文件号,变量列表

功能:从指定文件中读取数据并将其赋值给对应的变量。

说明:

1) 变量列表中的变量可以是基本类型的变量和数组元素,但不能是数组或对象变量。

2) 变量个数多于一个时,中间用逗号分隔。

3) Input # 语句一般与 Write # 语句配合使用。也就是说,如果数据文件是用 Write # 写入生成的,那么应该用 Input # 语句读取该数据文件。

例 8.3:使用 Input # 语句读取 vb2. txt 文件中的数据。

分析:在读取文件中的数据时,应在打开文件后,从文件头开始逐个读出,直到读到文件尾时结束读操作。故本题中要用 EOF(1)函数,来判断文件号为 1 的文件是否读到文件末尾,如果是函数返回值为 True;否则返回值为 False。其具体代码如下:

```
Private Sub Command1_Click()
  Dim A
  Open "e:\vb\vb2.txt" For Input As #1          '打开输入文件
  Do While Not EOF(1)                           '判断文件号为 1 的文件是否读到文件末尾
    Input #1, A                                 '从文件中读取数据并将其赋值给变量 A
    Print A                                     '在窗体上显示变量 A 的值
  Loop
  Close #1                                      '关闭文件
End Sub
```

2. Line Input # 语句

格式:

Line Input #文件号,变量

功能:从指定文件中读出一行数据并将其赋值给字符串变量。

说明:

1) Line Input # 语句依次从文件中读取一行数据,直到遇到回车符 Chr(13)或回车换行符 Chr(13)+Chr(10)为止。

2) Line Input # 语句一般与 Print #配合使用。

例 8.4:使用 Line Input # 语句读取 vb1.txt 文件中的数据。

分析:由 Line Input # 的功能是读取一行数据并将其赋值给字符串变量,故定义字符型变量 A 用来存放每次从文件读取的数据。代码如下:

```
Private Sub Command1_Click()
  Dim A As String
  Open "e:\vb\vb1.txt" For Input As #1          '打开输入文件
  Do While Not EOF(1)                           '判断文件是否结束
    Line Input #1, A                            '从文件中读取数据并将其赋值给变量 A
    Print A                                     '在窗体上显示变量 A 的值
  Loop
  Close #1                                      '关闭文件
End Sub
```

3. Input 函数

格式:

Input(字节数 N,#文件号)

功能:返回从文件的当前位置读取的 *N* 个字节的数据,只适用于顺序文件与二进制文件。

说明:函数 Input 返回它所读出的所有字符,包括逗号、回车符、空白列、换行符、引号和前导空格等。

例如:A=Input(20,#1)表示从文件号为 1 的顺序文件中读取 20 个字符。

上面已经介绍了顺序文件的存取操作。顺序文件的缺点是不能快速地存取所需的数据,也不容易进行数据的插入、删除和修改等工作。因此对于经常要修改数据或取出文件中个别数据,均不适合使用;但对于数据变化不大,每次使用时又需要从头往后顺序地进行读/写,它还是不失为一种好的文件结构。

8.4 随机文件的访问

8.4.1 定义记录类型

在一个随机文件中,所有的记录都必须具有相同的结构和长度。因此,为了确保正确地访问随机文件,首先要使用前面章节中所介绍的自定义类型语句 Type,根据随机文件记录的字段结构,定义一个相关的数据类型,然后使用该数据类型的变量访问随机文件。例如,针对一个记录由学号、姓名、数学成绩、语文成绩、外语成绩等字段组成的随机文件，可为该文件访问。自定义如下结构的数据类型。

```
Type   StudentType
  No As String * 10
  Name As String * 8
  Score (1 to 3) As Single
End Type
```

说明：

1）自定义数据类型中的元素必须与记录中的字段一一对应。

2）为确保文件访问时记录等长，自定义数据类型中的元素若为字符串时，必须给出确定的字符长度。

3）自定义记录类型后，必须进一步声明该类型的变量，通过记录类型变量去访问随机文件。

8.4.2 随机文件的写操作

格式：

Put [#]文件号,[记录号],变量名

功能：将指定变量中的数据，按给定的记录号，写入到已打开的随机文件中。

说明：

1）记录号为大于或等于1的整数。若记录号参数省略，则在文件指针的当前位置处写入。

2）语句中的变量必须为自定义的记录类型。

3）当记录号为文件中一个已存在的记录时，该记录中的原有数据将被覆盖；当指向一个不存在的记录时，系统将新建该记录。若新建记录号与原有记录号不连续，系统会在已有记录与新建记录间插入足够的空白记录。为节省空间，用户应尽量使用连续的记录号存储数据。

例8.5：建立一个如图8-3所示的学生成绩信息的录入程序，要求用户通过文件框输入学生信息。单击【添加】按钮后，将用户输入的信息存入一个随机文件。

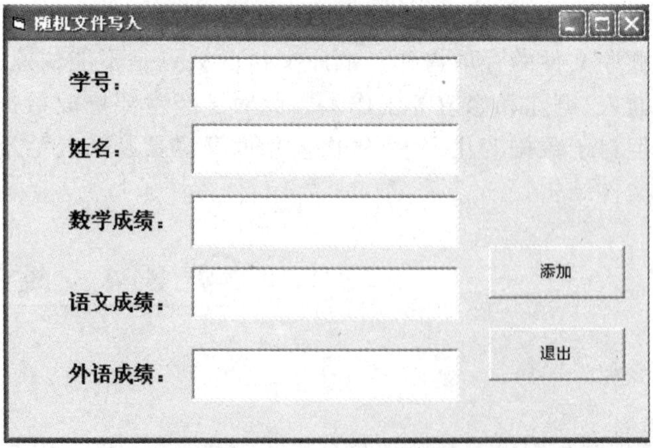

图8-3 随机文件写入演示

分析：

1）首先根据学生的信息在通用模块中建立自定义数据类型 StudentType 如下：

```
Type StudentType                                         '用户定义的数据类型
  No As String * 10
  Name As String * 8
  Score(1 To 3) As Single
End Type
Public Stu As StudentType
```

2）根据题目要求在窗体上放置 Label1 ～ Label5、Text1 ～ Text5 及 Command1 ～ Command2，如图 8－3 所示。在添加按钮 Command1 的代码中，LOF(1)函数可以返回文件号为 1 的文件的总字节数；Len(s)函数可以返回变量 s 的字节数，即每条记录的长度；故 i＝LOF(1) / Len(s)为当前打开的文件中已有的记录数。代码如下：

```
Private Sub Command1_Click()                             '【添加】命令按钮
  Dim s As StudentType
  Dim i As Integer
  Open "e:\vb\vb3.dat" For Random As #1 Len = Len(s)    '打开文件
  i = LOF(1) / Len(s)                                   '计算记录号
  s.No = Text1
  s.Name = Text2
  s.Score(1) = Val(Text3)
  s.Score(2) = Val(Text4)
  s.Score(3) = Val(Text5)
  Put #1, i + 1, s                                      '写入数据，记录号为 i+1
  Text1 = ""
  Text2 = ""
  Text3 = ""
  Text4 = ""
  Text5 = ""
  Text1.SetFocus
  Close                                                 '关闭文件
End Sub
```

3）由于 Command2 具有退出功能，故其 Click 事件中可以用 End 或 Unload Me，其代码如下：

```
Private Sub Command2_Click()                             '【退出】命令按钮
  Unload Me
End Sub
```


8.4.3　随机文件的读操作

格式：

Get [#]文件号，[记录号]，变量名

功能：从已打开的随机文件中，将指定的记录读出，并将其赋给指定的变量。

说明：

1）Get 语句依次读取一条记录后，文件记录指针自动指向下一条记录，记录号加 1。

2）记录号为大于或等于 1 的整数。若记录号参数省略，则读入文件指针指向的记录。当记录号省略时，其对应位置的逗号不能省略。

3）语句中的变量必须为自定义的记录类型。

4）当记录号指向文件中一个并不存在的记录时，不会出错，而是返回一个空白记录给变量。

例 8.6：建立一个如图 8－4 所示的学生成绩信息的输出程序，要求用户通过单击【读取】按钮后，将上题所建立的随机文件内容显示在窗体中。

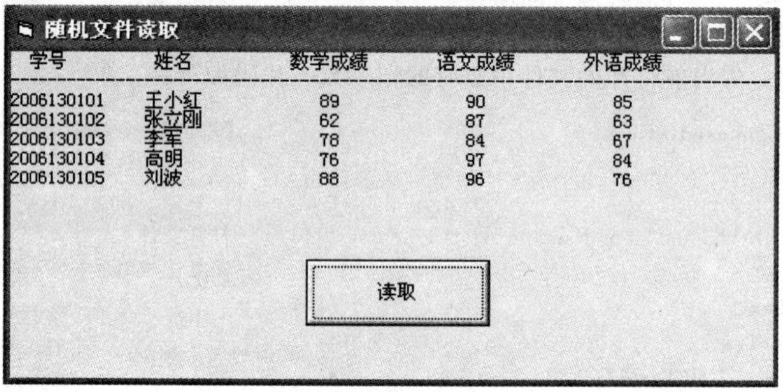

随机文件读取

学号	姓名	数学成绩	语文成绩	外语成绩
2006130101	王小红	89	90	85
2006130102	张立刚	62	87	63
2006130103	李军	78	84	67
2006130104	高明	76	97	84
2006130105	刘波	88	96	76

读取

图 8－4　随机文件读取演示

分析：

1）自定义数据类型 StudentType 如下：

```
Private Type StudentType                           '用户定义的数据类型
  No As String * 10
  Name As String * 8
  Score(1 To 3) As Single
End Type
```

2）在读取按钮 Command1 的代码中将从文件中读取的数据放置在变量 *s* 中，然后调用 Print 方法将其输出，其中 Tab(n)是将输出定位到第 *n* 列。

```
Private Sub Command1_Click()                       '【读取】命令按钮
  Dim s As StudentType
  Dim i As Integer
  Dim RecN As Integer
  Dim strRecord As String
  Open "e:\vb\vb3.dat" For Random As #1 Len = Len(s) '打开文件
  RecN = LOF(1) / Len(s)                           '计算记录号
  Print "  学号"; Tab(15); " 姓名  "; Tab(30); "数学成绩"; Tab(45); "语文成绩"; Tab(60); "外
语成绩"                                             '打印表头
  Print "———————————————————————————————————"
  For i = 1 To RecN
    Get #1, i, s                                   '从文件中读取记录
```

```
    Print Trim(s.No); Tab(15); Trim(s.Name); Tab(33); Trim(s.Score(1)); Tab(48); Trim(s.
Score(2)); Tab(63); Trim(s.Score(3))                        '显示读取的记录
  Next i
  Close                                                     '关闭文件
End Sub
```

8.5 二进制文件的访问

8.5.1 二进制文件的写操作

二进制文件仍用Put语句实现写操作，格式如下：

Put #文件号,[位置],变量名

该语句将一个变量的内容写入所打开的文件中。一次写入长度等于变量长度的数据。位置参数是一个字节数，表示在此字节处开始写入数据。文件中第1个字节的位置是1，第2个字节的位置是2，依此类推。如果省略该参数，则将在当前记录指针的下一个字节处写入数据。

8.5.2 二进制文件的读操作

二进制文件仍用Get语句来实现读操作，格式如下：

Get #文件号,[位置],变量名

该命令从指定位置开始读取长度等于变量长度的数据，并存入变量中。数据读出后文件指针移动变量长度位置。位置参数同样为一字节数，表示在此处开始读出数据。如果省略，则将在当前记录指针的下一字节读入。

另外，也可以使用Input函数读取二进制文件，格式是：

Input(字节数N,#文件号)

该函数返回从文件中读出的指定长度的字符串(包括任何控制字符)。

一般而言，如果记录型变量的一些成员字段长度是可变的，则通过使用二进制存取访问方式可提高磁盘空间的使用效率，比如图像、声音文件等，否则就应使用随机文件存取访问方式了。

例8.7:结合二进制访问模式，编写一个文件复制程序，运行界面如图8-5所示。

分析:将Text1中输入的文件名做为源文件A，将Text2中输入的文件名做为目标文件B，以Binary方式分别打开A和B，将从A中读出数据S写入到B，以此完成文件的复制。其具体代码如下：

```
Private Sub Command1_Click()                               【复制文件】按钮
  Dim S As Byte                                            '定义S为字节型变量
  A = Text1
  B = Text2
  Open A For Binary As #1                                  '打开源文件
```

图 8-5　文件复制程序运行界面

```
    Open B For Binary As #2                               '打开目标文件
    Do While Not EOF(1)                                   '判断源文件是否结束
      Get #1, , S                                         '从源文件中读出一个字节
      Put #2, , S                                         '将一个字节写入到目标文件中
    Loop
    Close                                                 '关闭文件
    MsgBox "复制文件成功!"                                  '提示复制成功
    Text1.Text = ""
    Text2.Text = ""
    Text1.SetFocus                                        'Text1 获得焦点
End Sub
Private Sub Command2_Click()                              '【退出】按钮
    End                                                   '结束程序
End Sub
```

8.6　文件系统控件

Visual Basic 6.0 中包括 3 个文件系统控件，分别是驱动器列表框、目录列表框和文件列表框控件。利用这 3 个控件可以很方便地实现查看磁盘驱动器、目录及文件的功能。它们常常配合使用，以实现对相关文件的控制。

8.6.1　驱动器列表框控件

驱动器列表框控件(DriveListBox)用于设置或显示当前磁盘驱动器的名称，在工具箱中的图标是▭。该控件是一个下拉列表框，单击列表框中的下拉箭头，会显示用户系统中所有有效驱动器的列表。如图 8-6 为驱动器列表框控件在运行时的情况。

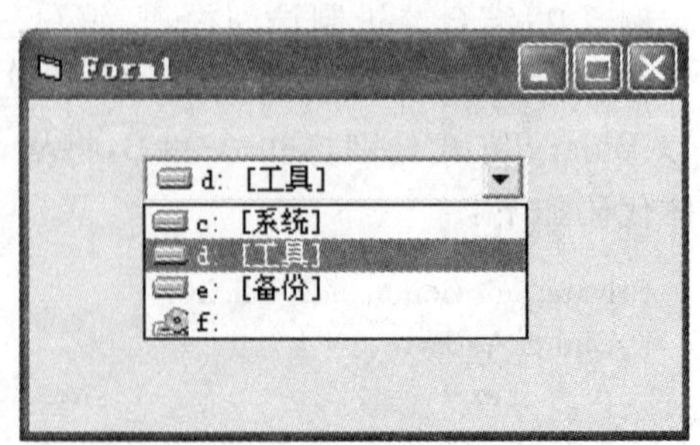

图 8-6　驱动器列表框控件运行示意图

该控件的使用非常简单，只要在窗体上将该控件放上，运行时，即可在下拉列表中显示所在系统的驱动器。一般驱动器列表框控件的名称是 Drive1、

Drive2 等。

1. 主要属性

驱动器列表框的主要属性如下：

1) Drive 属性是驱动器列表框最重要的属性，用来在程序运行时设置或返回选定的驱动器。其返回值为所选定的驱动器号，如 D：。

如要设置当前的驱动器为 D 盘，若使用的驱动器列表框控件的名称为 Drive1，则可在程序中使用如下语句：

```
Drive1.Drive="D:"
```

或

```
Drive1.Drive="D:\"
```

2) List 属性返回当前列表框中指定列表项的驱动器。

3) ListIndex 属性返回驱动器列表框中的驱动器在列表框中的序号。

例如 Drive1.List(Drive1.ListIndex)，表示返回当前列表框中的驱动器名。

4) ListCount 属性返回当前列表框中的列表项数。

2. 主要事件

驱动器列表框控件最重要的事件是 Change 事件。当驱动器列表框控件的 Drive 属性值发生变化时触发 Change 事件。该事件主要是为了与目录列表框配合使用的。尽管在驱动器列表框中显示的驱动器被改变了，但是操作系统默认的驱动器却并不能随之自动改变。

3. 常用方法

驱动器的常用方法主要是 Refresh 方法，用于刷新驱动器列表。另外驱动器列表框控件也支持 SetFocus 方法和 Move 方法。

4. ChDrive 语句

格式：

ChDrive *驱动器名*

功能：ChDrive 语句用于改变系统默认的磁盘驱动器。其中驱动器名是一个双引号的字符串表达式。它是指定一个存在的驱动器。如果使用零长度的字符串("")，则当前的驱动器不会改变。如果驱动器名中有多个字符，则仅首字母有效。

例如：ChDrive "D" '将当前驱动器改变为 D

8.6.2 目录列表框控件

目录列表框控件(DirListBox)用于显示当前驱动器或指定驱动器上的目录结构。目录列表框控件在工具箱中的图标为 ▭。该控件一般要与驱动器列表框控件联合使用。目录列表框控件的默认名称一般为 Dir1、Dir2。目录列表框控件在运行时以所在驱动器的根目录开头，各目录按子目录的层次结构依次缩进。运行时双击某个目录，就能打开其下的子目录。图 8-7 为目录列表框控件运行时的示意图。

为了与驱动器列表框控件联合使用，使得目录列表框控件中的根目录与驱动器列表框控件中的驱动器相对应，目录列表框控件提供了相应的属性、方法和事件。

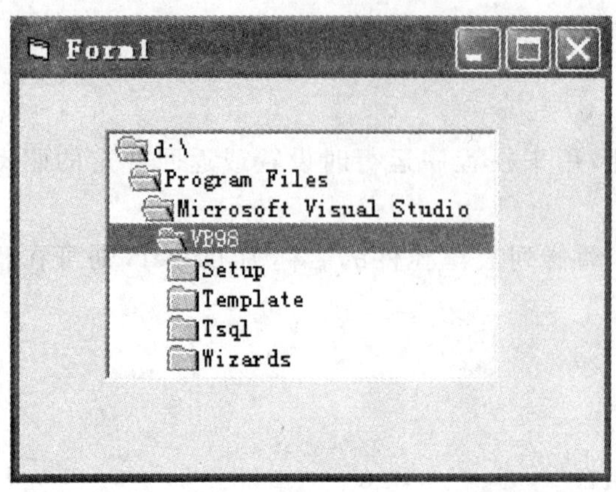

图 8-7　目录列表框控件运行示意图

1. 常用属性

目录列表框的主要属性如下：

1) Path 属性是目录列表框最重要的一个属性，用于设置或返回当前显示的工作目录的路径，包括驱动器名。该属性只在运行阶段有效。

例如，如果要让目录列表框控件显示 D:\ 下的目录结构，则相应的设置语句为：

```
Dir1.Path="D:\"
```

为了在驱动器列表框控件中的驱动器改变时，目录列表框随之改变，则需要在驱动器列表框的 Change 事件中设置目录列表框的 Path 属性。具体实现过程如下：

```
Private Sub Drive1_Change()
  Dir1.Path=Drive1.Drive
End Sub
```

2) List 属性返回当前列表框中指定列表项的路径。

3) ListIndex 属性返回驱动器列表框中的驱动器在列表框中的位置，包括目录的层次关系。

4) ListCount 属性返回当前目录下一级含有的子目录项数。

2. 主要事件

目录列表框控件最重要的事件是 Change 事件。当目录列表框的 Path 属性值发生变化时触发 Change 事件。该事件主要是为了与文件列表框配合使用的。同驱动器列表框类似，尽管在目录列表框中显示的目录项被改变了，但是操作系统默认的当前目录却并不能随之改变。要实现当前目录与目录列表框所选目录项的同步改变就要使用 ChDir 语句。

3. ChDir 语句

格式：

ChDir 路径名

功能：ChDir 语句用于改变系统默认的当前目录。路径名是一个字符串表达式，它指明哪个目录或文件夹将成为新的默认目录或文件夹。路径名可能会包含驱动器。如果没有指定驱动器，则 ChDir 在当前的驱动器上改变默认目录或文件夹。ChDir 语句改变默认目录位置，但不会改变默认驱动器位置。

例如，如果默认的驱动器是 D，则下面的语句将会改变驱动器 E 上的默认目录，但 D 仍然是默认驱动器。


```
ChDir "E:\VB"  '将 E 盘的当前目录改变为 E:\VB
```

8.6.3　文件列表框控件

文件列表框控件(FileListBox)用来显示指定目录下的文件列表。该控件在工具箱中的图标为▣，其默认名称为 File1、File2。该控件一般与目录列表框控件配合使用。图 8-8 为文件

列表框控件在运行时的示意图。

为了与目录列表框配合使用，文件列表框提供了相应的属性、方法和事件。

1. 常用属性

文件列表框与目录列表框相似，也具有 List，ListIndex 和 ListCount 等常用属性，此外还有文件列表框特有的属性。

(1) Path 属性

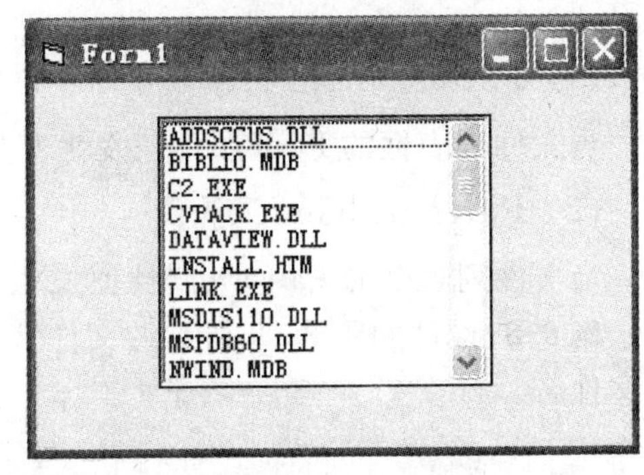

图8-8　文件列表框控件运行时示意图

该属性用来设置或返回文件列表框所显示的路径全称，仅在运行阶段有效。一般该属性都是与目录列表框配合使用的。当目录列表框中的目录发生改变时，可设置文件列表框的 Path 属性，使文件列表框显示对应目录中的文件。一般可在目录列表框的 Change 事件中设置。其事件过程如下：

```
Private Sub Dir1_Change()
  File1.Path=Dir1.Path
End Sub
```

(2) Pattern 属性

该属性用来设置在文件列表框中要显示的文件类型。通过设置该属性，可对所显示的文件起到过滤作用。该属性可在控件的属性窗口设置，也可在运行阶段设置。例如媒体播放软件，如果只播放 AVI 类型文件，则可将 Pattern 属性设置为 *.avi。若要表达的文件类型有多种，各组类型表达式之间应用分号(;)进行分隔。

例如，若仅允许列表框中显示 AVI 文件和 DAT 文件，则相应的设置语句为：

```
File1.Pattern=" *.avi ; *.dat"
```

(3) FileName 属性

该属性用于设置或返回文件列表框中被选中的文件名，仅在运行阶段有效。

例如，利用 MsgBox 函数来显示被选中的文件名，其程序代码如下：

```
Private Sub File1_Click()
  MsgBox "选中的文件是:" + File1.FileName
End Sub
```

(4) MultiSelect 属性

该属性用来设定是否允许用户进行多重选择。它的值若为 0 表示只允许单选；若为 1 则表示可直接通过鼠标进行多选；值若为 2 则表示可通过鼠标与 Shift 或 Ctrl 键配合进行多选。

(5) Archive 属性、ReadOnly 属性、System 属性和 Hidden 属性

这些属性分别用于决定是否可显示档案文件、只读文件、系统文件和隐藏文件。它们的类型均为布尔类型。值为 True 或 False。为 True 则可显示对应属性的文件，为 False 则不可显示。

2. 主要事件

文件列表框可响应很多事件，其中比较特殊的事件有 PathChange 事件和 PatternChange

事件。

(1) PathChange 事件

当文件列表框的 Path 属性值发生变化时触发 PathChange 事件。

(2) PatternChange 事件

当文件列表框的 Pattern 属性值发生变化时触发 PatternChange 事件。

例 8.8:设计如图 8-9 所示的文件管理系统。当用户在文件列表框中单击文件名时输出该文件名。

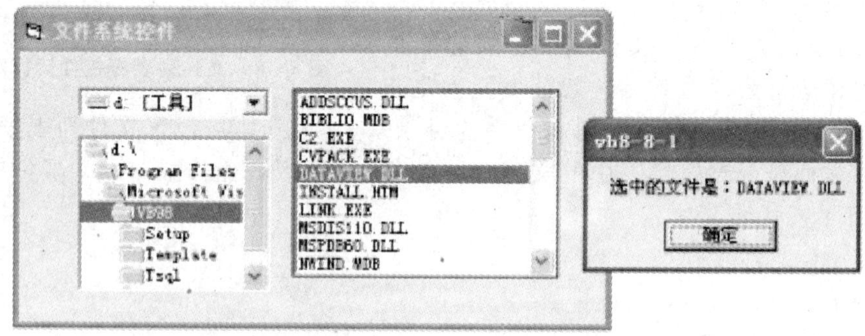

图 8-9 驱动器、目录和文件列表框

分析:

1) 假定驱动器、目录和文件列表框的名称分别为 Drive1,Dir1 和 File1,为了使它们之间能产生同步效果,需编写如下的事件过程。当用户在驱动器列表框中选择一个新的驱动器后,Drive1 的 Drive 属性改变,触发 Change 事件。

```
Private Sub Drive1_Change()
  Dir1.Path = Drive1.Drive
End Sub
```

2) 当目录列表框 Path 的属性改变,触发 Change 事件。

```
Private Sub Dir1_Change()
  File1.Path = Dir1.Path
End Sub
```

3) 当用户在文件列表框中单击某个文件名时,运行 File1_Click 事件过程,输出文件名。

```
Private Sub File1_Click()
  MsgBox "选中的文件是:" + File1.FileName
End Sub
```


8.7 文件系统操作语句

VB 提供了许多与文件操作有关的语句和函数,因而用户可以方便地对文件或目录进行复制、删除等维护工作。

8.7.1　FileCopy 语句

格式：

FileCopy 源文件，目标文件

功能：复制一个文件。

说明：

1）源文件用来表示要被复制的文件名，目标文件用来表示要复制的文件名。

2）源文件及目标文件均是字符串表达式，可以包含目录或文件夹，以及驱动器。

3）如果想要对一个已打开的文件使用 FlieCopy 语句，则会产生错误。

例如：复制 E:\VB\VB1.TXT 文件到 D 盘根目录下的

```
FileCopy "E:\VB\VB1.TXT", "D:\VB1.TXT"
```

8.7.2　Kill 语句

格式：

Kill 文件名

功能：删除指定文件。

说明：

1）文件名是字符串表达式，可以带有目录或文件夹，以及驱动器。

2）文件名中可以带有多字符（*）和单字符（?）的通配符来指定多个文件。

例如：删除 E:\VB\VB1.TXT 文件。

```
Kill "E:\VB\VB1.TXT"
```

例如：删除 E:\VB 目录中的所有扩展名为.TXT 的文件。

```
Kill "E:\VB\*.TXT"
```

8.7.3　Name 语句

格式：

Name 旧文件名 As 新文件名

功能：重新命名一个文件。

说明：

1）旧文件名是字符串表达式，指定已存在的文件名和位置，可以包含目录或文件夹以及驱动器。

2）新文件名也是字符串表达式，指定新的文件名和位置，可以包含目录或文件夹以及驱动器，而由新文件名指定的文件名不能存在。

3）Name 语句重新命名文件并可以将其移动到一个不同的目录或文件夹中，Name 不能创建新文件、目录或文件夹。

4）对一个已打开的文件使用 Name，将会产生错误，必须在改变名称之前，先关闭打开的文件。Name 参数不能包括多字符（*）和单字符（?）的通配符。

例如，将 D 盘根目录下的 VB1. TXT 文件改名为 LX1. TXT。

```
Name "D:\VB1. TXT" As "D:\LX1. TXT"
```

8.7.4 MkDir 语句

格式：

MkDir 目录名或文件夹名

功能：创建一个新的目录或文件夹。

说明：

1）要创建的目录名或文件夹名是字符串表达式，目录名或文件夹名可以包含驱动器。

2）如果没有指定驱动器，则 MkDir 会在当前驱动器上创建新的目录或文件夹。

例如，在 D 盘根目录下创建一个 VB 文件夹。

```
MkDir "D:\VB"
```

8.7.5 RmDir 语句

格式：

RmDir 目录名或文件夹名

功能：删除一个已存在的目录或文件夹。

说明：

1）目录名或文件夹名是一个字符串表达式，用来指定要删除的目录或文件夹。目录名或文件夹名可以包含驱动器。

2）如果没有指定驱动器，则 RmDir 会在当前驱动器上删除目录或文件夹。

3）如果想要使用 RmDir 来删除一个含有文件的目录或文件夹，则会发生错误。在试图删除目录或文件夹之前，要先使用 Kill 语句来删除所有文件。

例如，删除 D 盘根目录下的 VB 文件夹。

```
RmDir "D:\VB"
```

8.7.6 CurDir 函数

格式：

CurDir(驱动器名)

功能：用于获取当前路径。

说明：

1）驱动器名是一个字符串表达式，它是可选参数。它指定一个存在的驱动器。

2）如果没有指定驱动器，或驱动器名是空串("")，则 CurDir 会返回当前驱动器的路径。

例如，假设 C 盘的当前路径为 C:\Program Files，D 盘的当前路径为"D:\VB"，且 C 盘为当前驱动器。

```
Dim MyPath As String
MyPath = CurDir                              '返回"C:\Program Files"
```

```
MyPath = CurDir("C")                        '返回"C:\Program Files"
MyPath = CurDir("D")                        '返回"D:\VB"
```

8.7.7 SetAttr 语句

格式：

SetAttr 文件名，文件属性值

功能：设置指定文件的属性。

说明：

1) 文件名为必要参数，是字符串表达式。文件名可包含目录或文件夹，以及驱动器。

2) 文件属性值是常数或数值表达式，其总和用来表示文件的属性。文件属性取值如表 8－2 所列。

表 8－2　文件/目录属性值

常　数	值	描　述
vbNormal	0	常规(缺省值)
vbReadOnly	1	只读
vbHidden	2	隐藏
vbSystem	4	系统文件
vbDirectory	16	目录或文件夹
vbArchive	32	存档文件，上次备份以后，文件已经改变
vbAlias	64	指定的文件名是别名

例如，将当前目录下的文件 VB1.TXT 设为存档和隐藏。

```
SetAttr "VB1.TXT", vbArchive + vbHidden
```

8.7.8 GetAttr 函数

格式：

GetAttr(文件名)

功能：用来获取指定文件的属性。

说明：

1) 文件名是一个字符串表达式。它可以包含目录或文件夹，以及驱动器。

2) 该函数返回一个 Integer 类型数据，此数值为文件、目录或文件夹的属性。属性值的含义如表 8－2 所示。

例 8.9：建立一个简单的文件管理应用程序。通过该程序能够浏览磁盘目录和文件，并显示它们的属性，如图 8－10 所示。

分析：

1) 因为选择一个新文件时，需要将原来的文件属性复选框清空。这个功能在其他多个子程序中均要使用，所以在 Form1 窗体代码窗口的【通用】部分创建以下子程序：

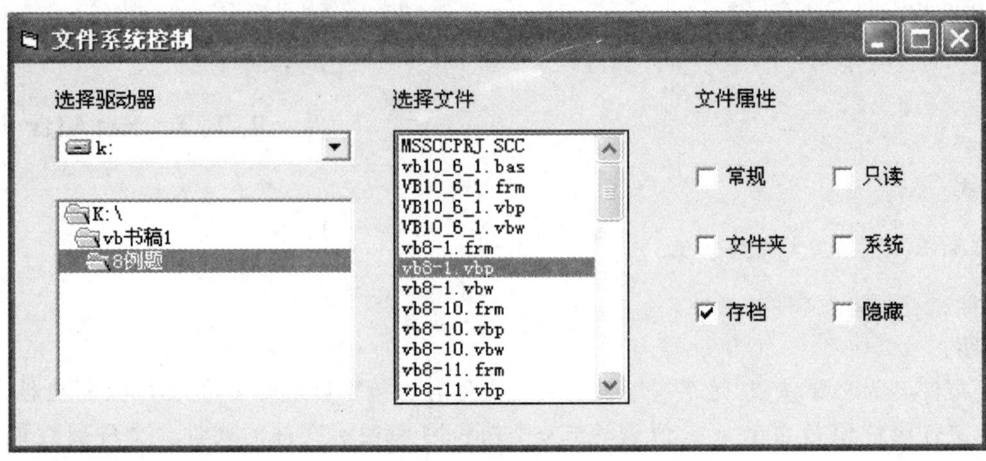

图 8-10　文件系统控制程序运行界面

```
Private Sub Clear1()
  Dim i As Integer
  For i = 0 To 5
    Check1(i).Value = 0                        '将 Check(1)～Check(5)复选框清空
  Next i
End Sub
```

2) 获取文件属性也编写了一个通用子程序 Show1。该子程序有一个输入参数 Path1。它是一个字符串型参数，采用值传递，表示输入的文件名(或路径名)。整个程序通过“与”操作，比较文件属性值，判断文件的属性，源程序如下：

```
Private Sub Show1(ByVal Path1 As String)
  Dim i As Integer                             '存储文件的属性值
  Call Clear1                                  '调用复选框清空子程序
  i = GetAttr(Path1)                           '获取文件的属性值
  If i And vbNormal Then                       '判断是否为常规文件
    Check1(0).Value = Checked                  '若是，则常规属性复选框被选中
  End If
  If i And vbReadOnly Then                     '判断是否为只读文件
    Check1(1).Value = Checked                  '若是，则只读属性复选框被选中
  End If
  If i And vbDirectory Then                    '判断是否为文件夹
    Check1(2).Value = Checked                  '若是，则文件夹属性复选框被选中
  End If
  If i And vbSystem Then                       '判断是否为系统文件
    Check1(3).Value = Checked                  '若是，则系统属性复选框被选中
  End If
  If i And vbArchive Then                      '判断是否为存档文件
    Check1(4).Value = Checked                  '若是，则存档属性复选框被选中
  End If
  If i And vbHidden Then                       '判断是否为隐藏文件
    Check1(5).Value = Checked                  '若是，则隐藏属性复选框被选中
  End If
```

```
End Sub
```

3）当选择驱动器列表框，改变当前驱动器时会触发该控件的 Change 事件。因当前驱动器改变，所以目录列表框、文件列表框的路径值也因此相应改变。具体代码如下：

```
Private Sub Drive1_Change()
  ChDrive Drive1.Drive                       '改变当前驱动器
  Dir1.Path = Drive1.Drive                   '改变目录列表框的路径
  Call Clear1                                '清空属性复选框
End Sub
Private Sub Dir1_Change()
  ChDir Dir1.Path                            '改变当前目录
  File1.Path = Dir1.Path                     '改变文件列表框的路径
  Show1 Dir1.Path                            '设置属性复选框组
End Sub
Private Sub File1_Click()
  Show1 File1.FileName                       '设置属性复选框组
End Sub
```

8.8　文件系统对象模型

8.8.1　文件系统对象模型概述

Visual Basic 的一个新功能是 File System Object(FSO)对象模型。该模型提供了一个基于对象的工具来处理文件夹和文件。这使用户除了使用传统的 Visual Basic 语句和命令及文件系统控件外，还可以使用带有一整套属性、方法和事件的 File System Object 处理文件夹和文件。

FSO 对象模型使应用程序能够创建、改变、移动和删除文件或文件夹，或者检测是否存在指定的文件或文件夹，如果存在，指出在什么地方。FSO 对象模型也能使用户获取关于文件或文件夹的信息，诸如名称、创建日期或最近修改日期等。

FSO 对象模型使得对文件或文件夹的处理变得更加简单。使用 FSO 对象，不需要用户因为文件类型的不同，而花费太多的精力。

FSO 对象模型编程包括三项主要任务。

1）使用 CreateObject 方法，或将一个变量声明为 FileSystemObject 对象类型，来创建一个 FileSystemObject 对象。

2）对新创建的对象使用适当的方法。

3）访问该对象的属性。

FSO 对象模型包含在一个称为 Scripting 的类型库中。此类型库位于 Scrrun.dll 文件中。如果还没有引用此文件，选择【工程】菜单中的【引用】菜单命令，可打开【引用】对话框。在该对话框中选择 Microsoft Scripting Runtime 项，然后就可以使用对象浏览器来查看其对象、集合、属性、方法以及它的常数。

创建一个 FileSystemObject 对象的方法为：

```
Dim fso as new FileSystemObject
```

或

```
Set fso =CreateObject("Scripting.FileSystemObject")
```

其中,Scripting 是类型库的名称,而 FileSystemObject 则是要创建一个实例对象的名字。第一种方法在 Visual Basic 中有效,而第二种方法在 Visual Basic 或 VBScript 中也是可行的。

FileSystemObject 提供了管理驱动器、文件夹和文件的方法和属性。

8.8.2 管理驱动器

使用 FSO 可以访问已有的驱动器,还可获得驱动器的信息。

1. 取得驱动器的名字

要取得一个包含指定路径的驱动器名字的字符串,可使用 FSO 对象中的 GetDriveName 方法,其格式为:

```
object.GetDriveName(path)
```

如果驱动器不能确定,GetDriveName 方法返回一个长度为零的字符串("")。GetDriveName 方法只对提供的路径字符串起作用。

2. 访问已有的驱动器

要访问一个已有的驱动器,可以使用 FSO 对象中的 GetDrive 方法。该方法返回指向某个已有驱动器的 Drive 对象。其格式如下:

```
object.GetDrive DriveSpec
```

其中,DriveSpec 为一个驱动器字符加冒号和路径分隔符(如"C:\")或任何网络共享的说明(如"\\jszx\user1")。如果 DriveSpec 不符合任何一种可以接受的形式或者不存在,则发生一个错误。

3. Drive 对象

Drive 对象允许获得一个系统的各个驱动器的信息。这些信息可以是物理的,也可以是网络上的。具体的通过该对象的属性可以获得下列信息。

1) TotalSize 属性:以字节表示的驱动器总空间。

2) AvailableSpace 或 FreeSpace 属性:以字节表示的驱动器可用空间。

3) DriveLetter 属性:为驱动器指定的符号和驱动器类型(诸如可移动的、固定的、网络上的、CD-ROM 或者 RAM 盘)。

4) SerialNumber 属性:驱动器序列号。

5) FileSystem 属性:驱动器使用的文件系统类型,如 FAT、FAT32、NTFS 等。

6) IsReady:驱动器是否可用。

7) ShareName 和 VolumeName 属性:共享/卷标的名称。

8) Path 和 RootFolder 属性:驱动器的路径或根文件夹。

例 8.10:使用 Drive 对象收集有关驱动器的信息,运行界面如图 8-11 所示。

分析:新建一个标准工程,再添加引用 Microsoft Scripting Runtime,然后向窗体中添加驱动器列表框和命令按钮,最后给命令按钮添加如下代码。注意在下面的代码中并没有对实际

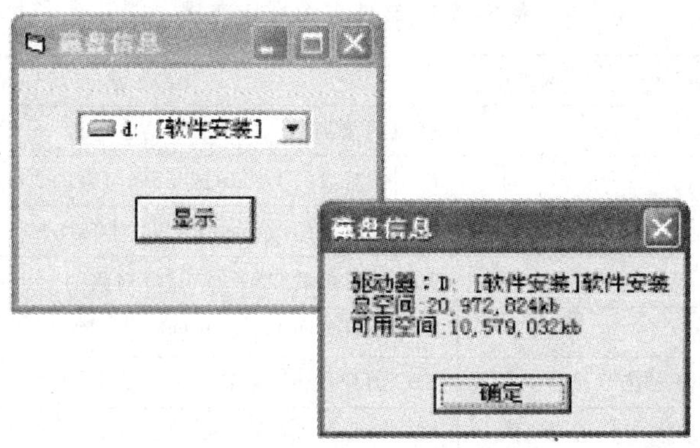

图 8-11　Drive 对象程序运行界面

Drive 对象的引用，而是使用 GetDrive 方法获得一个对已有 Drive 对象的引用。

```
Private Sub Command1_Click()
  Dim FSO As New FileSystemObject                                   '定义一个 FSO 对象
  Dim DRV As Drive                                                  '定义 Drive 类型变量
  Dim S As String                                                   '定义 String 类型变量
  Set DRV = FSO.GetDrive(FSO.GetDriveName(Drive1.Drive))            '取得驱动器对象
  S = "驱动器：" & UCase(Drive1.Drive)
  S = S & DRV.VolumeName & vbCrLf                                   '取得磁盘的卷标名称
  S = S & "总空间：" & FormatNumber(DRV.TotalSize / 1024, 0)        '取得磁盘总空间数
  S = S & "kb" & vbCrLf
  S = S & "可用空间：" & FormatNumber(DRV.FreeSpace / 1024, 0)      '取得磁盘可用空间数
  S = S & "kb" & vbCrLf
  MsgBox S, , "磁盘信息"
End Sub
```

8.8.3　管理文件夹

1. Folder 对象

Folder 对象允许对文件夹进行操作。该对象可以通过 CreateFolder 方法新建，如：

```
Dim fso As New FileSystemObject, fdr As Folder
fdr=fso.CreateFolder("E:\myvb")
```

也可以通过 FSO 对象的 GetFolder 获得已存在的文件夹对象，如：

```
fdr=fso.GetFolder("E:\vb")
```

2. 文件夹的操作

有关文件夹的操作和方法如表 8-3 所列。

表 8-3　文件夹的操作方法

操　作	方　法
创建一个文件夹	FSO 对象的 CreateFolder 方法
删除一个文件夹	Folder 对象的 Delete 或 FSO 对象的 DeleteFolder 方法
移动一个文件夹	Folder 对象的 Move 或 FSO 对象的 MoveFolder 方法
复制一个文件夹	Folder 对象的 Copy 或 FSO 对象的 CopyFolder 方法
检索文件夹的名称	Folder 对象的 Name 属性
查找一个文件夹是否在驱动器上	FSO 对象的 FolderExists 方法
获取已有 Folder 对象的一个实例	FSO 对象的 GetFolder 方法
获取一个文件夹的父文件夹的名称	FSO 对象的 GetParentFolderName
获取系统文件夹的路径	FSO 对象的 GetSpecialFolder 方法

例 8.11:操作文件夹并获取其信息。

分析:本例主要通过 FSO 对象的 CreateFolder 方法在 E 盘创建 MyVB 文件夹,然后利用 Folder 对象的 Delete 方法将其删除。其中 Folder 对象的 IsRootFolder 属性用来判断 Folder 对象是否是根目录。如果是则返回 True;否则返回 False。

新建一个标准工程,再添加引用 Microsoft Scripting Runtime,然后向窗体中添加一个命令按钮,最后给命令按钮添加如下代码。

```
Private Sub Command1_Click()
  Dim FSO As New FileSystemObject                                '定义一个 FSO 对象
  Dim FDR As Folder                                              '定义 Folder 类型变量
  Dim S As String                                                '定义 String 类型变量
  Dim YN As Integer                                              '定义 Integer 类型变量
  Set FDR = FSO.GetFolder("E:")                                  '获得 Folder 对象
  Print "父文件夹名是:" & FDR
  Print "文件夹所在驱动器名称:" & FDR.Drive
  If FDR.IsRootFolder = True Then                                '若该文件夹为根文件夹
    Print "该文件夹是根文件夹"
  End If
  FSO.CreateFolder ("E:\MyVB")                                   '创建文件夹 E:\MyVB
  Print ("创建了文件夹 E:\MyVB")
  YN = MsgBox("删除 E:\MyVB 吗?", vbQuestion + vbYesNo)          '询问是否删除 E:\MyVB
  If YN = vbYes Then                                             '选择【是】按钮
    Set FDR = FSO.GetFolder("E:\MyVB")
    FDR.Delete                                                   '使用 Folder 对象删除文件夹
  End If
End Sub
```


8.8.4　管理文件

1. File 对象

File 对象用来对文件进行相应的操作。它可通过 FSO 对象的 GetFile 方法来创建。

例如,Dim fso As new FileSystemObject,fil as File
    Set fil=fso.GetFile("E:\VB\Test.txt")

2. TextStream 对象

该对象可对文本文件进行读写操作。它可通过 FSO 对象的 CreateTextFile 方法来创建一个空的文本文件,并返回 TextStream 对象。

```
Dim fso As new FileSystemObject,fil as File
Set fil=fso.CreateTextFile("E:\VB\Test.txt",True)
```

本方法的第 2 个参数为布尔型值,若为真表示对已存在的文件进行覆盖操作。

3. 文件的操作

(1) 添加数据到文本文件

文件一经创建,就可以分 3 步向其中加入数据。

1) 打开文件,可以使用下面两种方法中的任一种:File 对象的 OpenAsTextStream 方法或 FSO 对象的 OpenTextFile 方法来创建一个 TextStream 对象。

2) 向打开的文本文件中写入数据,可以使用 TextStream 对象的 Write 或 WriteLine 方法。它们之间的唯一区别是 WriteLine 在指定的字符串末尾添加换行符。如果向文本文件中添加一个空行,则使用 WriteBlankLines 方法。

3) 使用 TextStream 对象的 Close 方法,关闭一个已打开的文件。

(2) 读取文件

要从一个文本文件中读取数据,可使用 TextStream 对象的 Read、ReadLine 或 ReadAll 方法。从一个文件中读取指定数量的字符用 Read 方法;读取一整行用 ReadLine 方法;读取一个文本文件的所有内容用 ReadAll 方法。如果使用 Read 或 ReadLine 方法并且要跳过数据的某些部分,可以使用 Skip 或 SkipLine 方法。这些读取方法产生的文本被存储在一个字符串中,而这个字符串可以在控件中显示,也可以被字符串操作符分解或合并。

(3) 移动、复制和删除文件

可使用 File 对象的方法和 FSO 对象的方法对文件进行移动、复制和删除操作。

File 对象的方法 Move 用来移动文件,方法 Copy 用来复制文件,方法 Delete 用来删除文件。

FSO 对象的方法 MoveFile 用来移动文件,方法 CopyFile 用来复制文件,方法 DeleteFile 用来删除文件。

例 8.12:文件操作的使用示例。

分析:本例首先在 E 盘的根目录下创建一个文本文件,并向其中写入一些信息,再将该文件移至 E:\VB 目录下,同时复制到 E:\MyVB 目录中,并打开 E:\MyVB 目录下的文件,读取后显示在消息框中,最后将这两个目录中的复制文件删除。

新建一个标准工程,再添加引用 Microsoft Scripting Runtime,然后向窗体中添加一个命令按钮,最后给命令按钮添加如下代码。

```
Private Sub Command1_Click()
    Dim fso As New FileSystemObject                    '定义一个 FSO 对象
    Dim txtfile As TextStream                          '定义一个 TextStream 类型变量
```

```
    Dim f1 As File                                         '定义一个 File 类型变量
    Set txtfile = fso.CreateTextFile("E:\Test.txt", True)  '创建一个空文件并返回 TextStream 对象
    txtfile.Write ("这是对文件的一个操作")                  '使用 TextStream 对象的 Write 写入数据
    txtfile.Close                                          '关闭文件
    Set f1 = fso.GetFile("E:\Test.txt")                    '取得 TextStream 对象
    fso.CopyFile "E:\Test.txt", "E:\MyVB\Test.txt"         '使用 FSO 对象进行文件复制
    f1.Move ("E:\VB\Test.txt")                             '使用 File 对象进行文件移动
    Set f1 = fso.GetFile("E:\VB\Test.txt")                 '取得 File 对象
    Set txtfile = f1.OpenAsTextStream                      '通过 f1 取得 TextStream 对象
    MsgBox txtfile.ReadAll                                 '读取文件的全部内容,在消息框中显示
    txtfile.Close
    f1.Delete                                              '使用 File 的 Delete 方法删除文件
    fso.DeleteFile ("E:\MyVB\Test.txt")                    '使用 fso 的方法删除文件
End Sub
```

8.9 文件应用举例

利用数据文件来存储管理系统中数据是在程序开发过程中经常使用的,但由于文件所存储数据的类型、数据量有所限制,一般不用其作为大型管理系统的开发。本节利用文件的功能设计了一个简单的学生成绩管理系统程序。该程序可添加、查询、浏览、删除和修改学生的信息。该程序的主界面运行效果如图 8-12 所示。

图 8-12　成绩管理系统程序的运行主界面

8.9.1 新建一【标准 EXE】工程

工程名为"成绩管理",并添加 7 个窗体,分别为主窗体 Main. frm、追加数据窗体 Addfrm. frm、按学号查询窗体 SelFrm. frm、按姓名查询窗体 SelFrm2. frm、数据修改窗体 ModiFrm. frm、数据删除窗体 DelFrm. frm、数据浏览窗体 PrtFrm. frm 及 1 个模块(Module1. bas)。

由于本系统中学生的基本信息包括:学号、姓名、数学成绩、语文成绩及外语成绩,因此在通用模块 Module1. bas 中定义记录类型 StudentType 如下:

```
Type StudentType
  No As String * 10
  Name As String * 8
  Score(1 To 3) As Single
End Type
Public Stu As StudentType                                 '定义全局记录类型变量 Stu
```

8.9.2 主窗体

主窗体 Main. frm 的运行界面如图 8-12 所示。其设计过程分别为:

1) 打开菜单编辑器,按表 8-4 建立对应菜单。其中各菜单项的事件代码如下:

表 8-4 菜单结构

标 题	名 称	标 题	名 称
数据输入	M1	数据修改	M3
…初使化	M11	数据删除	M4
…追加数据	M12	数据浏览	M5
数据查询	M2	退出	M6
…按学号查询	M21		
…按姓名查询	M22		

```
Private Sub M11_Click()                                   '初使化
  Dim b As Integer
  b = MsgBox("此功能将会清除现存所有数据。" & vbCrLf & "单击确定清除...", vbOKCancel +
vbQuestion, "警告")                                       '给出提示信息,当选择【确定】时返回 1
  If b = 1 Then
    If Dir(App.Path & "\data.dat") <> "" Then Kill App.Path & "\data.dat"
                                                          '如果 data.dat 存在则删除该文件
    MsgBox "原有数据已经清理完毕!", vbOKOnly + vbInformation, "完毕"
  End If
End Sub
Private Sub M12_Click()                                   '追加数据
  AddFrm.Show                                             '调用追加数据窗体
End Sub
Private Sub M21_Click()                                   '按学号查询
  SelFrm.Show                                             '调用按学号查询窗体
End Sub
```

```
Private Sub M22_Click()                          '按姓名查询
  SelFrm2. Show                                  '调用按姓名查询窗体
End Sub
Private Sub M3_Click()                           '数据修改
  ModiFrm. Show                                  '调数据修改窗体
End Sub
Private Sub M4_Click()                           '数据删除
  DelFrm. Show                                   '调数据删除窗体
End Sub
Private Sub M5_Click()                           '数据浏览
  PrtFrm. Show                                   '调用数据浏览窗体
End Sub
Private Sub M6_Click()                           '退出
  Unload Me                                      '卸载主窗体 Main. frm
End Sub
```

2）在退出主窗体 Main. frm 时，弹出消息框询问用户是否退出，故在 Unload 事件编写如下代码：

```
Private Sub Form_Unload(Cancel As Integer)
  Dim a As Integer
  a = MsgBox("真的要退出吗?", vbYesNo + vbQuestion, "警告")
                                                 '当选择【否】时，返回 7
  If a = 7 Then
    Cancel = 1                                   '取消退出
  End If
End Sub
```

3）在主窗体 Main. frm 上添加 Image1 并通过其 Picture 属性添加图片，另外在添加 Label1 和 Lable2，修改 Caption 属性值均为“成绩管理系统”，并将其 ForeColor 设为两种不同的颜色。为了能让图片的大小随着窗体的大小而变化，标签上的文字能形成阴影效果，故在窗体的 Resize 事件中编写如下的代码：

```
Private Sub Form_Resize()
  Image1. Width = Main. Width                    '让图像的宽度等于窗体的宽度
  Image1. Height = Main. Height                  '让图像的高度等于窗体的高度
  Label1. Left = (Main. Width - Label1. Width) \ 2    '让 Label1 位于窗体的中心位置
  Label1. Top = 2000
  Label2. Left = (Main. Width - Label2. Width) \ 2    '让 Label2 位于窗体的中心位置
  Label2. Top = 1900                 'Label1 与 Label2 的 Top 差 100 形成浮雕效果
End Sub
```


8.9.3 追加数据窗体

追加数据窗体 Addfrm. frm 的运行界面如图 8－13 所示。添加适当的图像框、标签、文本框及命令按钮控件，其中 Label7 用来显示文件中记录数的。其代码如下：

```
Private Sub Form_Resize()                        '让添加的图片适应窗体的大小
```

```
    Image1. Width = AddFrm. Width
    Image1. Height = AddFrm. Height
End Sub
Private Sub Command1_Click()                              '【添加】按钮的单击事件
    Dim filenum As Integer, record_No As Integer
    With Stu
        . No = Trim(Text1)
        . Name = Trim(Text2)
        . Score(1) = Trim(Text3)
        . Score(2) = Trim(Text4)
        . Score(3) = Trim(Text5)
    End With                                              '将文本框中的数据保存到 Stu 变量中
    filenum = FreeFile                                    '获取当前可用的文件号
    Open App. Path & "\data. dat" For Random As #filenum Len = Len(Stu)
                                                          '以随机的方式打开数据文件 data. dat
    record_No = LOF(filenum) / Len(Stu) + 1               '计算文件的记录数
    Label7. Caption = record_No                           '用 Label7 显示文件的记录数
    Put #filenum, record_No, Stu                          '将 Stu 的内容写入到文件中
    Close #filenum                                        '关闭文件
    Text1 = "": Text2 = "": Text3 = "": Text4 = "": Text5 = ""
                                                          '清空文件框,为下次添加做准备
    Text1. SetFocus                                       'Text1 获得焦点
End Sub
Private Sub Command2_Click()                              '【退出】按钮的单击事件
    Unload AddFrm                                         '卸载添加窗体
End Sub
```

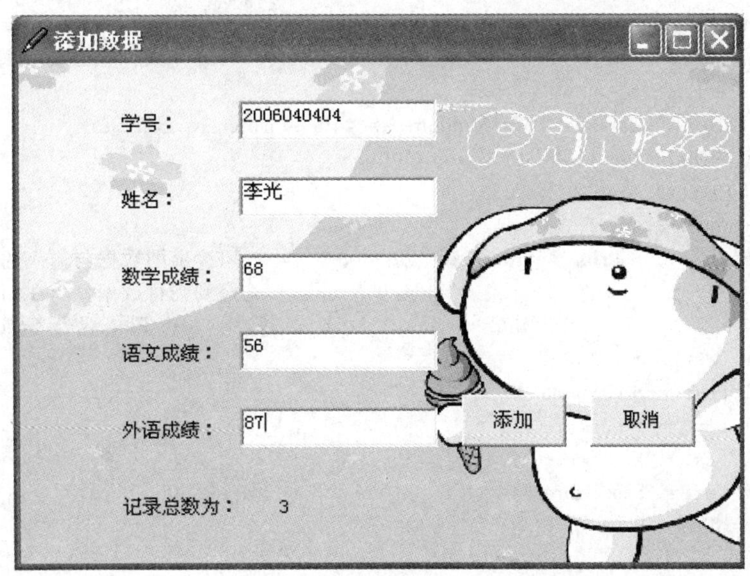

图 8-13 追加数据窗体的运行界面

8.9.4 查询窗体

按学号查询窗体 SelFrm. frm 的运行界面如图 8 - 14 所示，添加适当的标签、文本框、框架及命令按钮等控件，当在第一个文本框中输入学号后单击【查询】按钮，若找到则在框架的相应控件中显示结果；若找不到则给出相应的提示。具体代码如下：

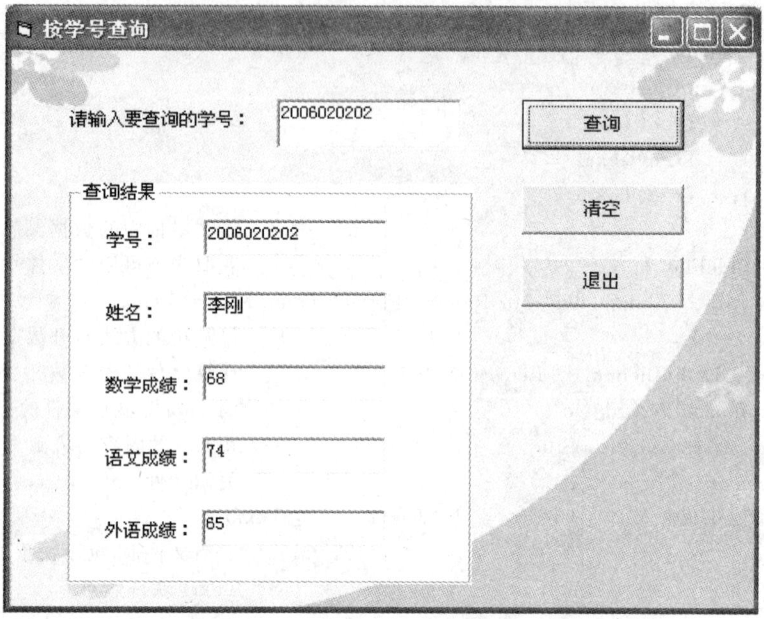

图 8 - 14　按学号查询窗体的运行界面

```
Private Sub Command1_Click()                                   '【查询】按钮的单击事件
  Dim i As Integer, filenum As Integer, Flag As Boolean
  Flag = False                                                 'Flag 用来标识是否找到
  filenum = FreeFile
  Open App.Path & "\data.dat" For Random As #filenum Len = Len(Stu)
  record_Num = LOF(filenum) / Len(Stu)
  For i = 1 To record_Num
    Get #filenum, i, Stu
    If Trim(Stu.No) = Trim(Text6.Text) Then                    '用读出的数据与输入的数据比较，如果
                                                               '找到则将数据显示在相应的文本框
                                                               '中，并将 Flag 置为 True 同时退出循环
      Text1.Text = Stu.No
      Text2.Text = Stu.Name
      Text3.Text = Stu.Score(1)
      Text4.Text = Stu.Score(2)
      Text5.Text = Stu.Score(3)
      Flag = True
      Exit For
    End If
  Next i
  Close #filenum
```

```
    If Flag = False Then
      MsgBox "没有要查找的数据!", vbOKOnly + vbInformation, "错误"
    End If
End Sub
Private Sub Command3_Click()                                    【清空】按钮的单击事件
    Text1.Text = ""
    Text2.Text = ""
    Text3.Text = ""
    Text4.Text = ""
    Text5.Text = ""
    Text6.Text = ""
    Text6.SetFocus
End Sub
Private Sub Command2_Click()                                    【退出】按钮的单击事件
    Unload Me
End Sub
```

8.9.5　按姓名查询窗体

按姓名查询窗体 SelFrm2.frm 的运行界面如图 8－15 所示。添加适当的标签、文本框、框架、组合框及命令按钮等控件，当在给合框中选择姓名后单击【查询】按钮，若找到则在框架的相应控件中显示结果；若找不到则给出相应的提示。具体设计如下：

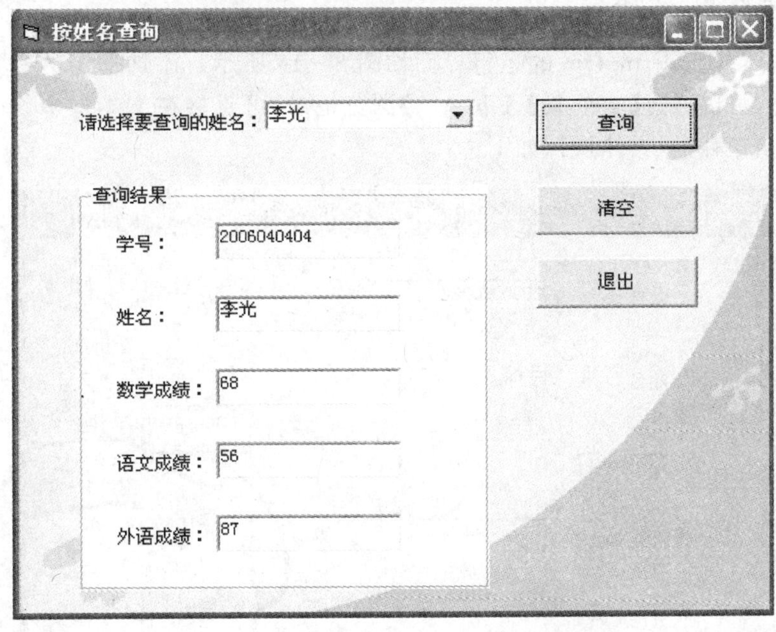

图 8－15　按姓名查询窗体的运行界面

1）在装载 SelFrm2.frm 窗体时，将文件中的所有学生的信息从文件读出来存放在数组 S(i)中，并将 S(i).Name 添加到组合框中，具体代码如下：

```
Private Sub Form_Load()
```

```
    filenum = FreeFile
    Open App.Path & "\data.dat" For Random As #filenum Len = Len(Stu)
    record_Num = LOF(filenum) / Len(Stu)
    For i = 1 To record_Num
      Get #filenum, i, S(i)
      Combo1.AddItem S(i).Name                    '将读出的姓名加到组合框 Combo1 中
    Next i
    Close #filenum
    Combo1.Text = S(1).Name
End Sub
```

2）当选择【查询】按钮时，根据组合框中被选中项的序号，将数组中对应的项显示在文本框中。具体的代码如下：

```
Private Sub Command1_Click()
    i = Combo1.ListIndex + 1                       'ListIndex 返回被选中项的序号
    Text1.Text = S(i).No
    Text2.Text = S(i).Name
    Text3.Text = S(i).Score(1)
    Text4.Text = S(i).Score(2)
    Text5.Text = S(i).Score(3)
End Sub
```

8.9.6 数据修改窗体

数据修改窗体 ModiFrm.frm 的运行界面如图 8－16 所示。添加适当的标签、文本框、及命令按钮等控件，可以通过【上一条】、【下一条】浏览记录，可直接在文本框中修改相应的内容后，单击【保存】按钮存盘，具体设计如下。

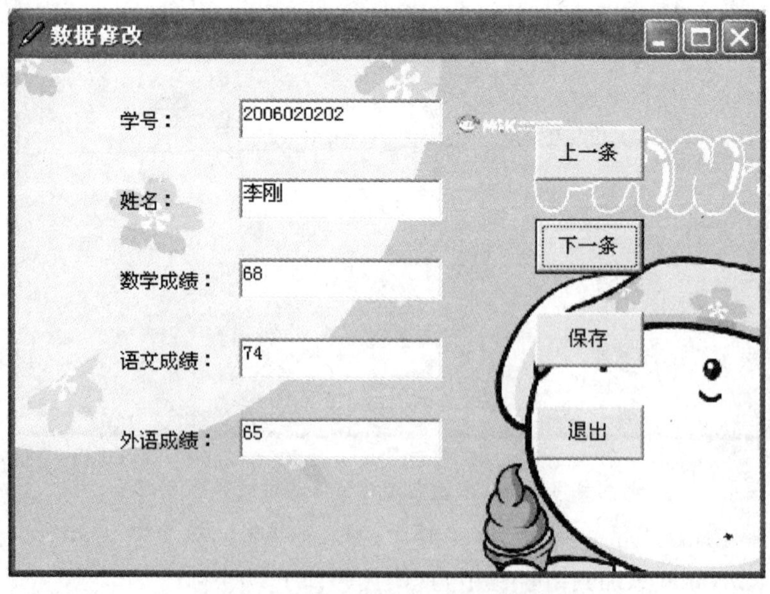

图 8－16　数据修改窗体的运行界面

1）先将文件中的数据读到数组 S(i)中，用 RecordNo 存放当前记录号，用 record_Num 存放记录数，并将第一条记录显示在相应的文本框中。其代码如下：

```
Dim S(1 To 100) As StudentType
Dim RecordNo As Integer
Dim record_Num As Integer
Private Sub Form_Load()
  filenum = FreeFile
  Open App.Path & "\data.dat" For Random As #filenum Len = Len(Stu)
  record_Num = LOF(filenum) / Len(Stu)
  For i = 1 To record_Num
    Get #1, i, S(i)
  Next i
  Text1 = S(1).No
  Text2 = S(1).Name
  Text3 = S(1).Score(1)
  Text4 = S(1).Score(2)
  Text5 = S(1).Score(3)
  RecordNo = 1
  Close #1
End Sub
```

2）当单击【上一条】按钮时，当前记录号减 1，如果大于 0 则在文本框中显示相应的上一条记录，否则提示【已到首记录!】。其代码如下：

```
Private Sub Command3_Click()
  RecordNo = RecordNo - 1
  If RecordNo > 0 Then
    Text1 = S(RecordNo).No
    Text2 = S(RecordNo).Name
    Text3 = S(RecordNo).Score(1)
    Text4 = S(RecordNo).Score(2)
    Text5 = S(RecordNo).Score(3)
  Else
    RecordNo = RecordNo + 1
    MsgBox "已到首记录!", 48, "提示"
  End If
End Sub
```

3）当单击【下一条】按钮时，当前记录号加 1。如果小于等于记录数 record_Num 则在文本框中显示相应的下一条记录，否则提示【已到末记录!】。其代码如下：

```
Private Sub Command4_Click()
  RecordNo = RecordNo + 1
  If RecordNo <= record_Num Then
    Text1 = S(RecordNo).No
    Text2 = S(RecordNo).Name
    Text3 = S(RecordNo).Score(1)
    Text4 = S(RecordNo).Score(2)
    Text5 = S(RecordNo).Score(3)
```

```
  Else
    RecordNo = RecordNo - 1
    MsgBox "已到末记录!", 48, "提示"
  End If
End Sub
```

4）当单击【保存】按钮时，将文本框中的内容写到数组的对应记录上，并将数组的内容写回到文件里。其代码如下：

```
Private Sub Command1_Click()
  S(RecordNo).No = Text1
  S(RecordNo).Name = Text2
  S(RecordNo).Score(1) = Text3
  S(RecordNo).Score(2) = Text4
  S(RecordNo).Score(3) = Text5
  filenum = FreeFile
  Open App.Path & "\data.dat" For Random As #filenum Len = Len(Stu)
  For i = 1 To record_Num
    Put #1, i, S(i)
  Next i
  Close #1
End Sub
```

8.9.7 数据删除窗体

数据删除窗体 DelFrm.frm 的运行界面如图 8-17 所示，添加适当的标签、文本框及命令按钮等控件，可以通过【上一条】、【下一条】浏览记录。其设计思路同数据修改窗体，当单击【删除】按钮时，在数组中删除当前记录，然后在将数组的内容写回到文件中。其代码如下：

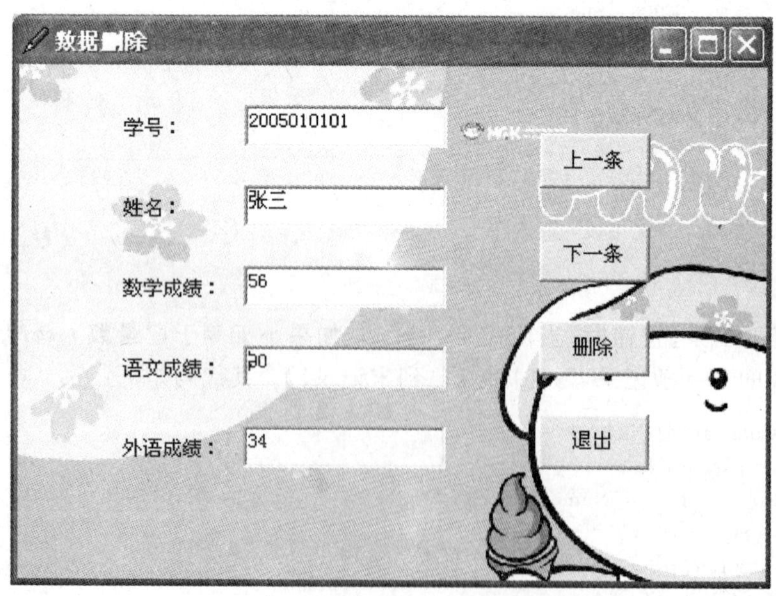

图 8-17　数据删除窗体的运行界面

```
  Private Sub Command1_Click()
a = MsgBox("真的要删除此记录吗", vbYesNo + vbQuestion, "提示")
If a = vbYes Then
  record_Num = record_Num - 1
  For i = RecordNo To record_Num
    S(i).No = S(i + 1).No
    S(i).Name = S(i + 1).Name
    S(i).Score(1) = S(i + 1).Score(1)
    S(i).Score(2) = S(i + 1).Score(2)
    S(i).Score(3) = S(i + 1).Score(3)
  Next i
  If Dir(App.Path & "\data.dat") <> "" Then Kill App.Path & "\data.dat"
                                                    '如果文件 data.dat 存在将其删除
  filenum = FreeFile
  Open App.Path & "\data.dat" For Random As #filenum Len = Len(Stu)
  For i = 1 To record_Num
    Put #1, i, S(i)
  Next i
  Close #1
 End If
End Sub
```

8.9.8 数据浏览窗体

数据浏览窗体 PrtFrm.frm 的运行界面如图 8-18 所示。先判断数据文件 data.dat 是否存在，如果不存在则显示“没有数据可以浏览!”，然后判断数据文件 data.dat 是否有字节，如果无内容则显示“没有数据可以浏览!”，否则将数据从文件中读出来，并利用 Print 将其显示在窗体上。其代码如下：

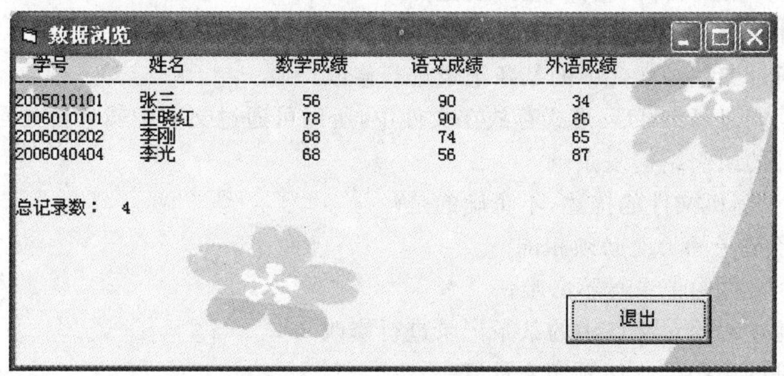

图 8-18 数据浏览窗体的运行界面

```
  Private Sub Form_Activate()
Dim i As Integer, filenum As Integer
If Dir(App.Path & "\data.dat") = "" Then              '判断文件是否存在
  MsgBox "没有数据可以浏览!", vbOKOnly + vbInformation, "错误"
```

```
    Unload Me
  ElseIf FileLen(App.Path & "\data.dat") = 0 Then        '判断文件是否有内容
    MsgBox "没有数据可以浏览!", vbOKOnly + vbInformation, "错误"
    Unload Me
  End If
  filenum = FreeFile
  Open App.Path & "\data.dat" For Random As #filenum Len = Len(Stu)
  record_Num = LOF(filenum) / Len(Stu)
  Print "  学号"; Tab(15); " 姓名  "; Tab(30); "数学成绩"; Tab(45); "语文成绩"; Tab(60); "外语成绩" '打印表头
  Print "————————————————————————————————————"
  For i = 1 To record_Num
    Get #filenum, i, Stu
    Print Trim(Stu.No); Tab(15); Trim(Stu.Name); Tab(33); Trim(Stu.Score(1)); Tab(48); Trim(Stu.Score(2)); Tab(63); Trim(Stu.Score(3))        '显示读取的记录
  Next i
  Close #filenum
  Print
  Print
  Print "总记录数:  " & record_Num
End Sub
```

 习题 8

(1) 选择题

1. 下面关于顺序文件的描述,正确的是(　　)。
   A. 每条记录的长度必须相同
   B. 可通过编程对文件中的某条记录进行修改
   C. 数据能以 ASCⅡ码形式存放在文件中,所以可通过文本编辑软件显示
   D. 文件的组织结构复杂
2. 下面关于随机文件的描述,不正确的是(　　)。
   A. 每条记录的长度必须相同
   B. 一个文件中记录号不必唯一
   C. 可通过编程对文件中的某条记录进行修改
   D. 文件的组织结构比顺序文件复杂
3. 如果使用 Open 语句打开随机文件进行操作,则 For 子句后应使用的打开模式应该为(　　)。
   A. Append　　B. Input　　C. Random　　D. Output
4. 若要设置文件列表控件的路径,则需要使用属性(　　)。
   A. FileName　　B. Pattern　　C. Path　　D. Drive

5. 使用文件系统对象模型对文件进行操作时,如果向打开的文本文件添加一个空行,需要使用 TextStream 对象的(　　)方法。

A. WriteBlankLines　B. Write　C. WriteLine　D. OpenTextFile

6. Print # 1,STR1 $ 中的 Print 是(　　)。

A. 文件的写语句　B. 在窗体上显示的方法

C. 子程序名　D. 以上均不是

(2) 填空题

1. 根据不同的标准,文件可分为不同的类型。例如,根据数据性质,可分为(　　)文件和(　　)文件;根据数据的存取方式和结构,可分为(　　)文件和(　　)文件;根据数据的编码方式,可分为(　　)文件和(　　)文件。

2. 在窗体上添加一个驱动器列表框、一个目录列表框和一个文件列表框,其名称分别为 Drive1,Dir1 和 File1,为了使它们同步操作,必须触发(　　)事件和(　　)事件,在这两个事件中执行的语句分别为(　　)和(　　)。

3. 在 Visual Basic 中,顺序文件的读操作通过(　　)、(　　)语句或(　　)函数实现。随机文件的读写操作分别通过(　　)和(　　)语句实现。

4. 为了建立一个随机文件,其中每一条记录由多个不同数据类型的数据项组成,应使用(　　)。

(3) 编程题

1. 建立一个学生成绩文件,每个记录包括学号、姓名、性别、数学、英语、电子,分别将其存入顺序文件、随机文件,数据通过键盘输入。

2. 创建简单的文本编辑器。在窗体上添加 4 个命令按钮(【新建】、【打开】、【保存】、【退出】)、一个公共对话框和一个文本框。在文本框中显示【新建】或【打开】的文本内容。

第 9 章 数据库

随着现代社会的快速发展，各种信息迅猛增加，如何有效地组织和管理大量数据就显得十分重要了。数据库技术是管理数据的一种有效方法。对于大量的数据来说，它比使用文件存储和管理数据更加的高效。VB 提供了强大的数据库访问能力，并且可以利用可视化编程工具和向导，快速地创建数据库应用程序。所以 VB 已经成为开发数据库应用程序的一个重要工具。

本章将主要讨论数据库的基本概念和利用 VB 提供的 Data、ADO Data 等控件开发数据库应用程序的基本方法。

9.1 数据库概述

数据库(DataBase，DB)是存放数据的仓库。也可以说，数据库是长期存储在计算机内的、有组织的、可共享的数据集合。它由统一的数据库管理软件，即数据库管理系统(DataBase Management System，简称 DBMS)来管理和控制数据的增加、删除、修改和检索。数据库有多种数据的组织形式，按数据库使用的数据结构模型的不同，可将数据库分为层次数据库、网状数据库、关系数据库和面向对象数据库。

其中，关系数据库(relational database)是目前各类数据库中最重要、最流行的数据库，它应用数学方法来处理数据库数据，并且结构简单，是目前使用最广泛的数据库系统。现在通常所说的数据库一般都是指关系数据库。

本节将以关系数据库为基础，讨论 VB 开发数据库应用程序的基本概念。

9.1.1 数据库基础

所谓关系数据库其实就是二维数据表的集合，通过表之间的联系来定义结构的一种数据库。数据库由若干个二维数据表构成。

1. 表

表(Table)是数据库的基本元素，主要用于保存数据库中的数据。例如，可以创建一个用于存储学生相关信息的数据库，里面包含 3 个数据表：学生基本信息表、成绩表、课程表。如图 9－1 所示。表由许多数据行构成，这些数据行被称为记录(Record)，它存储了某一个学生的基本信息；记录由不同的数据列构成，这些数据列被称为字段(Field)，它代表着记录中的数据子集。根据要存储数据的不同，字段可以设置自己的数据类型和长度范围等，来提高数据存储的效率。

为了快速检索表中的数据，可以在表中建立索引。索引(Index)是提高数据库访问性能的一种手段，目的是实现对数据行的快速、直接存取而不必扫描整个表。索引字段可以是一个或多个字段的组合。索引对字段也可以起到约束作用，即索引也可分为唯一索引和可重复索引。

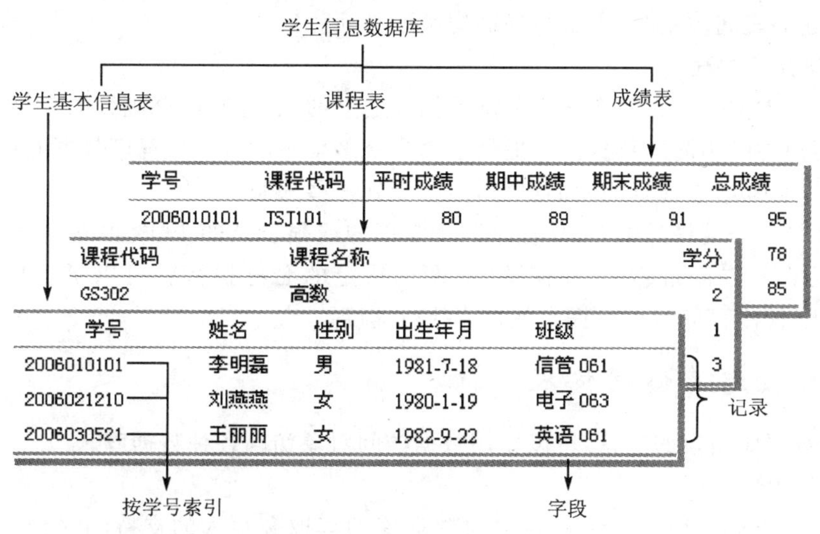

图 9-1 数据库中的表

2. 关 系

表与表之间可以用不同的方式相互关联，即表之间可以存在某种关系。为了建立表之间的关系，需要定义主键与外键。在一个表中，能够唯一标识每个记录的字段或字段的组合称为主关键字，即主键(Primary Key)。例如，可以使用学号作为学生基本信息表中的主键，但不能使用学生名字作为主键，因为学生中有同名的情况发生，不能唯一地区分每个学生。而相对于主键，在另一个表中，对应的字段或字段的组合，称为外部关键字，即外键(Foreign Key)。

通常表之间有三种关系：一对一关系、一对多关系和多对多关系。

例如，如图 9-2 所示，学生基本信息表中的记录，对应于多条成绩表中的记录。也就是说，一个学生有多门课程的成绩，即学生基本信息表与成绩表是一对多的关系；而学生基本信息表与课程表，则是多对多的关系，即一个学生可以学习多门课程，而一门课程又有多名学生学习。

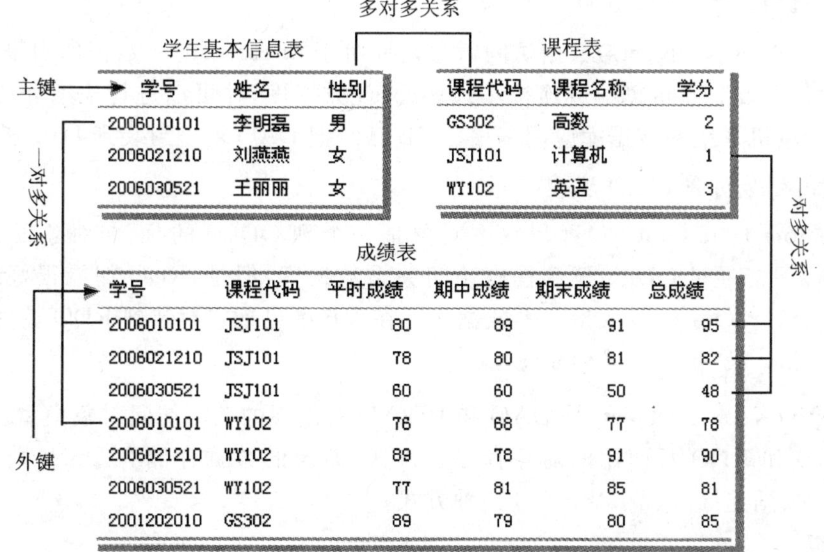

图 9-2 表之间的关系

注意:在建立表间关系时,主键与外键的类型必须一致。

3. 视图与存储过程

视图是一个虚拟表。它是定义在基础数据表之上的,看起来与基础数据表相同,但是却可以定义不同用户访问不同的数据。它提供了用户从多个角度观察数据库数据的机制。视图一经定义,就可以和基本表拥有相同的操作,但会受到一些限制。

存储过程是一个编译过的 SQL 程序。将常用的或很复杂的工作,预先用 SQL 语句写好并用一个指定的名称存储起来,在需要时,调用指定的名称执行就可以了。与使用普通的 SQL 语句相比,使用存储过程可提高数据库执行速度。

9.1.2 VB 数据库访问技术

VB 通过数据库引擎的支持,可以使用数据访问对象访问各种数据库。

1. 数据库引擎

数据库引擎(Database Engine)提供对数据库的读取和写入的支持,并处理内部事务,如索引、锁定、安全性和引用完整性等。内置的查询处理器可以接收和执行 SQL 查询操作。

VB 提供了对 Microsoft Jet 数据库引擎的内在支持。Jet 引擎负责处理存储、检索、更新数据,并提供了功能强大的面向对象的 DAO 编程接口。Microsoft Jet 引擎在 VB 程序运行时,被链接到程序中,并提供对数据库的访问能力。VB 的数据库引擎默认支持 Microsoft Access 数据库。

除此之外,VB 还提供了对索引顺序访问方法(ISAM)数据库,如 Dbase,FoxPro,Text Files,Paradox 等的支持。VB 还可以访问任何支持 ODBC 标准的数据库,如 Microsoft SQL Server,Oracle,Sybase 等数据库。

2. 数据访问对象模型

在 VB 中,可用的数据访问对象模型有:数据访问对象(DAO)、远程数据对象(RDO)和 ActiveX 数据对象(ADO)。

(1) 数据访问对象(DAO)

DAO(Data Access Objects)数据访问对象是针对于 Microsoft Jet 数据库引擎开发的数据访问接口。允许开发者直接创建或连接本地 Access 数据库,并可以进行检索和修改等操作。DAO 最适用于单机系统的数据库应用程序。VB 已经把 DAO 模型封装到 Data 控件里。

(2) 远程数据对象(RDO)

RDO(Remote Data Objects)远程数据对象是一个到 ODBC 的、面向对象的数据访问接口。虽然 RDO 只能通过 ODBC 驱动程序访问关系数据库,但是,RDO 却能很好地远程连接和访问 SQL Server,Oracle 等大型关系数据库。在 VB 中也把它封装到 RDO 控件里。

(3) ActiveX 数据对象(ADO)

ADO(ActiveX Data Object)是 DAO 和 RDO 以后出现的数据访问对象模型。ADO 融合和扩展了 DAO 和 RDO 所使用的对象模型。ADO 涉及的数据存储有 DSN(数据源名称)、ODBC(开放式数据连接)以及 OLE DB 三种方式。

3. 记录集

在 VB 中使用数据访问对象对数据库进行访问时,往往需要从数据库中获得相关的数据

记录，然后对这些数据记录进行相应的处理，如修改、删除和添加等。这些从数据库中通过数据访问对象获得的数据记录的集合，称为记录集(Recordset)。

VB 的记录集有三种类型。分别是表类型(Table)、快照类型(Snapshot)和动态集类型(Dynaset)。在表类型记录集上所进行的增加、删除、修改等数据操作都将直接更新到数据表；在动态集类型记录集上所进行的增加、删除、修改等数据操作都先在内存中进行，然后更新到相应的数据表中，比较而言，速度较快，但内存开销较大；而在快照类型记录集中的数据仅供读取而不能更改，适用于进行查询工作，比较而言，速度快，但功能有限。

4. VB 数据库应用程序体系结构

VB 数据库应用程序一般包含用户界面、数据访问对象、数据库引擎和数据库文件。如图 9-3 所示，用户通过程序界面接口与应用程序进行交互，提出数据处理请求。这些请求通过数据访问对象的方法与属性在数据库引擎的支持下对数据库进行如添加、删除、修改、更新和查询等操作。

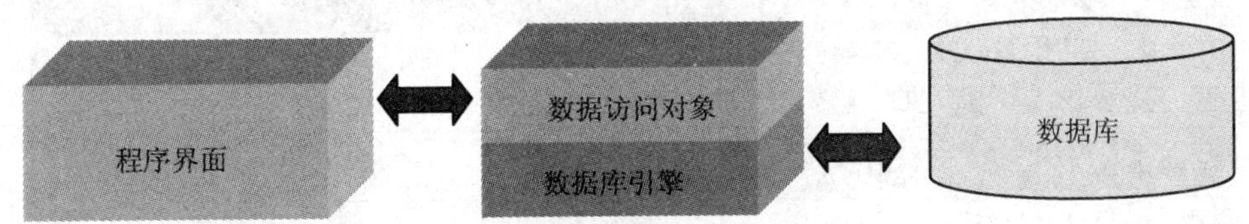

图 9-3　数据库应用程序体系结构

数据访问对象提供了良好的访问数据库的编程模型，而数据库引擎提供了访问物理数据库的性能支持。它们独立于程序界面与物理数据库文件，从而实现了用户对数据库的"透明"访问。

在不同的体系结构中，数据库引擎与数据库的位置关系不同。在客户/服务器系统中，数据库引擎和数据库一起被放置在服务器上，数据库引擎可以同时向多个客户机的应用程序提供数据操作服务；在分布式系统中，用户界面程序、数据访问部件、数据库引擎与数据库可能分别在不同的计算机中；而在单机系统中，应用程序界面、数据库引擎与数据库都在本地计算机中。

9.2　数据管理器

VB 为了方便建立数据库、数据表和进行数据查询等相关数据库操作，提供了一个小巧且实用的数据库工具，即可视化数据管理器(Visual Data Manager)。数据管理器是一个独立的外接程序。它可以单独运行，也可以在 VB 集成开发环境(Integrated Development Environment，IDE)中启动它。

本节将介绍如何使用数据管理器创建数据库和建立表结构以及进行相关的数据操作。

9.2.1　创建数据库

利用可视化数据管理器不但可以创建 Microsoft Access 数据库，还可以创建和打开 Dbase、FoxPro、Text Files、Paradox 和 ODBC 等数据库文件。

1. 启动数据管理器

在 VB 集成开发环境中，单击【外接程序】菜单下的【可视化数据管理器】菜单命令，打开可视化数据管理器 VisData 窗口。如果是默认安装，也可以到默认的安装位置"C:\Program Files\Microsoft Visual Studio\VB98"目录下，运行 VisData. exe。

2. 创建数据库

使用可视化数据管理器可以建立多种类型的数据库。下面以建立 Microsoft Access 数据库为例，具体步骤如下：

1) 选择【文件】菜单中的【新建】命令，在弹出的子菜单中，单击 Microsoft Access 项，弹出下级菜单，单击 Version 7.0 MDB 项。

2) 在创建数据库对话框中选择保存数据库的路径，输入数据库文件名字。

3) 单击【保存】按钮后，出现如图 9-4 所示窗口。

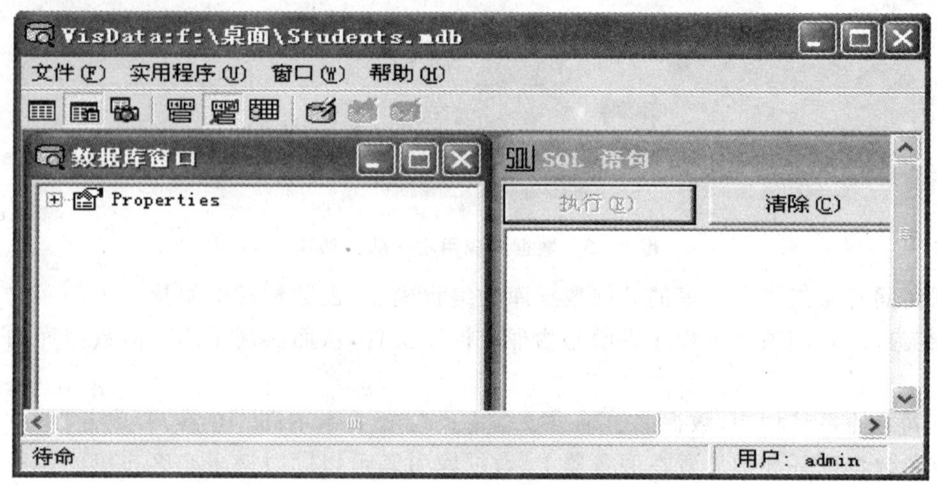

图 9-4 可视化数据管理器窗口

9.2.2 建立表结构

利用可视化数据管理器建立数据库后，就可以向该数据库中添加数据表。

1. 建立数据表结构

建立数据表结构的步骤如下：

1) 打开已经建立的 Microsoft Access 数据库。

2) 在【数据库窗口】中右击，在出现的快捷菜单中单击【新建表】，会弹出【表结构】对话框，如图 9-5 所示。在【表结构】对话框中，必须输入【表名称】。可以通过【添加字段】和【删除字段】按钮进行字段的添加和删除，结果将会在【字段列表】中显示。可以使用同样方法处理索引。

3) 单击【添加字段】按钮，打开【添加字段】对话框。在对话框中填入字段名、选择对应的类型和长度。并考虑是否选择【固定字段】、【可变字段】、【允许零长度】、【必要的】等复选项。还可以定义验证规则来限制字段的取值和指定插入记录时字段的默认取值。当所有字段添加完毕后，单击【关闭】按钮，返回【表结构】对话框。

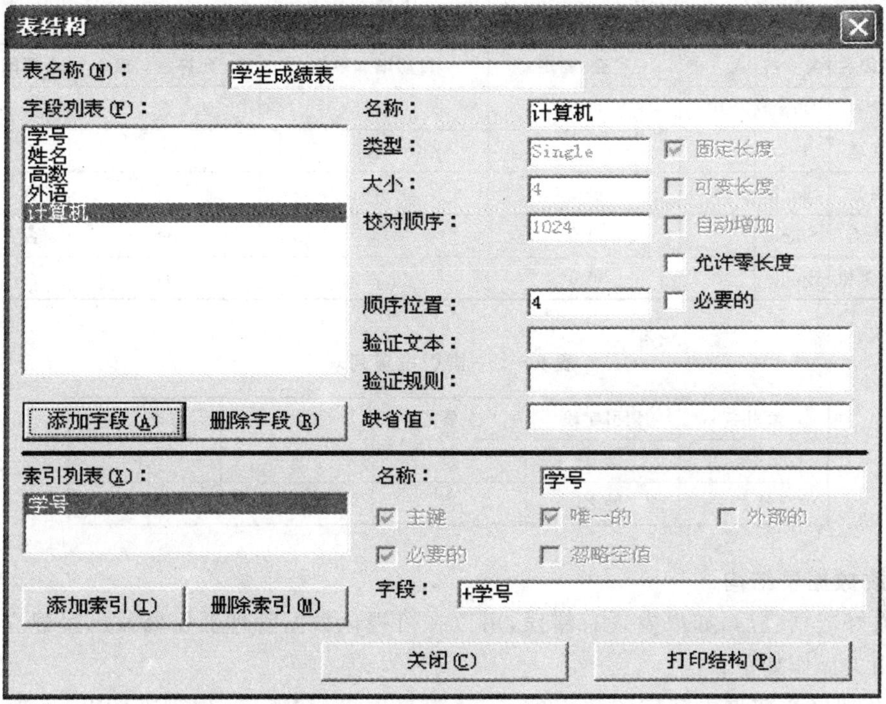

图 9-5　【表结构】对话框

注意：一个表中字段名称不能重复，根据数据的性质和实际存储情况，选择适当的字段类型，有助于提高数据的存储效率。

4）单击【表结构】对话框中的【添加索引】按钮，打开【添加索引】对话框。填入索引名，并选择建立索引的字段。也可以设置索引是否为唯一索引。如选择【主要的】复选项，则为建立主键。

注意：索引有两个功能，一个是对输入的内容进行约束，即输入值是否可重复；另一个是提高系统的检索速度。可以对经常进行查询的字段设置索引；但要根据实际情况，不可设置太多。

5）表的相关结构建立和设置完成后，便会生成相应的数据表。

例 9.1：利用可视化数据管理器创建一个 Access 数据库文件，文件名为 Students.mdb。并建立一个数据表，表名为“学生成绩表”。

建立上述结构的数据库步骤如下：

1）选择【文件】菜单中的【新建】命令，建立一个 Microsoft Access 7.0 的数据库，在创建数据库对话框中输入 Students 要创建的数据库文件名。**注意**：不必输入扩展名，系统默认为.mdb。

2）在【数据库窗口】右击，在出现的快捷菜单中单击【新建表】。在【表结构】对话框中建立如表 9-1 所示的字段和表 9-2 所示的索引。

表 9－1　字段设置列表

字段名	类　型	大　小	可变/固定	自动增加字段	允许零长度	必要的
学号	Text	10	可变	否	否	是
姓名	Text	8	可变	否	否	否
高数	Single	4	可变	否	否	否
外语	Single	4	可变	否	否	否
计算机	Single	4	可变	否	否	否

表 9－2　索引设置列表

索引名	索引字段	主要的	唯一	忽略为空
学号	学号	是	是	否
姓名	姓名	否	是	否

2. 修改数据表结构

在建立好数据表后，如果发现有错误，可以在可视化数据管理器中修改已经建立的数据表的结构。相关操作如下：

1）打开要修改数据表结构的数据库。在【数据库窗口】右击，出现如图 9－6 所示的快捷菜单。

2）在快捷菜单中单击【设计】菜单命令，打开【表结构】。修改完表结构后，单击【关闭】按钮。

注意：可以用类似的方法对建立好的数据表进行重命名和删除等操作。

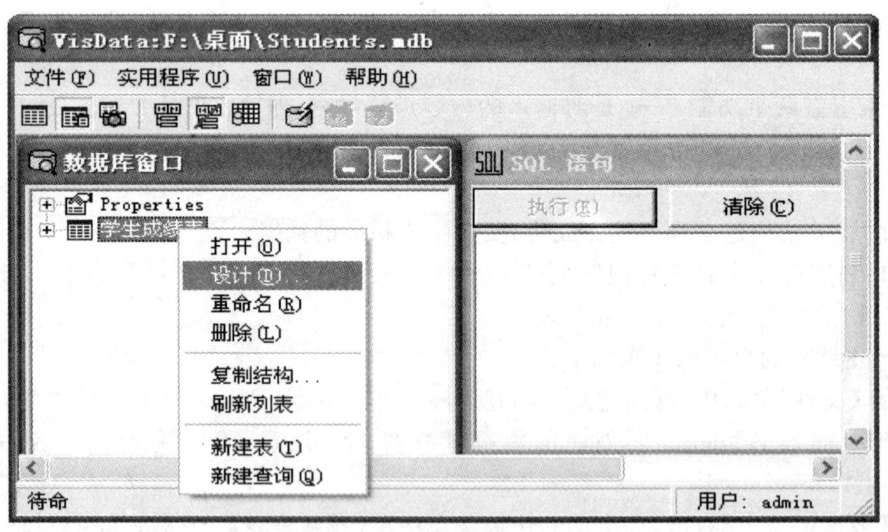

图 9－6　【数据库窗口】中的鼠标右键菜单

9.2.3 编辑表中的数据

利用数据管理器可以完成对数据表的操作，如记录的输入、修改和删除等。也可以使用不同的记录集类型打开数据表，改变数据的显示方式以及进行简单的事务管理。

1. 数据管理器的工具栏

可视化数据管理器的工具栏由【记录集类型按钮组】、【数据显示按钮组】和【事务方式按钮组】三部分组成。

【记录集类型按钮组】可以用表类型、快照类型和动态集类型三种记录集打开数据表；【数据显示按钮组】可以使用Data控件、不使用Data控件和使用DBGrid控件三种方式显示数据；【事务方式按钮组】可以开始事务、回滚事务和提交事务。

注释：事务是作为单个逻辑工作单元执行的一系列操作。也就是说，这一系列的操作如果都成功执行，则成功提交事务，只要有一个操作没有成功执行，则这一系列操作都被取消，即回滚事务。

2. 数据记录的输入、修改与删除

在【数据管理器】的工具栏中选择相应的记录集类型，显示数据使用的控件和开始事务，就可以打开数据表记录处理窗口进行记录的添加、取消、更新、删除、查找、刷新等操作了。

例9.2：向例9.1创建的数据库的学生成绩表中，录入如表9-3所示的基本数据，并进行修改和删除等操作。操作步骤如下：

1）用【数据管理器】打开例9.1建立的数据库Students.mdb。

2）在工具栏【记录集类型按钮组】中单选【表类型】按钮；在【数据显示按钮组】选择【使用Data控件】按钮。

3）在【数据库窗口】选择【学生成绩表】，右击，在快捷菜单中单击【打开】菜单项。

4）在数据表编辑界面里，单击【添加】菜单项按钮，录入表9-3中的一条数据记录。单击【更新】按钮，将数据保存到数据库中。使用相同的方法依次录入表9-3中的其他数据记录。

5）单击【删除】和【查找】等按钮进行相关数据操作。

表9-3 学生成绩表

学　号	姓　名	高　数	外　语	计算机
2006010101	李丽君	87	88	89
2006010102	王贤良	91	84	79
2006010103	张小军	67	76	94
2006010104	吴晓絮	54	93	91
2006010105	刘丽	88	91	84

9.2.4 使用【数据窗体设计器】自动生成代码

使用【数据窗体设计器】可以不必手工编写任何代码，就能自动创建用于浏览、修改和查询数据的数据库应用程序，并能把它们添加到当前的VB工程中。【数据窗体设计器】菜单项在可视化数据管理器的【实用程序】菜单中。

注意:必须在 VB 的开发环境中打开数据管理器,并用数据管理器打开一个数据库后,该菜单项才会有效地显示出来。

例 9.3:在例 9.2 的示例数据库 Students. mdb 的基础上,利用【数据窗体设计器】建立一个简单的数据库应用程序,使之具有基本的数据浏览、添加、删除和修改功能。操作步骤如下:

1) 启动 Microsoft VB 中文版。

2) 在集成开发环境中,单击【外接程序】菜单,打开【可视化数据管理器】。

3) 在【可视化数据管理器】中,打开例 9.2 的示例数据库 Students. mdb。

4) 单击【实用程序】菜单,执行【数据窗体设计器】菜单命令,弹出【数据窗体设计器】对话框。

5) 在【数据窗体设计器】对话框中按要求输入自动生成的窗体名称 Students,在【记录源】组合框中选择【学生成绩表】,这时【可用的字段】列表框中列出学生表的所有字段,单击 >> 按钮将其全部移到【包括的字段】列表框中,如图 9-7 所示。

6) 单击【生成窗体】按钮,当所有字段消失后,数据窗体已经被加到当前的工程中。在工程中生成的数据窗体以 frmStudents 文件名保存。自动生成的窗体如图 9-8 所示。

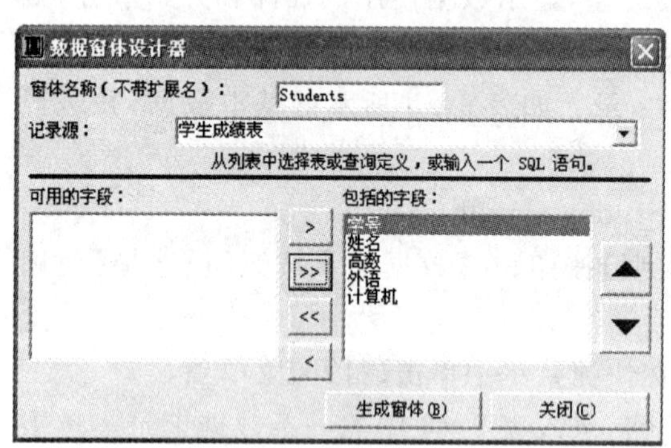

图 9-7　数据窗体设计器

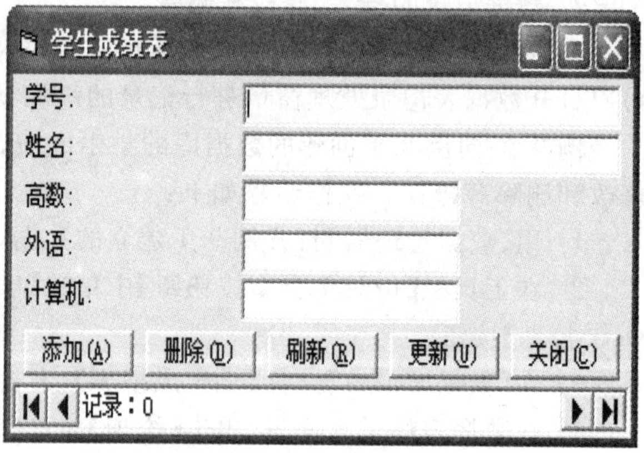

图 9-8　自动生成的窗体

注意:图 9-8 所示窗体是系统自动生成的,其中包括 5 个标签、5 个文本框、5 个命令按钮和一个 Data 控件,并且相关事件中的代码也已经自动生成了。但是生成的窗体较简单,需要在此基础上进一步修改完善。

7) 单击【关闭】按钮,关闭【数据窗体设计器】对话框。

9.3 Data 控件与数据绑定控件

VB 提供了强大的数据库引擎接口,并将其集成到了 Data 控件中。Data 控件与 DBGrid、DBCombo、DBList 等数据绑定控件一起使用,可以快速地开发出实用的数据库应用程序。

数据绑定控件、Data 控件与数据库之间的关系如图 9-9 所示。

图 9-9　数据控件、数据绑定控件与数据库的关系

本节将介绍 Data 控件和数据绑定控件的基本属性、方法和事件，以及利用它们进行数据库应用程序开发的基本方法。

9.3.1　数据绑定控件

数据绑定是指控件中的数据与数据库中的数据保持实时一致，即当控件中的数据发生变化时，数据库中的相对应的数据也发生同样的变化。数据绑定控件是在普通的控件的基础上扩展了数据绑定功能。一般具有 DataSource 属性的控件都具有数据绑定功能。

1. 基本类型

VB 提供了众多的数据绑定控件。大致可以简单地将其分为以下两大类：

(1) 内部绑定控件

这类控件是指在工具箱中默认放置的具有绑定特性的控件，如 PictureBox，CheckBox，LableBox，TextBox，ComboBox，ListBox 和 ImageBox。这些控件也是常用的数据绑定控件。

(2) 外部绑定控件

这类控件是为不同的绑定任务设计的，如 DBGrid，DBCombo，MSChar 和 DBList 等控件。这些数据绑定控件主要与 Data 控件配合使用。VB 还增添了绑定 OLE DB 数据源的控件，如 DataGrid，Datalist，DataCombo，DataRepeater，MSHFlexGrid 等控件，它们需要与 ADO 控件配合使用。

外部绑定控件一般不会默认显示在工具箱中，需要手动添加到工具箱中。通过【工程】菜单下的【部件】菜单命令来添加，如图 9－10 所示，在工具箱中添加 DBGrid，DBCombo 和 DBList 控件图标。

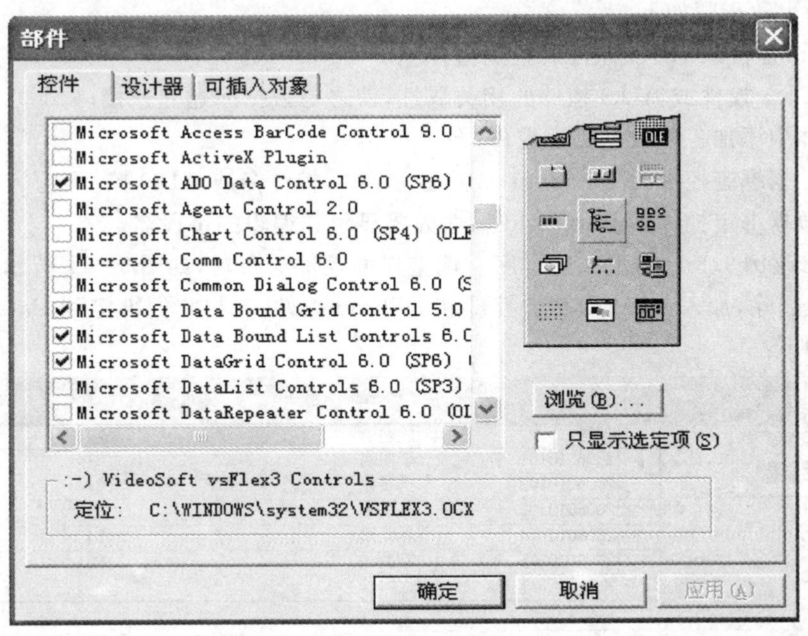

图 9－10　向工具箱中添加控件的【部件】对话框

2. 常用属性

(1) DataSource 属性

该属性设置绑定的数据源,一般是 Data 控件。VB 支持对控件的动态绑定。动态绑定是在程序运行的期间,使用代码来改变绑定控件的数据源。动态绑定允许在运行期间绑定几乎所有形式的数据源。

(2) DataField 属性

该属性设置绑定控件要显示的字段。

(3) DataFormat 属性

该属性设置数据源数据在控件中的显示格式。设置该属性对于数据的存储不产生影响。

(4) DataMember 属性

该属性是允许指定数据源中的特定记录集。如在数据环境(Data Enviroment)中有多个 Command 对象,即可以返回多个记录集,可以设置此属性。但是在 Data 控件、RDO 控件以及 ADO 控件中,由于记录集只有一个,所以此属性不可用。

(5) DataChange 属性

该属性值表明该绑定控件的内容是否发生变化,如果值为 True,则表示绑定控件中的数据已发生改变。可以使用该属性来确定数据发生变化的控件。如果使用的是 ADO 数据控件,在 WillChangeField 事件中检查 Fields 参数,也可以达到相同的效果。

3. 使用方法

数据绑定控件必须与数据控件配合才能完成数据处理任务。在数据库应用程序中使用数据绑定控件的大致步骤如下:

1) 将 Data 控件或 ADO 控件放置到窗体上。

2) 设置 Data 控件或 ADO 控件的相关属性,使之与数据库建立连接。

3) 向窗体中添加各种数据绑定控件。

4) 设置数据绑定控件的 DataSource 属性为 Data 控件名或 ADO 控件名。

5) 设置数据绑定控件的 DataField 属性为要显示和编辑的字段名。

例 9.4:修改例 9.3 自动生成的程序。调整界面控件与布局,如图 9-11 所示,将姓名标签对应的文本框删除,加入 MaskEdBox 控件和 DBGrid 控件,并将它们绑定到 Data 控件中。具体操作步骤如下:

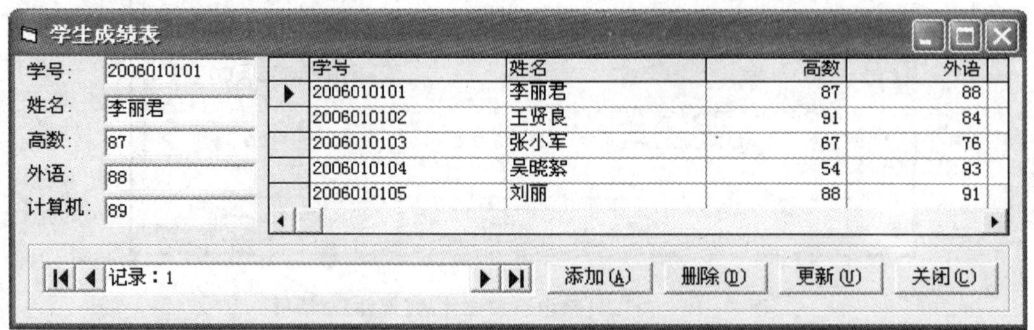

图 9-11　调整后的学生成绩表窗体

1）打开例 9.3 自动生成的程序。

2）将 MaskEdBox 控件和 DBGrid 控件加入到工具箱中。在【工程】菜单中，打开【部件】对话框。在【控件】选项卡中，选则 Microsoft Masked Edit Control 6.0和 Microsoft Data Bound Grid Control 5.0(SP3)部件，单击【确定】按钮后，MaskEdBox 控件和 DBGrid 控件便被添加到工具箱中，DBGrid 控件显示的图标是▦，MaskEdBox 控件显示的图标是##|。

3）将 MaskEdBox 控件和 DBGrid 控件加入到窗体中，调整布局如图 9－11 所示。

4）设置 MaskEdBox 控件和 DBGrid 控件的相关属性，如表 9－4 所列。

表 9－4　数据绑定控件属性设置

控　件	属性名	设置值
MaskEdBox	名称	MskNo
	DataSource	Data1
	DataField	学号
DBGrid	名称	DBGStudents
	DataSource	Data1

9.3.2　Data 控件

Data 控件是 VB 中访问 Access 数据库的常用控件。它支持大多数与数据库有关的数据操作。Data 控件可以不用编写代码就能完成对数据库的连接与关闭，打开指定的数据表和查询以及与数据绑定控件配合实现数据的检索和更新等操作。Data 控件默认显示在工具箱中，图标为▤。

1. 基本属性

Data 控件提供了访问数据库的许多属性。其中基本属性有 Connect 属性、DatabaseName 属性、RecordsetType 属性和 RecordSource 属性。对这些属性进行正确的设置，才能正常的访问数据库。

(1) Connect 属性

该属性设置连接的数据库的类型。VB 可以访问 Microsoft Access，dBASE 和 FoxPro 等类型的数据库。

注意：如果处理的是 Access 格式的数据库，不需要设置这个属性，因为 Connect 属性默认类型为 Microsoft Access。

(2) DatabaseName 属性

该属性设置访问的数据库的名称和路径。不同类型的数据库有不同的设置。

注意：如果连接的是 Microsoft Access 的数据库 C:\Samples\Students.mdb，则此属性应设置为 C:\Samples\Students.mdb；如果连接的是 FoxPro 数据库 C:\Samples\FoxPro.mdb，则此属性应设置为 C:\Samples，而 RecordSource 属性设置为 FoxPro.dbf。

(3) RecordsetType 属性

该属性设置创建的 Recordset 对象的类型。其设置类型有：表记录集类型(dbOpenTable)、动态集类型(dbOpenDynaset)和快照类型(dbOpenSnapshot)。

(4) RecordSource 属性

该属性设置要访问的数据源，即记录集。Data 控件根据 RecordType 设置的类型返回不同的记录集数据。如果要使用数据库中表，则此属性设置为表名；如要使用数据库多个表中的数据，则此属性应设置为 SQL 查询语句串。

(5) BOFAction 属性

当该属性 BOF 为 True 时，表明记录指针移动到了第一条记录之上，即记录指针移动出了记录集的有效记录范围之外。

(6) EOFAction 属性

当该属性 EOF 为 True 时，表明记录指针移动到了第一条记录之上。

例 9.5：建立一个 VB 工程，在工程中建立一个窗体，将 Data 控件和其他控件放到窗体上，如图 9-12 所示。设置数据控件与例 9.3 的示例数据库 Students. mdb 的连接并将其他控件与数据控件相绑定。

操作步骤如下：

1) 启动 VB 中文版，建立一个工程，名称为 Sample_DAO。

2) 在工程中建立一个窗体，在窗体中放置一个 Data 控件和其他一些基础控件。窗体界面如图 9-12 所示，设置命令按钮控件名称属性，依次为 cmdAdd，cmdDelete，cmdRefresh，cmdUpdate，cmdFind，cmdClose，cmdFirst，cmdPrevious，cmdNext，cmdLast；设置命令按钮控件的 Caption 属性，依次设置为添加(&A)、删除(&D)、刷新(&R)、更新(&U)、查找(&Q)、关闭(&C)、第一条(&F)、上一条(&P)、下一条(&N)、最末条(&L)。设置文本框控件名称属性，依次设置为 txtNo，txtName，txtMaths，txtEnglish，txtComputer。设置 Image 控件，名称为 ImgBookMark。

3) 设置 Data 控件的相关属性，如表 9-5 所示。

表 9-5　Data 控件属性设置表

属性名	属性值
名称	Data1
Connect	Access
DatabaseName	Students. mdb
RecordsetType	1—Dynaset
RecordSource	学生成绩表
Align	2—Align Bottom

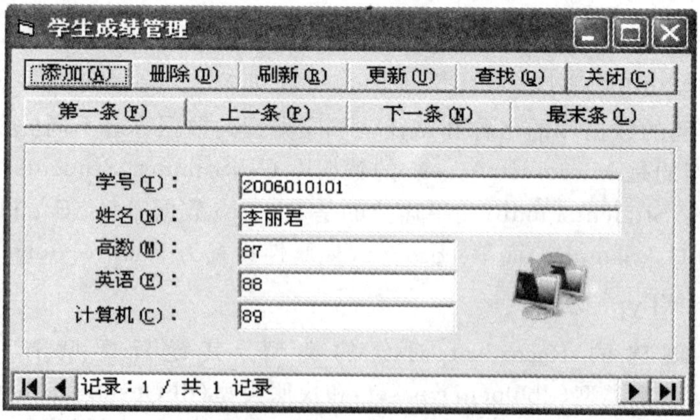

注意：如果仅连接默认的 Access 数据库，一般设置 DatabaseName 属性和 RecordSource 属性，即可完成数据库与 Data 控件的连接。DatabaseName 属性设置时，不指定数据库的具体路径，则系统认为数据库在程序运行的当前目录中。

图 9-12　学生成绩管理窗体

2. 基本方法

Data 控件提供了处理记录集中数据的许多方法。其中常用的方法有 Refresh 方法、

UpdateRecord 方法和 UpdateControls 方法等。

(1) Refresh 方法

该方法可以在 Data 控件打开或重新打开数据库的内容时,更新 Data 控件的数据设置。如果在程序运行时设置了 Data 控件的某些属性,如 Connect,DatabaseName,RecordSource 等属性时,则必须使用 Refresh 方法更新设置。

(2) UpdateRecord 方法与 UpdateControls 方法

这两个方法都有更新数据的作用。UpdateRecord 方法更新当前记录集内容到数据库中,但不触发 Validate 事件;而 UpdateControls 方法是将 Data 控件记录集中的当前记录填充到数据绑定控件。

3. 基本事件

Data 控件提供了 Validate 事件、Reposition 事件和 Error 事件等基本事件。通过 Data 控件的事件,可以更好的控制记录集的检索与更新操作。

(1) Validate 事件

该事件在记录改变之前和使用删除、更新或关闭操作之前触发。Validate 事件过程有两个参数:Action 和 Save。其中 Save 参数返回数据是否发生变化;而 Action 参数返回触发 Action 事件的操作。如果 Action=0 则会取消对 Data 控件的操作。Validate 事件一般可用来检查输入数据的有效性。

例 9.6:打开示例工程 Sample_DAO,利用 Validate 事件加入数据检查功能,检查输入学号的长度不小于 10。

程序代码如下:

```
Private Sub Data1_Validate(Action As Integer, Save As Integer)
  If Save And Len(Trim(txtNo)) < 10 Then
    Action = 0
    MsgBox "学号长度不够,请输入学号的正确形式!", vbExclamation + vbOKOnly
    txtNo.SetFocus
  End If
End Sub
```

思考:利用 IsNumeric( )函数,在此事件过程中加入检查代码,使输入的各科成绩必须是 0 到 100 之间的数值。

(2) Reposition 事件

该事件在某一个记录成为当前记录后触发。通常是利用该事件确定当前的记录指针的位置。

例 9.7:打开示例工程 Sample_DAO,编写在 Data 控件上显示当前记录号的代码。

```
Private Sub Data1_Reposition()
  Data1.Caption = "记录:" & (Data1.Recordset.AbsolutePosition + 1)
End Sub
```

(3) Error 事件

该事件在 Data 控件产生执行错误时触发。Error 事件过程有 DataErr 和 Response 两个

参数。其中 DataErr 为返回的错误号；而 Response 为设置要执行的动作，为 0 时表示继续执行，为 1 时显示错误信息。

例 9.8：打开示例工程 Sample_DAO，在数据控件的 Error 事件中加入错误捕获代码。

```
Private Sub Data1_Error(DataErr As Integer, Response As Integer)
  MsgBox "数据错误事件命中错误:" & Error$(DataErr)
  Response = 0            '忽略错误
End Sub
```

9.3.3 Recordset 对象

Recordset 是由 Data 控件返回的选定的记录集对象。设置 Recordset 的属性和使用 Recordset 的方法可以编码实现对数据库记录的增加、删除、修改、更新和查找等操作。

1. 基本属性

Recordset 的基本属性包括 Bookmark 属性和 AbsolutePosition 属性。两个属性与数据记录的位置有关。

(1) Bookmark 属性

该属性设置记录的书签。它的作用和我们在生活中阅读书籍使用的书签一样，标识记录集中的记录的位置，以便在需要时快速定位记录。

注意：存储书签的变量应该是 Variant 类型。

例 9.9：打开示例工程 Sample_DAO，加入书签功能。在 Image 控件的单击事件中编写书签设置代码。实现单击图片控件时，在当前记录中设置书签，然后浏览其他记录时，当再单击该图片控件时能快速的定位到书签位置。

```
Private Sub ImgBookMark_Click()
  '设置书签
  Static bflag As Boolean
  Static BookMark As Variant
  bflag = Not bflag
  If bflag Then
    If Data1.Recordset.Bookmarkable Then
      BookMark = Data1.Recordset.BookMark
      MsgBox "书签设置完成！再次点击会回到书签位置", vbInformation + vbOKOnly
    End If
  Else
    If Data1.Recordset.Bookmarkable Then Data1.Recordset.BookMark = BookMark
  End If
End Sub
```


(2) AbsolutePosition 属性

该属性指示当前记录的位置。它常与 Data 控件的 Reposition 事件一起使用来显示记录的位置信息。

(3) RecordCount 属性

该属性对 Recordset 对象中的记录集进行计数。在使用时最好先将记录指针由首记录移

动到最后一条记录，再读取 RecordCount 属性的值。

例 9.10：打开示例工程 Sample_DAO，在 Data 控件上显示数据记录总数。

```
Private Sub Data1_Reposition()
  On Error Resume Next
  Dim CurRecord As String
  Dim CountRecord As String
  CurRecord = "记录：" & (Data1.Recordset.AbsolutePosition + 1)
  CountRecord = " /共 " & Data1.Recordset.RecordCount & "记录"
  Data1.Caption = CurRecord & CountRecord
End Sub
```

(4) NoMatch 属性

该属性主要与 Bookmark 属性或 Find 方法一起使用。在记录集中查找指定记录时，返回是否找到匹配的记录。如果找到，则此属性为 False，否则为 True。

2. 基本方法

使用 Recordset 的基本方法可以实现对数据记录的增加、删除、修改、更新和查找等操作。

(1) Move 方法

该方法可以通过下面 5 种方式遍历整个记录集。

1) MoveFirst 方法：将记录指针移动到第一条记录。

2) MoveNext 方法：将记录指针移动到下一条记录。

3) MovePrevious 方法：将记录指针移动到上一条记录。

4) MoveLast 方法：将记录指针移动到最后一条记录。

5) Move [n]方法：向前或向后移动 n 条记录。

使用上述方法可以方便地浏览记录集中的记录。

格式：

记录集对象.Move 方法

说明：其中 Move 方法可以根据需要使用 5 种方式之一。

例 9.11：打开示例工程 Sample_DAO，在记录导航按钮(第一条、上一条、下一条、最末条)的单击事件中，添加记录浏览代码。

```
Private Sub cmdFirst_Click()
  Data1.Recordset.MoveFirst                    '移动记录指针到第一条记录
End Sub
Private Sub cmdPrevious_Click()
  Data1.Recordset.MovePrevious                 '将记录指针移动到上一条记录
If Data1.Recordset.BOF Then Data1.Recordset.MoveFirst
  '如记录指针上移超出记录范围(BOF 为真)，则定位记录指针到第一条记录
End Sub
Private Sub cmdNext_Click()
  Data1.Recordset.MoveNext                     '将记录指针移动到下一条记录
  If Data1.Recordset.EOF Then Data1.Recordset.MoveLast
  '如记录指针下移超出记录范围(EOF 为真)，则定位记录指针到第一条记录
```

```
End Sub
Private Sub cmdLast_Click()
  Data1. Recordset. MoveLast                    '移动记录指针到最后一条记录
End Sub
```

注意:Data 控件有记录浏览功能,单击其上的三角形图标按钮即可实现记录浏览,无须编写代码。这个例子仅为练习 Move 方法。

(2) Find 方法

该方法可以在指定的条件下,查找记录,如果找到就定位为当前记录,否则记录指针不动。与 Recordset 的 NoMatch 属性组合可以判断是否找到符合条件的记录。Find 查找方法只适用于动态集类型和快照集类型的记录集。

1) FindFirst 方法:从第一条记录开始向后查找。

2) FindLast 方法:从最后一条记录开始先前查找。

3) FindNext 方法:从当前位置向后查找。

4) FindPrevious 方法:从当前位置向前查找。

格式:

记录集对象. Find <条件字符串表达式>

说明: <条件字符串表达式>可以使用 Like 运算符。

例 9.12:打开示例工程 Sample_DAO,在程序中加入按学号查找学生的功能。

```
Private Sub cmdFind_Click()
  Dim strFind As String                         '按输入的学号,查找学生成绩
  strFind = InputBox("请输入学生的学号:", "查找窗口")
  Data1. Recordset. FindFirst "学号='" & strFind & "'"
  If Data1. Recordset. NoMatch Then
    MsgBox "没有发现符合条件的记录!", vbExclamation + vbOKOnly
  End If
End Sub
```

思考:如果查找的学号是数值型数据,则查找代码可以改为:

Data1. Recordset. FindFirst "学号=" & strFind

例 9.13:修改例 9.12,按学生姓名查找,使用 Like 进行模糊查找,并能够依次浏览所有符合条件的记录。

```
Private Sub cmdFind_Click()                                        '按输入的姓名, 进行模糊查找
  Static flag As Integer                                           '设置执行首次查找的标记
  Static strFind As String
  flag = flag + 1
  If flag = 1 Then
    strFind = InputBox("请输入学生的姓名:", "查找窗口")            '输入查找条件进行
    Data1. Recordset. FindFirst "姓名 Like '" & strFind & "'"      '查找符合条件的第一条记录
  Else
    Data1. Recordset. FindNext "姓名 Like '" & strFind & "'"       '继续查找符合条件的记录
  End If
```

```
    If Data1.Recordset.NoMatch Then
        MsgBox "没有发现符合条件的记录!", vbExclamation + vbOKOnly
        flag = 0                                    '复位标记,进行其他查找
    End If
End Sub
```

(3) Seek 方法

该方法可以在表记录集类型的记录集中查找记录。

注意:该方法必须和索引一起使用。和 Recordset 的 NoMatch 属性组合可以判断是否找到符合条件的记录。

格式:

记录集对象.Seek <比较运算符>,<条件 1>,<条件 2>,……

例 9.14:修改例 9.13 中的代码,使用 Seek 方法实现查找功能。

```
Private Sub cmdFind_Click()                         '使用 Seek 方法实现查找功能
    Dim strSeek As String
    Data1.RecordsetType = 0                         '设置记录集类型为 Table
    Data1.RecordSource = "学生成绩表"                '打开数据表
    Data1.Refresh                                   '刷新,使设置生效
    Data1.Recordset.Index = "学号"                   '打开索引
    strSeek = InputBox("请输入学生的学号:", "查找窗口")
    Data1.Recordset.Seek "=", strSeek
    If Data1.Recordset.NoMatch Then
        MsgBox "没有发现符合条件的记录!", vbExclamation + vbOKOnly
    End If
End Sub
```

(4) AddNew,Edit,Delete 和 Update 方法

AddNew 方法用于添加一条新记录。实际上该方法只是在缓冲区中加入新的记录,只有使用 Update 方法才能将新记录添加到记录集并更新到数据库。

Edit 方法将当前记录放入缓冲区,供用户进行编辑记录的操作,和 AddNew 方法一样,只有使用 Update 方法,才会将编辑的记录保存到记录集并更新到数据库。

Delete 方法用于删除一条记录。该方法删除记录后不可恢复。

Update 方法用于进行记录集中记录的更新。

注意:如果使用 AddNew 和 Edit 方法之后,没有及时地使用 Update 方法更新,并移动了记录指针,则缓冲区中的数据将被清空,原来输入的信息将会丢失,不会存入记录集中,所以 AddNew 方法与 Edit 方法总是和 Update 方法一起使用。

例 9.15:打开示例工程 Sample_DAO,向程序中加入添加、编辑、删除等功能。

```
Private Sub cmdAdd_Click()                          '添加记录
    If cmdAdd.Caption = "添加(&A)" Then
        Data1.Recordset.AddNew
        cmdAdd.Caption = "保存(&S)"
    Else
```

```
    Data1. Recordset. Update
    cmdAdd. Caption = "添加(&A)"
  End If
End Sub
Private Sub cmdDelete_Click()                           '删除记录
  On Error Resume Next                                  '记录集中唯一的记录被删除时,
                                                        '会出错,用 On Error 捕获
  Data1. Recordset. Delete
  Data1. Recordset. MoveNext
  If Data1. Recordset. EOF Then Data1. Recordset. MoveLast   '删除记录集的最后一条记录
End Sub
Private Sub cmdRefresh_Click()                          '刷新记录集
  Data1. Refresh                                        '多用户应用程序才需要
End Sub
Private Sub cmdUpdate_Click()                           '更新数据控件的记录集
  Data1. UpdateRecord
End Sub
```

9.4 ADO 数据控件

VB 将 ADO 数据访问对象集成到 ADO 数据控件中,充分地发挥了 OLE DB 的数据访问模式的优点,使 VB 数据库编程更加轻松、高效。

本节将讨论 ADO 对象模型与利用 ADO 数据控件的基本属性、方法和事件开发数据库应用程序的方法。

9.4.1 ADO 对象模型

ADO(ActiveX Data Object)数据访问对象是 Microsoft 处理数据库的接口技术。它扩展数据访问对象(DAO)、远程数据对象(RDO)和开放数据库互联(ODBC)三种数据访问方式。它是一种充分利用 OLE DB 的数据访问模式的一种 ActiveX 对象。

ADO 对象模型定义了一个可编程的分层对象集合,主要包括 Connection、Command 和 Recordset 等对象,以及 Errors、Parameters 和 Fields 等集合对象。ADO 对象层次结构如图 9-13所示。

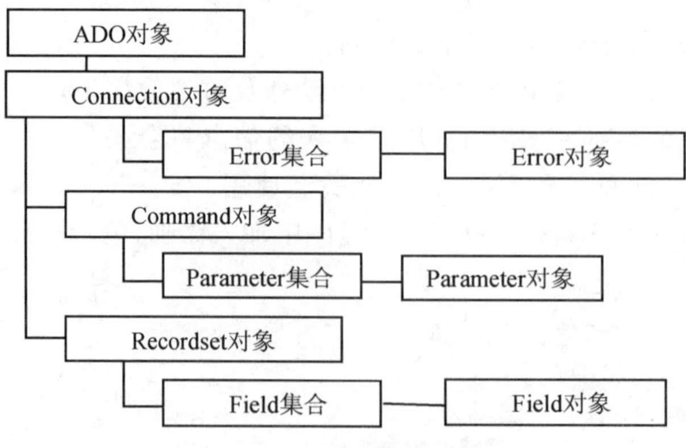

图 9-13 ADO 对象层次结构

其中,Connection 对象包含关于某个数据提供程序的信息。其主要用于连接数据源;Command 对象包含执行命令的信息,如查询字符串、参数定义等,主要用于获得数据源中的数据;Recordset 对象主要用来存储数据操作返回的记录集。

注意:使用 ADO 对象必须先引用 ADO 的对象库。使用【工程】菜单中的【引用】菜单命令,在【引用】对话框中,选择 Microsoft ActiveX Data Objects 2.0 Library 选项。

9.4.2　ADO 数据控件的使用

ADO 数据控件与 VB 固有的 Data 控件功能相似。使用 ADO 数据控件,可以利用 Microsoft ActiveX Data Objects(ADO)对象模型的数据访问能力,快速建立数据绑定控件和数据提供者之间的连接。ADO 控件不仅可以连接数据库、打开指定的数据表、定义查询、存储过程和表的视图等,还可以将数据字段的数值与数据绑定控件绑定。

ADO 数据控件没有默认出现在工具箱中,需要使用【工程】菜单上的【部件】菜单命令,打开【部件】对话框,选择 Microsoft ADO Data Control 6.0 选项,这样,VB 的控件工具箱上才会出现 ADO 控件图标。

1. 基本属性

ADO 数据控件提供了用于数据库连接的常用属性。

(1) ConnectionString 属性

该属性用来建立到数据源的连接。ADO 控件没有 DatabaseName 属性,它使用 ConnectionString 属性与数据库建立连接。该属性包含了用于与数据源建立连接的相关信息,ConnectionString 属性带有 3 个基本参数,如表 9-6 所列。

表 9-6　ConnectionString 属性的主要参数

参　数	描　述
Provide	指定数据源的名称
Data Source	指定数据源所对应的文件名
Persist Security Info	是否采用系统集成安全验证

例 9.16:建立一个工程 Sample_ADO,添加一个窗体(学生成绩管理窗体),在窗体上添加 ADO 数据控件,并设置 ConnectionString 属性,让 ADO 控件链接示例数据库 Students.mdb。具体操作步骤如下:

1) 单击 ADO 数据控件,并在【属性】窗口中单击 ConnectionString 属性的"..."按钮,出现【属性页】对话框。

2) 选择【使用连接字符串】单选按钮,创建一个连接字符串,单击【生成】按钮,出现如图9-14 所示的【数据链接属性】对话框。

3) 在【提供程序】选项卡中选择 Microsoft Jet 4.0 OLE DB Provider。在【连接】选项卡中,指明数据库的存放位置,如图 9-14 所示。

4) 在创建连接字符串后,单击【确定】按钮。

注意: ConnectionString 属性将使用一个类似于下面一行的字符串来填充:

```
Provider=Microsoft.Jet.OLEDB.4.0;Data Source=f:\桌面\Students.mdb;Persist Security Info=False
```

在运行时,可以动态地设置 ConnectionString 属性。例如:

```
Adodc1.ConnectionString = "Provider=Microsoft.Jet.OLEDB.4.0;Data Source=f:\桌面\Students.
```

mdb;Persist Security Info=False"

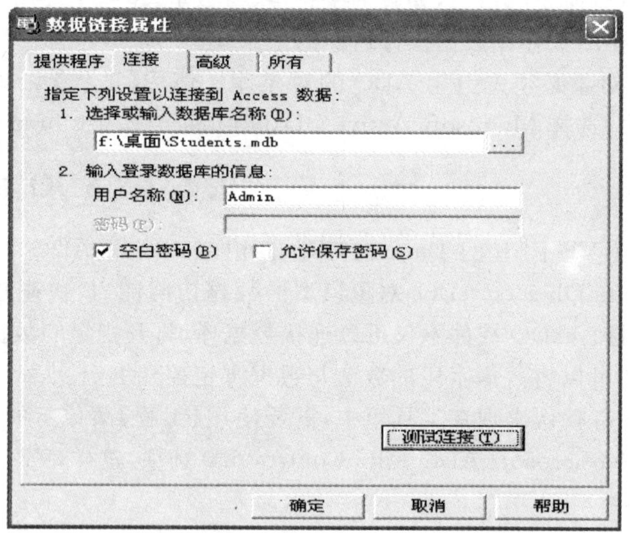

图 9-14 【数据链接属性】的【连接】选项卡

(2) RecordSource 属性

该属性确定具体可访问的数据。这些数据构成记录集对象 Recordset。该属性值可以是数据库中的表名、存储过程名或是 SQL 查询字符串。例如:

SELECT * FROM 学生成绩表 WHERE 高数<60 or 外语<60 or 计算机<60

(3) CommandType 属性

该属性用于指定 RecordSource 属性的取值类型。该属性有如下类型可供选择:dCmdUnknown(默认值、未知类型)、adCmdTable(表)、adCmdText(SQL 查询字符串)、adCmdStoreProc(存储过程)

(4) UserName 属性

该属性指定用户名,指定该属性使数据库受密码保护。

(5) Password 属性

该属性指定密码。访问受保护的数据库时需要给出密码才能进行正常的连接访问。

2. 基本方法

与 Data 控件类似,ADO 数据控件提供了常用的数据处理方法。

(1) MoveFirst,MoveLast,MoveNext 和 MovePrevious 方法

该类方法与 Data 控件类似,主要用于在 ADO 数据控件中移动记录指针。

(2) AddNew 方法、UpdateBatch 方法和 CancelUpdate 方法

该方法用于在 ADO 数据控件的记录集中添加一条新记录。在录入完添加的数据后,应调用 UpdateBatch 方法保存记录到数据库,或者调用 CancelUpdate 方法取消保存。

(3) Delete 方法

该方法用于删除 ADO 数据控件记录集中的当前记录。

(4) UpdateControls 方法

该方法用于更新绑定控件的内容。

3. 基本事件

ADO 控件的常用事件如下：

(1) WillMove 和 MoveComplete 事件

WillMove 事件在当前记录的位置即将发生变化前触发，如使用 ADO 数据控件上的按钮移动记录位置。MoveComplete 事件则是在位置改变完成后触发。

(2) WillChangeField 和 FieldChangeComplete 事件

WillChangeField 事件是当前记录集中当前记录的一个或多个字段发生变化前触发。而 FieldChangeComplete 事件则是当字段的值发生变化后触发。

(3) WillChangeRecord 和 RecordChangeComplete 事件

WillChangeRecord 事件是当记录集中的一个或多个记录发生变化前触发。而 RecordChangeComplete 事件则是当记录变化完成后触发。

4. 新增数据绑定控件的使用

随着 ADO 对象模型的引入，VB 除了保留以往的一些绑定控件外，又提供了一些新的成员。这些新成员主要有 DataGrid，DataCombo，DataList，DataReport，MSHFlexGrid，MSChart 控件和 MonthView 等控件。

注意：这些新增绑定控件必须使用 ADO 数据控件进行绑定，而不能使用 Data 控件来绑定。新增绑定控件的具体属性、方法与事件，请看参 MSDN 帮助。

VB 在绑定控件上不仅对 DataSource 和 DataField 属性在连接功能上做了改进，又增加了 DataMember 与 DataFormat 属性使数据绑定功能更加完善。DataMember 属性允许处理多个数据集，DataFormat 属性用于指定数据内容的显示格式。

例 9.17：使用工程 Sample_ADO，利用 ADO 数据控件和 DataGrid 数据网格控件浏览示例数据库 Students. mdb，并能进行基本的编辑功能。程序界面如图 9－15 所示。

学生成绩管理

	学号	姓名	高数	外语	计算机
	2006010101	李丽君	87	88	89
	2006010102	王贤良	91	84	79
	2006010103	张小军	67	76	94
	2006010104	吴晓絮	54	93	91
	2006010105	刘丽	88	91	84
*					

Adodc1

图 9－15 使用 DataGrid 控件的窗体

具体操作步骤如下：

1) 打开 Sample_ADO 工程。选择例 9.16 建立的【学生成绩管理】窗体。

2) 使用【工程】菜单上的【部件】菜单命令，打开【部件】对话框，选择 Microsoft DataGrid

Control 6.0(OLEDB)选项,使 DataGrid 数据网格控件图标出现在工具箱上。

3) 将 DataGrid 控件放置到【学生成绩管理】窗体上。设置 DataGrid 网格控件的 DataSource 属性为 Adodc1,将 DataGrid1 绑定到数据控件 Adodc1 上。

注意: 在 DataGrid 网格内的记录集,可以通过 DataGrid 控件的 AllowAddNew、AllowDelete 和 AllowUpdate 属性设置来控制增加、删除和修改等操作。

4) 改变 DataGrid 网格的布局,右击 DataGrid 控件,在弹出的快捷菜单中选择【检索字段】选项。也可以在 DataGrid 控件上右击,在弹出的快捷菜单中单击【属性】选项,在如图 9-16 所示的【属性页】对话框中进行相应的设置。

注释: 图 9-15 中标有(号的记录行表示允许增加新记录。

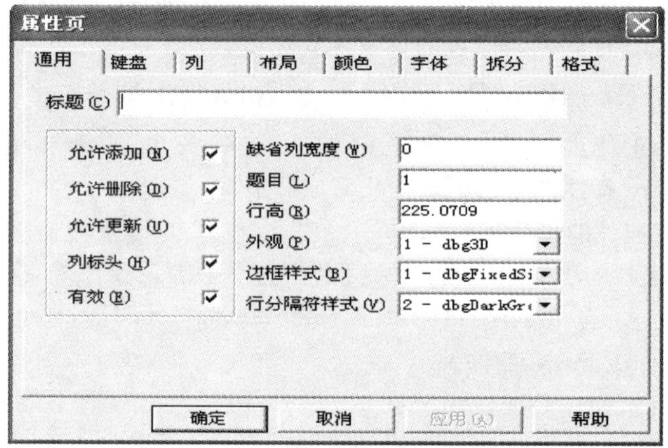

图 9-16 【属性页】对话框

9.5 结构化查询语言(SQL)

结构化查询语言(SQL,Structure Query Language)是目前被广泛使用的一种通用的关系数据库操作语言。SQL 语言是一种非过程的语言,即只需要给出查询目标而与查询的执行过程无关。由于它与自然语言类似,简单实用而被很多数据库系统和软件系统支持。

本节将介绍 SQL 语言的基础知识和 SQL 语言在 VB 中的使用方法。

9.5.1 SQL 语言基础

1. SQL 语言的组成

SQL 语言由命令、子句、运算、函数等组成。

1) 命令:SQL 命令包括 CREATE、DROP、ALTER、SELECT、INSERT、UPDATE、DELETE、GRANT、REVOKE 等。SQL 使用这些命令进行数据定义、数据操纵、数据查询和数据控制等。

2) 子句:SQL 命令中的子句用来修改查询条件,常用的 SQL 子句有 FROM、WHERE、GROUP BY、HAVING 和 ORDER BY。

3) 运算符:主要有逻辑运算和比较运算两类,如 AND,OR,NOT,＜,＜＝,＞,＞＝,

<>,=,BETWEEN,LIKE,IN 等。

4) 函数:SQL 利用函数可以对记录组进行操作,并返回单一计算结果。常用的 SQL 函数是统计函数,如 AVG,COUNT,SUM,MAX,MIN 等。

2. SQL 的查询语句

在 VB 中 SQL 可以实现数据的获取,记录的插入、删除和更新,对表数据的统计,以及建立、修改、删除表和索引等功能。其中大部分的功能可以由 SELECT 查询语句来完成。SQL 查询的结果是记录集。

SELECT 查询语句的基本格式:

```
SELECT <*|字段表>
FORM <表名>
[WHERE <查询条件>]
[GROUP BY <分组字段>][ HAVING <分组条件>]
[ORDER BY <字段名>[ASC|DESC]]
```

说明:

1) SELECT 子句负责显示查询结果中显示的字段。* 号代表显示表中的所有字段。要显示的字段与字段之间用逗号分开,可以使用字段表达式作为查询结果的列,也可以使用统计函数对数据进行统计计算。如 AVG 函数(求字段平均值);COUNT 函数(记录计数);MAX 函数(求字段最大值);MIN 函数(求字段最小值);SUM 函数(字段求和)。

2) FROM 子句用于确定记录来源。表名可以有多个,中间用逗号分隔。当进行多个表的查询时,要注意区分同名字段。使用字段名前加表名的方法区分不同表中的同名字段,如表名。字段名。

例 9.18:针对于示例数据库 Students. mdb 中的【学生成绩表】做如下查询。

① 列出所有字段与全部记录。

SELECT * FROM 学生成绩表

② 统计外语成绩的最高分、最低分、平均分和学生总数。

SELECT MAX(外语),MIN(外语),AVG(外语),COUNT(学号) FROM 学生成绩表

3) WHERE 子句用于规定查询条件,多表时要确定表间的连接条件。在查询条件除了基本的关系运算之外,还包括具有特殊功能的条件表达式。如:

LIKE:一般和通配符("%"代表任意的多个字符和"_"代表任意的一个字符)配合使用,用于模糊查询。

BETWEEN…AND…:显示字段中指定取值范围内的值。

IN:列出与在 IN 中给出的表达式相同的字段值。

NOT:表示相反的关系。

例 9.19:针对于示例数据库 Students. mdb 中的【学生成绩表】做如下查询。

① 查询除了"李丽君"与"刘丽"之外的其他人的计算机课成绩。

SELECT 姓名,计算机 FROM 学生成绩表 WHERE 姓名 NOT IN('李丽君','刘丽')

② 查询名字中有"丽"字的同学的高数成绩。

SELECT 姓名,高数 FROM 学生成绩表 WHERE 姓名 LIKE '%丽%'

4) GROUP BY…HAVING 子句根据 HAVING 子句的条件为分组的依据，进行分组查询。

5) ORDER BY 子句确定查询的排序方式。默认为升序，加 DESC 为降序。

例 9.20:针对于示例数据库 Students. mdb 中的【学生成绩表】，查询所有学生记录，按高数成绩降序显示。

SELECT * FROM 学生成绩表 ORDER BY 高数 DESC

9.5.2 SQL 在 VB 中的使用

SQL 语句在数据库访问中占有重要的位置，为了更方便地使用 SQL 语句，VB 在数据环境设计器中提供了 SQL 生成器。

1. 数据环境设计器

数据环境设计器(Data Environment Designer)是 VB 提供的数据库开发的实用工具。使用数据环境可以轻松地连接数据源。由于数据环境设计器不是 VB 的内部对象，所以需要先在【部件】对话框中的【设计器】选项卡里选择 Data Environment 项、将其加入到当前的工程中。

数据环境设计器连接数据源的步骤如下：

1) 启用数据环境设计器。在【工程】菜单中单击【添加 Data Environment】菜单命令，弹出如图 9-17 所示的窗口。默认添加 Connection1 对象。

2) 设置 Connection 对象。右击 Connection1，在弹出的快捷菜单中单击【属性】项，会弹出如图 9-14 所示的【数据链接属性】对话框。按例 9.16 所述方法建立数据连接。

3) 添加 Command 对象。右击 Connection1，在弹出的快捷菜单中单击【添加命令】项，则会在 Connection1 的下面添加一个 Command1。

注意:在 Connection 对象下也可以添加多个 Command 对象。

4) 设置 Command 对象。右击 Command1，在弹出的快捷菜单中单击【属性】项，则会打开如图 9-18 所示的 Command1 属性对话框。在【通用】选项卡上选择命令所使用的连接以及数据源。

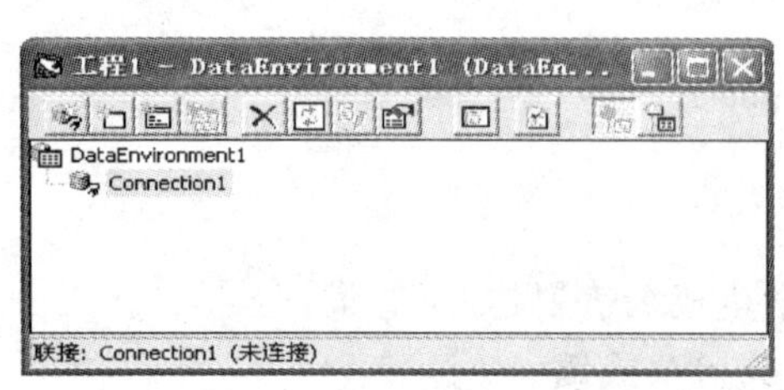

图 9-17 数据环境设计器

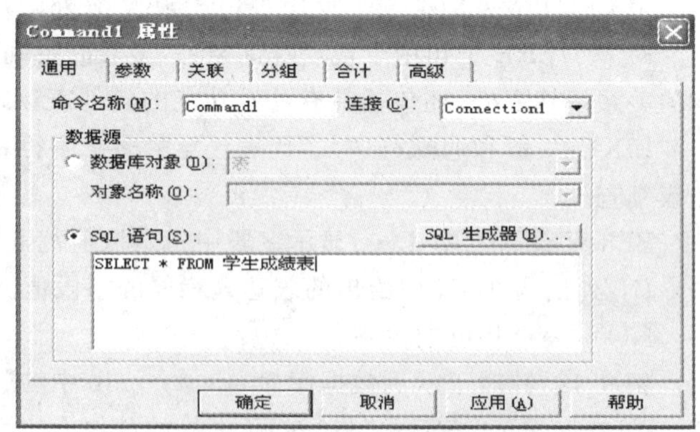

图 9-18 Command 对象属性对话框

2. SQL 生成器

为了更方便地使用 SQL 语句，VB 的数据环境设计器提供了 SQL 生成器。通过 SQL 生

成器可以很容易的生成 SQL 查询语句。如图 9－18 所示，单击 SQL 生成器按钮，就会打开 SQL 生成器。SQL 生成器是数据环境设计器为 Command 对象配备的辅助设计工具。

例 9.21：利用数据环境设计器连接数据源（示例数据库 Students.mdb），并利用 SQL 生成器创建如下 SQL 语句：SELECT　学号，姓名，计算机 FROM　学生成绩表 WHERE　姓名 LIKE '%丽%' ORDER BY　计算机 DESC。

操作步骤如下：

1）在数据环境设计器中建立和设置 Connection 对象。连接示例数据库 Students.mdb。

2）添加和设置 Command 对象。在如图 9－18 中，单击【SQL 生成器】按钮，弹出【SQL 生成器】窗口，同时也打开了如图 9－19 所示的【数据视图】窗口。如图 9－20 所示，SQL 生成器由 4 部分组成。由上至下依次是：对象子窗口（显示表以及表间的关系）；详细设计子窗口（可以对 SQL 语句进行细节上的设置）；SQL 子窗体（显示生成的 SQL 语句）；结果子窗体（显示查询结果）。

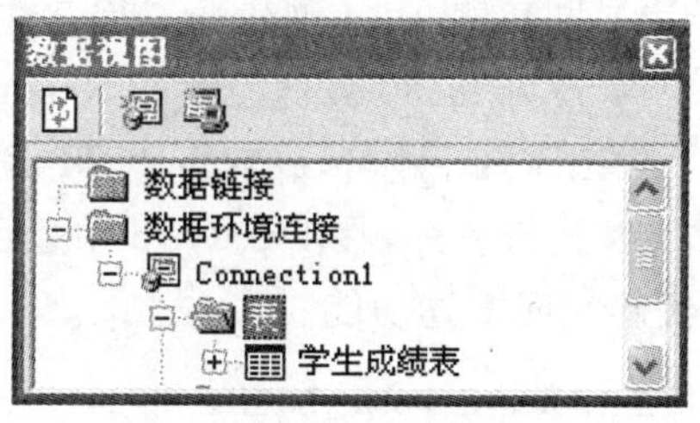

图 9－19　【数据视图】窗口

3）将【数据视图】中的【学生成绩表】拖放到 SQL 生成器中的【对象子窗口】中，这样【对象子窗口】中便会出现【学生成绩表】中的字段，依次单击【学号】、【姓名】与【计算机】字段，这时，在【详细设计子窗口】中会出现相应的字段行；在【姓名】行对应的【准则】列里输入 WHERE 子句的条件【姓名 LIKE '%丽%'】；在【计算机】行对应的【排序类型】列里选择【降序】类型。同时，SQL 子窗体里会显示对应的 SQL 语句。

4）使用 SQL 生成器生成 SQL 语句后，在【对象子窗口】中右击，执行快捷菜单中的【运行】菜单项。SQL 语句成功运行后，会将结果显示在【结果子窗口】中，如图 9－20 所示。关闭 SQL 生成器，保存 SQL 语句。

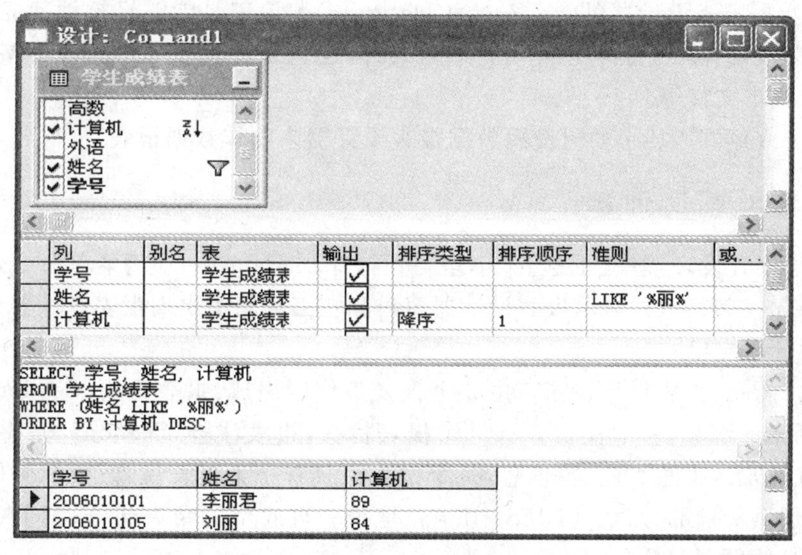

图 9－20　SQL 生成器窗口

3. SQL 语句作为数据集

在 VB 中，程序运行时，可以通过使用 SQL 语句设置相应数据控件的 RecordSource 属性,如使用“数据控件名.RecordSource='SQL 语句'”的格式来建立与数据控件相关联的数据集。SQL 语句还可以与数据访问对象,如 ADO、DAO 等配合使用,在 ADO 中主要是 Command 对象。SQL 的 SELECT 查询功能只是在数据库中检索符合条件的数据记录,而不改变数据库中的数据。

例 9.22:将 SQL 语句(SELECT 姓名,高数 FROM 学生成绩表 WHERE 姓名 LIKE '%丽%')作为 ADO 数据控件的数据集在例 9.17 的程序中使用,并在 DataGrid 表格中显示结果数据。操作步骤如下:

1) 打开例 9.17 创建的工程。在窗体中选择 ADO 数据控件。

2) 设置 ADO 数据控件的 RecordSource 属性为下列 SQL 语句串:

SELECT 姓名,高数 FROM 学生成绩表 WHERE 姓名 LIKE '%丽%'

3) 运行程序,在 DataGrid 中显示查询结果。也可以在窗体的 Load 事件过程里加入相应的代码实现上述功能。

```
Private Sub Form_Load()
  Dim strSQL As String
  strSQL = "SELECT 姓名,高数 FROM 学生成绩表 WHERE 姓名 LIKE '%丽%'"
  Adodc1.RecordSource = strSQL
  Adodc1.Refresh
End Sub
```

9.6 数据报表

报表是以格式化形式输出数据的一种手段,方便数据的阅读和使用。为了方便报表的制作,VB 提供了数据报表设计器(Data Report Designer)。该工具能够轻松地建立分层结构的报表。数据报表设计器除了能够创建可打印报表外,还可以将报表导出为各种格式的数据文件,如 HTML、文本文件等。

本节将主要介绍在 VB 中如何使用数据报表设计器来制作数据报表。

9.6.1 数据报表设计器

在 VB 的集成开发环境中【工程】菜单里,执行【添加 Data Report】菜单命令,工程中会加入一个 DataReport1 对象,并显示报表设计器窗口和在工具箱中出现报表设计器专用的控件。

1. 报表设计器窗口

如图 9-21 所示,报表设计器窗口由 5 个报表工作区组成:报表标头(Section4)是整个报表主标题,最开始的部分,一个报表只有一个报表标头;报表注脚(Section5)是整个报表的结束部分,可以在此加入汇总、署名等信息,一个报表也只有一个报表注脚;页标头(Section2)是每一页的顶部的页标题部分;页注脚(Section3)是每一页底部的结束部分;细节(Section1)是报表要输出的具体数据部分。

2. 数据报表控件工具箱

在数据报表控件工具箱中包含 6 个控件:【标签】控件(RptLabel)在报表上放置静态文本,通常放在报表表头和页表头中;【文本】控件(RptTextBox)在报表上连接并显示字段的数据,

通常放在报表细节中；【图形】控件(RptImage)在报表上添加图片；【线条】控件(RptLine)在报表上绘制直线；【形状】控件(RptShape)在报表上绘制各种形状；【函数】控件(RptFunction)在报表上建立公式，如求和、求平均值、求最大值和最小值等。

9.6.2　用数据报表设计器创建报表

在使用报表设计器创建报表时，一般先使用数据环境设计器建立与数据库的连接。在创建了数据环境对象后，就可以使用【数据报表设计器】创建数据报表了。

1. 创建报表

创建报表的步骤如下：

1）加载并打开数据报表设计器。

2）建立数据环境。

3）根据要求调整和设计各报表区。

2. 报表的使用

创建完报表后，可以在程序中使用报表。如果想预览报表，可以使用报表对象的 Show 方法。格式：<报表对象名>. Show

如果想打印报表，可以使用报表对象的 PrintReport 方法。

格式：<报表对象名>. PrintReport

例 9.23：以示例数据库 Students. mdb 为基础，利用数据报表设计器与数据环境设计器创建数据报表。操作骤如下：

1）打开 Sample_ADO 工程，在工程中添加一个窗体，并在上面放置两个按钮：一个为 Command1，其 Caption 属性设置为【预览报表(&R)】；另一个为 Command2，其 Caption 属性设置为【打印报表(&P)】。

2）加载并打开数据环境设计器，设置 connection1 的连接属性为示例数据库 Students. mdb。在 Connection1 下添加 Command1，并设置其数据源属性为：数据库对象为【表】；对象名称为【学生成绩表】。

3）设置 DataReport1 对象的 DataResource 属性为 DataEnironment1；DataMember 属性为 Command1。

4）设计报表布局。在报表的标头区添加 RptLabel 控件，其 Caption 属性为【学生成绩表】，对字体属性进行设置，使之与图中样式相符；在页标头区添加 5 个 RptLabel 控件，其 Caption 属性分别设置为【学号】、【姓名】、【外语】、【计算机】；在报表脚注区中分别添加一个 RptLabel 控件和三个 RptFunction 控件；再将数据环境设计器中 Command1 对象下的各字段分别拖放到细节区里，布局如图 9－21 所示。

5）设置报表控件的数据绑定，如表 9－7 所列。这里仅列出部分属性设置。

6）在工程窗体中编写【预览报表(&R)】和【打印报表(&P)】按钮事件代码。报表预览窗口如图 9－22 所示。

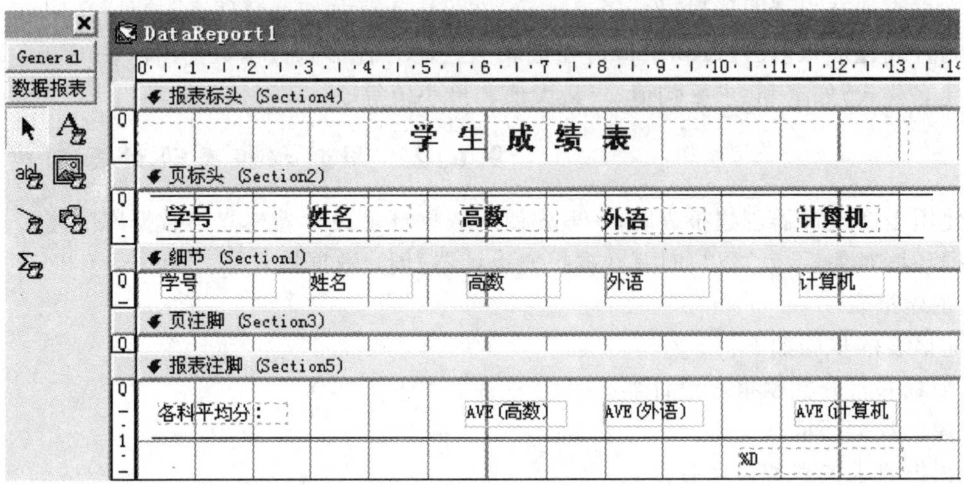

图 9-21 报表设计器窗口

```
Private Sub Command1_Click()
  DataReport1.Show          '显示预览窗口
End Sub
Private Sub Command2_Click()
  DataReport1.PrintReport   '打印报表
End Sub
```

表 9-7 部分报表控件属性设置

控 件	属 性	设置值
RptFunction	DataField	高数
	DataMember	Command1
	DataFormat	数字
	FunctionType	1—vbFuncAve
	……	……
RptTextBox	DataField	高数
	DataMember	Command1
	DataFormat	数字
	……	……

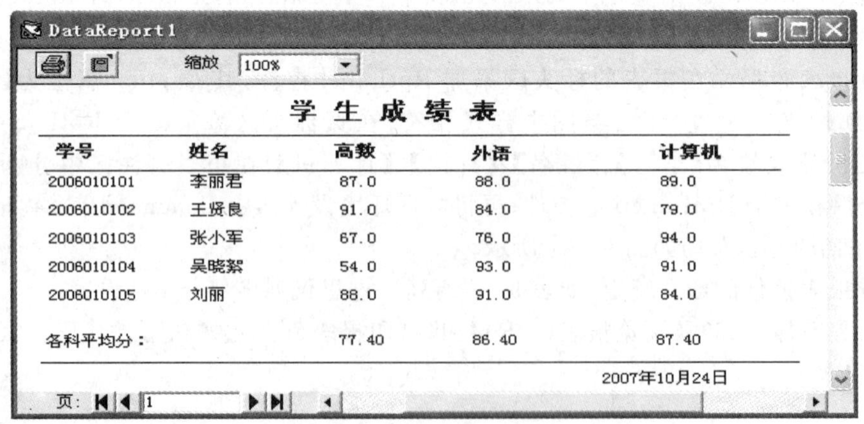

图 9-22 报表预览窗口

9.7　综合应用案例

本节将围绕一个综合的数据库应用程序【学生成绩管理系统】的设计与实现，介绍利用VB开发数据库应用程序的一般步骤和方法，为后续的课程设计做准备。

9.7.1　系统分析

学生成绩管理系统是一个典型的信息管理系统（Management Information System, MIS），其开发的第一步是系统分析，分析系统需要存储哪些数据和需要具备哪些功能。

根据实际情况，系统分析是在开发的总任务基础上进行的。学生成绩管理系统应该对学生的成绩等相关信息进行有效的管理。根据这一原则，应利用数据库存储学生的学号、姓名、性别、班级、所学的相关课程和对应的成绩等数据信息。

学生成绩管理系统需要完成的主要功能有：

1）管理与维护基本的数据，如对数据库中的数据表进行数据的录入、修改、删除和更新等基本操作；

2）根据条件进行信息查询。如可以根据学号或课程查询学生的成绩等；

3）统计成绩并以图表形式显示。如统计学生各科的平均分，并用图表形式显示等；

4）报表输出。能够预览并打印学生的相关成绩；

5）在系统中加入密码保护。只有输入正确密码才能进入系统。

对上述功能进行集中分析整理，按程序设计的相关要求，得到如图 9－23 所示的系统功能框图。

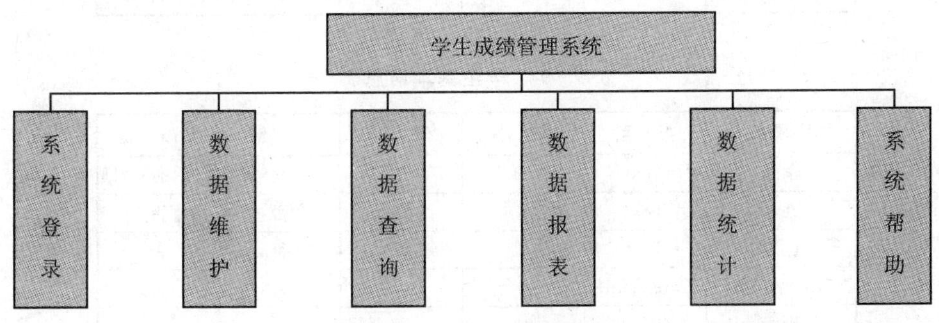

图 9－23　系统功能框图

9.7.2　数据库设计与实现

数据库在一个信息管理系统中占有重要的地位，数据库结构的设计决定着系统的存储效率和性能。合理的数据库结构可以保证数据的完整性和一致性。

1. 设计

按照数据库的设计原则，对在系统分析中保存的数据进行规范化（数据库有一套规范化的理论用来优化数据库的设计，具体内容可以参考相关的书籍），如下所示：

1）学生基本信息（学号、姓名、性别、出生日期、班级）。

2）课程表（课程代码、课程名称、学分）。

3）成绩表（学号、课程代码、平时成绩、期中成绩、期末成绩、总成绩）。

为了数据的完整性和一致性，建立表之间的关系，可以使用 Visio 建立数据库结构模型，如图 9-24 所示。

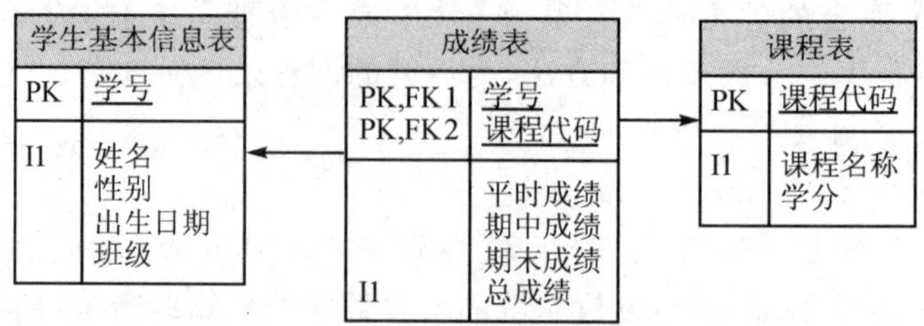

图 9-24 数据库结构模型

注释：图 9-24 中 PK 代表主键，FK 代表外键，I1 代表索引，箭头表示表间关系（一对多）。

2. 实现

可以使用可视化数据管理器或 MS Office Access 来创建数据库，数据库名字为 StuGrade.mdb。如表 9-8、表 9-9、表 9-10 所列，建立数据表、相关字段、索引及键。

具体的创建数据库和数据表及索引的细节操作请参考 9.2 节。

表 9-8 课程表

字段名	类 型	大 小	索 引	主 键	忽略为空
课程代号	Text	10	是	是	否
课程名称	Text	50	是	否	否
学分	Single	4	否	否	否

表 9-9 学生基本信息表

字段名	类 型	大 小	索 引	主 键	忽略为空
学号	Text	10	是	是	否
姓名	Text	8	是	否	否
性别	Text	2	否	否	否
出生日期	Date/Time	4	否	否	否
班级	Text	20	否	否	否

表 9-10 成绩表

字段名	类 型	大 小	索 引	主 键	忽略为空
学号	Text	10	是	是	否
课程代号	Text	10	是	是	否
平时成绩	Single	4	否	否	否
期中成绩	Single	4	否	否	否
期末成绩	Single	4	否	否	否
总成绩	Single	4	是	否	否

9.7.3　应用程序各模块的设计与实现

创建数据库的所有后台工作完成后，开始设计和实现各模块的功能。为了快速生成应用程序框架和简化应用程序的开发，VB 提供了【VB 应用程序向导】工具。在集成开发环境中选择【文件】菜单，执行【新建】菜单命令，如图 9－25 所示，弹出【新建工程】对话框。在对话框中执行【VB 应用程序向导】，建立应用程序框架。

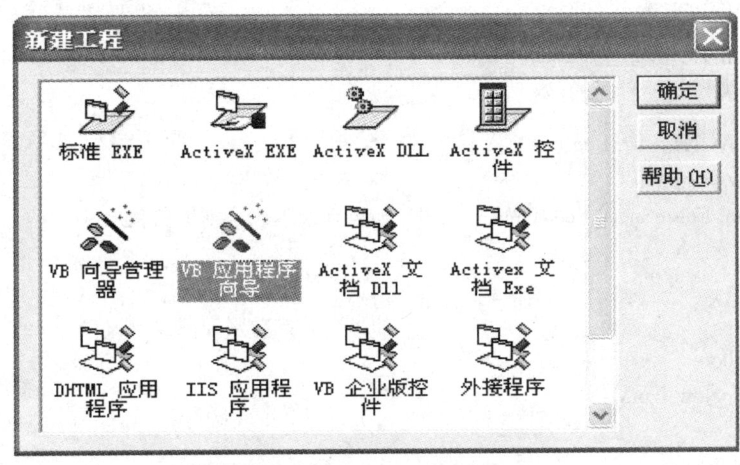

图 9－25　新建工程对话框

按照向导的提示，如图 9－26 所示，在【界面类型】向导窗口中设置界面类型为多文档窗体(MDI)，应用程序名字为【学生成绩管理系统】；在【标准窗体】向导窗口中，选择启动应用程序时的展示屏幕、可接受 ID 和密码的对话框以及关于对话框等选项；不使用数据窗体，依次完成其他设置，结束应用程序向导。

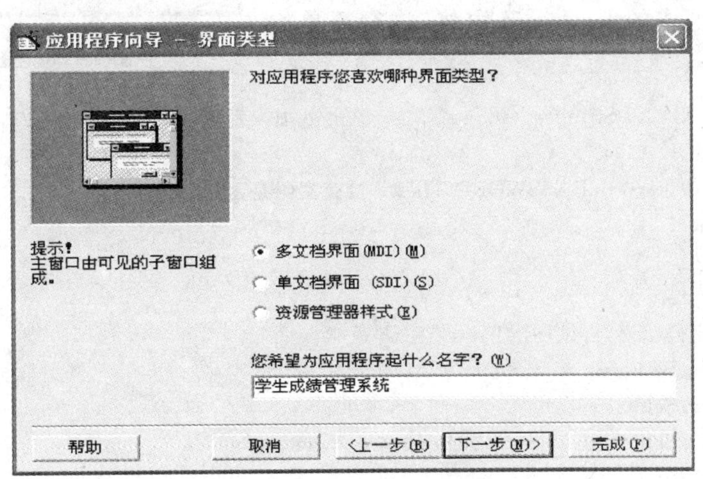

图 9－26　界面类型向导窗口

这时，在工程中会添加一个模块文件和 5 个窗体文件，如图 9－27 所示。这样基本的应用程序框架便生成了，在 Module1 模块文件中会有 Sub main()启动过程。

1. 系统启动模块

该模块负责应用程序的启动。应用程序向导自动生成了 Sub main()过程中的相关代码。Sub main()过程在 Module1 模块文件中。应用程序启动时，首先执行 Sub main()过程。其主要负责调用进行安全验证登录窗体，显示展示屏窗体，并在经过验证后，显示 MDI 主窗体。

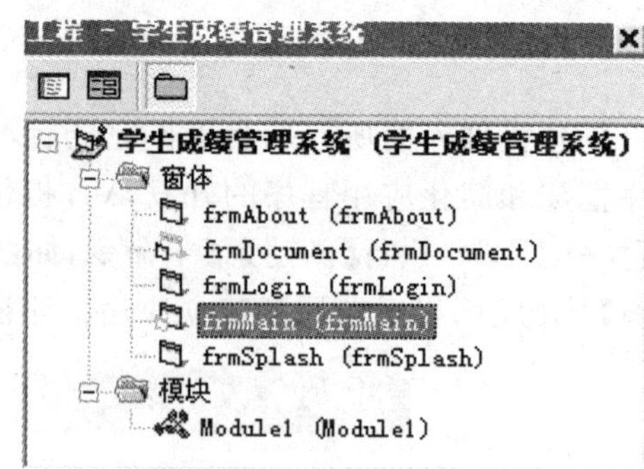

图 9-27 工程管理器

其主要代码如下：

```
Sub main()
  Dim fLogin As New frmLogin
  fLogin. Show vbModal
  If Not fLogin. LoginSucceeded Then          '如果登录不成功则退出程序
    End
  End If
  Unload fLogin                               '如果登录成功则卸载登录窗口
  frmSplash. Show
  Set fMain = New frmMain
  laod fMain
  fMain. Show
  Unload frmSplash
End Sub
```

2. 系统登录模块

该模块的主要功能是确保系统安全，只允许授权的用户使用系统。登录窗体界面如图 9-28 所示。对【应用程序向导】生成的 frmLogin 窗体，进行简单修改。主要代码如下：

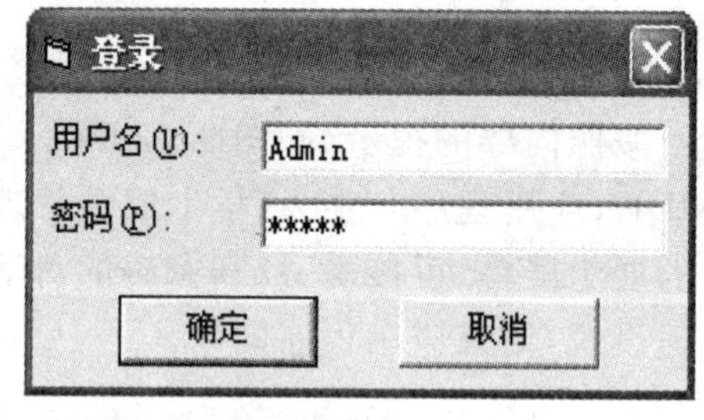

图 9-28 登录窗体

```
Const PASSWORD AS String="Admin"            '在此处加入密码
Private Sub cmdOK_Click()
  If txtPassword. Text = PASSWORD Then      '检查密码是否正确
    OK = True
    Me. Hide
  Else
    MsgBox "密码错误,再试一次!", , "登录"
    txtPassword. SetFocus
    txtPassword. SelStart = 0
    txtPassword. SelLength = Len(txtPassword. Text)
  End If
End Sub
```

3. 主界面模块

该模块主要是通过 MDI 窗体中的菜单组织系统的各项功能。修改【应用程序向导】创建的 MDI 窗体，如图 9-29 所示设置菜单项。

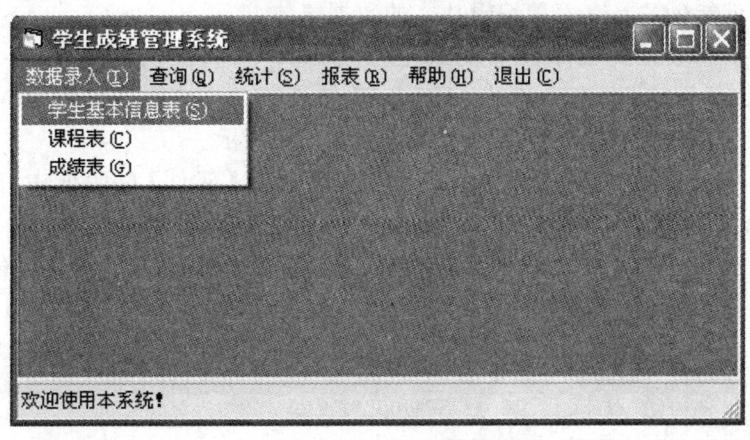

图 9-29　MDI 主窗体界面

主界面 MDI 窗体的主要代码如下：

```
Private Sub mnuStuInfo_Click()
  frmStuInfo.Show                          '维护学生基本信息
End Sub
Private Sub mnuCourse_Click()
  frmCourse.Show                           '维护课程表
End Sub
Private Sub mnuGrade_Click()
  frmGrade.Show                            '维护成绩表
End Sub
Private Sub mnuQuery_Click()
  frmQuery.Show                            '数据查询
End Sub
Private Sub mnuStat_Click()
  frmStat.Show                             '数据统计
End Sub
Private Sub mnuShow_Click()
  DataReport1.Show                         '报表打印
End Sub
Private Sub mnuAbout_Click()
  frmAbout.Show                            '显示关于对话框
End Sub
Private Sub mnuClose_Click()
  End                                      '退出系统
End Sub
```


4. 基本数据维护模块

该模块主要维护学生基本信息表、课程表和成绩表中信息，可以对其进行录入、修改和删除操作。可以使用【数据窗体向导】，按照向导提示，使用 ADO 数据控件生成三个基本数据表的维护窗体，窗体名依次为 frmStuInfo，frmCourse 和 frmGrade。利用【数据窗体向导】几乎不

用手工编写代码就能创建具有简单编辑功能的数据窗体。

在学生基本信息表维护窗体(frmStuInfo)上添加 DataGrid 控件和 DTPicker 日期控件，并与 ADO 数据控件绑定，设置窗体的 MDIChild 属性为 True，使该窗体为 MDI 的子窗体。同时，调整窗体上的各种控件，使界面的布局如图 9－30 所示。

注意：DTPicker 日期控件是外部绑定控件，需要在【部件】对话框中，选择 Microsoft Windows Common Controls－2 6.0 (SP6)，将其加入到工具箱中。

其他如课程表和成绩表维护窗体创建方法与此类似，这里不再详细说明，有关内容可以参考前面章节的相关知识。

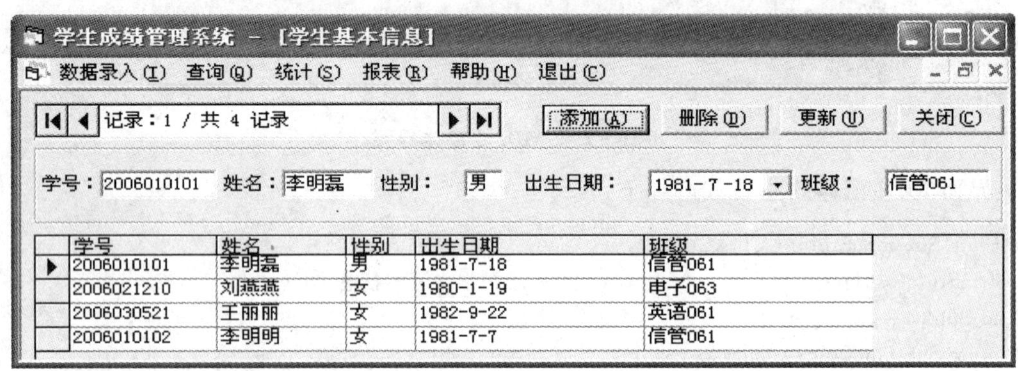

图 9－30　学生基本信息表维护界面

5. 数据查询窗体模块

该模块的主要功能是数据查询，界面如图 9－31 所示。可以按学号与课程名称进行信息查询。本模块查询的数据是从数据库里 3 个表中获得的，需要建立 3 个表的连接。可以使用两种方法实现本模块的功能：一个是使用 ADO 数据控件与 DataGrid 表格绑定；另一种方法是本例采用的使用 ADO 对象代码。设置窗体的 MDIChild 属性为 True，使该窗体为 MDI 的子窗体。

注意：使用 ADO 对象时，需要引用 Microsoft ActiveX Data Objects 2.0 Liberary。

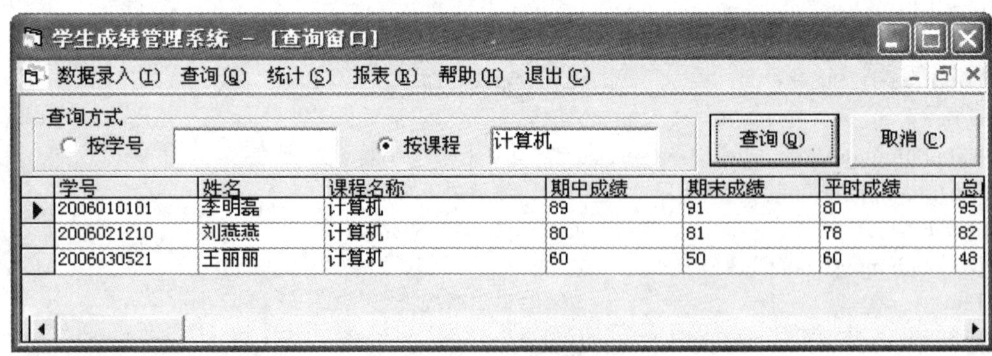

图 9－31　查询窗体界面

本模块的主要的代码如下：

```
Dim db As Connection                                    '连接对象
```

```
Dim adoPrimaryRS As Recordset                                    '数据集对象
Private Sub Form_Load()
  Set db = New Connection
  db.CursorLocation = adUseClient
  db.Open "PROVIDER=Microsoft.Jet.OLEDB.4.0;Data Source=StuGrade.mdb;"
  OptClass.Value = True                                          '选中按课程查询的单选按钮
End Sub
Private Sub cmdQuery_Click()
  Dim strSQL As String
  strSQL = "SELECT 成绩表.学号,学生基本信息表.姓名,"
  strSQL = strSQL + "课程表.课程名称,成绩表.期中成绩,"
  strSQL = strSQL + "成绩表.期末成绩,成绩表.平时成绩,成绩表.总成绩 "
  strSQL = strSQL + "From 学生基本信息表,成绩表,课程表 "
  strSQL = strSQL + "WHERE 学生基本信息表.学号=成绩表.学号 "
  strSQL = strSQL + "AND 成绩表.课程代码=课程表.课程代码 "
  If OptNo.Value Then
    strSQL = strSQL + " AND 成绩表.学号 like '%" & Trim(txtNo) & "%'"
  Else
    strSQL = strSQL + " AND 课程表.课程名称= '" & Trim(txtClass) & "'"
  End If
  Set adoPrimaryRS = New Recordset
  adoPrimaryRS.Open strSQL, db, adOpenStatic, adLockOptimistic   '建立查询结果记录集
  Set dgStuInfo.DataSource = adoPrimaryRS                        '将记录集绑定到 DataGrid 控件
End Sub
Private Sub cmdCancel_Click()
  Unload Me
End Sub
```

6. 数据统计模块

该模块主要功能是进行数据统计，如计算学生的各科成绩的平均分等。同时，以表格和图表的形式显示。本模块功能主要是利用 SQL 语句从数据库的表中获得数据，并显示在 DataGrid 控件表格和 MSChart 控件图表上。

在【部件】对话框中，选择 Microsoft Chart Control 6.0 (SP4) (OLEDB)，使 MSChart 图表控件显示在工具箱上。如图 9-32 所示，在统计图表窗体中加入 MSChart 控件和 DataGrid 控件以及两个命令按钮控件，依次命名为 chtInfo，dgInfo 和 cmdStat。设置窗体的 MDIChild 属性为 True，使该窗体为 MDI 的子窗体。

本模块的主要程序代码如下：

```
Dim db As Connection                                             '连接对象
Dim adoPrimaryRS As Recordset                                    '记录集对象
Private Sub Form_Load()
  Set db = New Connection
  db.CursorLocation = adUseClient
  db.Open "PROVIDER=Microsoft.Jet.OLEDB.4.0;Data Source=StuGrade.mdb;"
End Sub
```

```
Private Sub cmdStat_Click(Index As Integer)
  Dim strSQL As String
  Select Case Index
    Case 0
      strSQL="SELECT 学生基本信息表.姓名,AVG(成绩表.总成绩) AS 各科平均分 "
      strSQL = strSQL + "From 学生基本信息表,成绩表 "
      strSQL = strSQL + "WHERE 学生基本信息表.学号=成绩表.学号 "
      strSQL = strSQL + "GROUP BY 学生基本信息表.姓名 "
    Case 1
      strSQL = "SELECT 学生基本信息表.姓名,sum(成绩表.总成绩) AS 各科总分 "
      strSQL = strSQL + "From 学生基本信息表,成绩表 "
      strSQL = strSQL + "WHERE 学生基本信息表.学号=成绩表.学号 "
      strSQL = strSQL + "GROUP BY 学生基本信息表.姓名 "
  End Select
  Set adoPrimaryRS = New Recordset
  adoPrimaryRS.Open strSQL, db, adOpenStatic, adLockOptimistic  '建立查询结果记录集
  Set dgInfo.DataSource = adoPrimaryRS                          '将记录集绑定到 DataGrid 控件
  Set chtInfo.DataSource = adoPrimaryRS                         '将记录集绑定到 MSChart 控件
End Sub
```

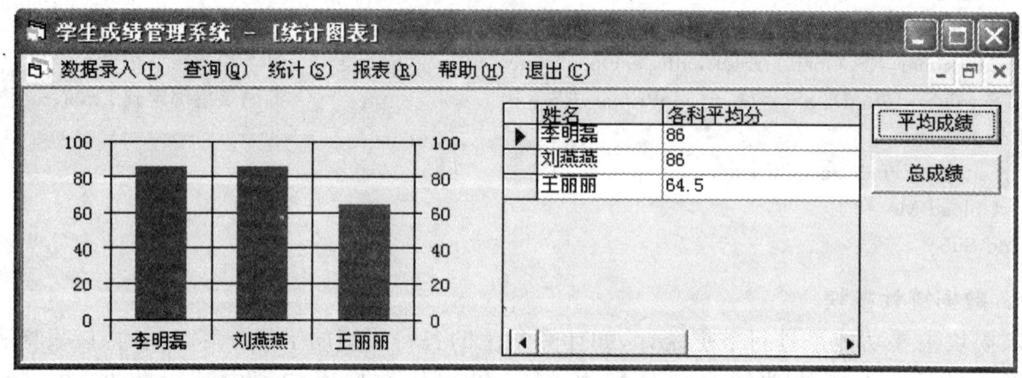

图 9-32 统计图表窗体界面

7. 报表模块

该模块主要是为系统提供报表功能。首先，在工程中建立数据环境对象 DataEnironment1，在其中建立 Connection 对象，并设置与数据库 StuGrade.mdb 的连接，建立 Command1 对象，使用 SQL 生成器，生成报表数据集需要的 SQL 语句。将 DataEnironment1 对象绑定到 DataReport1 上。设置窗体的 MDIChild 属性为 True，使该窗体为 MDI 的子窗体。如图 9-33 所示，设计学生成绩报表的布局。制作报表的详细步骤请参考 9.6 节。

在 MDI 窗体的菜单事件中，加入报表预览代码：DataReport1.show。程序运行后，报表预览窗口如图 9-34 所示。

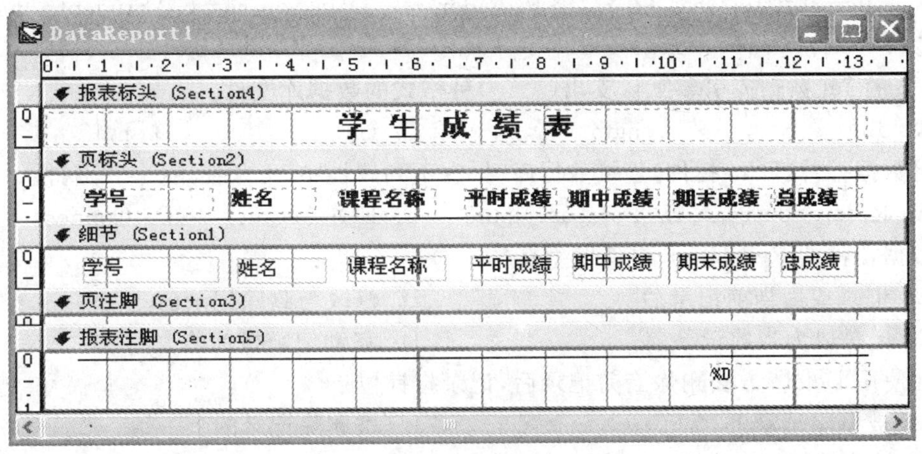

图 9－33　报表设计器界面

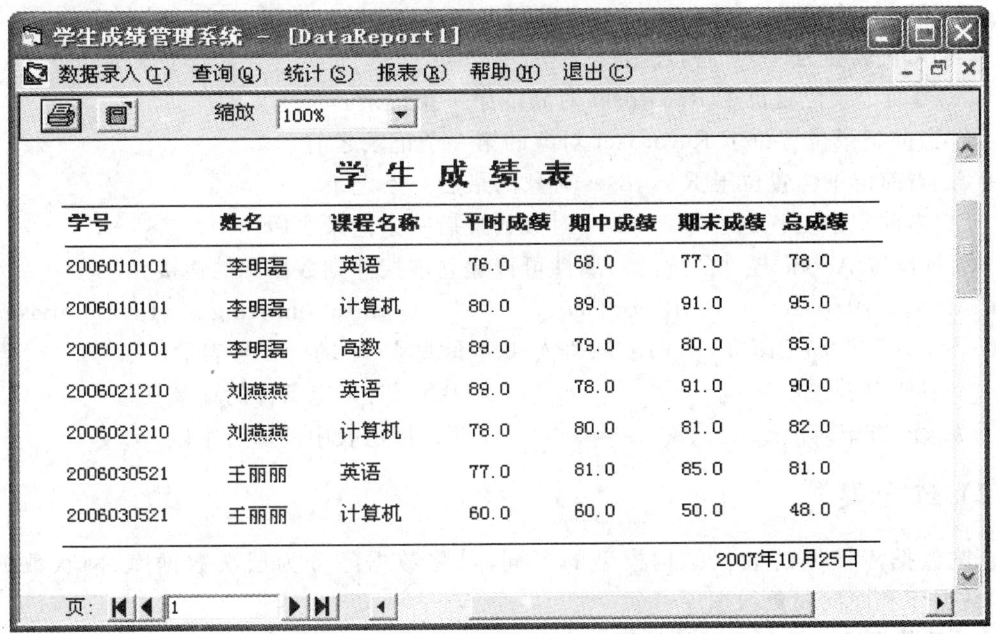

学生成绩管理系统 － [DataReport1]

数据录入(I)　查询(Q)　统计(S)　报表(R)　帮助(H)　退出(C)

缩放 100%

学 生 成 绩 表

学号	姓名	课程名称	平时成绩	期中成绩	期末成绩	总成绩
2006010101	李明磊	英语	76.0	68.0	77.0	78.0
2006010101	李明磊	计算机	80.0	89.0	91.0	95.0
2006010101	李明磊	高数	89.0	79.0	80.0	85.0
2006021210	刘燕燕	英语	89.0	78.0	91.0	90.0
2006021210	刘燕燕	计算机	78.0	80.0	81.0	82.0
2006030521	王丽丽	英语	77.0	81.0	85.0	81.0
2006030521	王丽丽	计算机	60.0	60.0	50.0	48.0

2007年10月25日

页: 1

图 9－34　学生成绩表预览界面

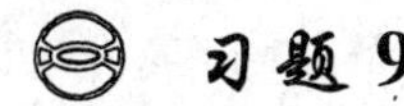

习题 9

(1) 选择题

1. 下列关于索引的说法不正确的是(　　)。

   A. 利用索引可以加快查找速度　　B. 一个表可以建立一个或多个索引

   C. 索引字段可以是多个字段的组合　　D. 表必须建立索引

2. 下列所显示的字符串中,(　　)不包含在 ADO 数据控件的 ConnectionString 属性中。

A. Microsoft Jet 3.51 OLE DB Provider B. Data Source=C:\Students.mdb
C. Persist Security Info=False D. 2—adCmdTable

3. VB 的 Jet 数据库引擎默认支出(　　)种格式的数据库文件。
A. dbf　B. mdb　C. txt　D. mdf

4. 将数据控件(Data 控件)连接数据库时,在下列属性中,无须使用(　　)属性。
A. RecordSource　B. DatabaseName　C. EOFAction　D. Connect

5. 数据控件的 Reposition 事件发生在(　　)。
A. 记录成为当前记录后　B. 修改与删除记录前
C. 记录成为当前记录前　D. 移动记录指针前

6. 在使用 Delete 方法删除当前记录后,记录指针位于(　　)。
A. 被删除记录上　B. 被删除记录的上一条
C. 被删除记录下一条　D. 记录集的第一条

7. Seek 方法可在(　　)类型的记录集中进行查找。
A. Table 类型　B. Snapshot 类型　C. Dynaset 类型　D. 以上三者

8. 当 BOF 属性为 True 时,表示(　　)。
A. 当前记录位置位于 Recordset 对象的第一条记录
B. 当前记录位置位于 Recordset 对象的第一条记录之前
C. 当前记录位置位于 Recordset 对象的最后一条记录
D. 当前记录位置位于 Recordset 对象的最后一条记录之后

9. 通过设置 Adodc 控件的(　　)属性可以建立该控件到数据源的连接。
A. RecordSouce　B. Recordset　C. ConnectionString　D. DataBase

10. SQL 语句“SELECT * FROM 学生基本信息表”中的“*”号表示(　　)。
A. 所有表　B. 所有指定条件的记录
C. 所有记录　D. 指定表中的所有字段

(2) 填空题

1. 按数据库使用的数据结构模型的不同,可将数据库分为层次数据库、网状数据库、(　　)数据库和面向对象数据库。

2. 关系数据库其实就是二维数据表的集合,通过(　　)之间的联系来定义结构的一种数据库。

3. 设置控件的(　　)属性,能使绑定控件通过 Data 控件连接到数据库上;而设置控件的 DataField 属性可以使绑定控件与字段建立联系。

4. 记录集的 RecordCount 属性可以对 Recordset 对象中的记录进行计数,为了获得准确值,应先使用(　　)方法,再读取 RecordCount 属性值。

5. 如果在程序运行时设置了 Data 控件的某些属性,如 Connect、DatabaseName、RecordSource 等属性时,则必须使用(　　)方法更新设置。

6. 使用 Adodc 控件之前,应在【部件】对话框中选择(　　)选项,将其添加到工具箱中。

7. 要在程序中通过代码使用 ADO 对象,必须先为当前工程引用(　　)。

8. 在关系数据库中,表之间存在三种关系一对一、一对多和(　　)。

9. 报表设计器(DataReport)对象通常与(　　)绑定在一起,以便获得需要的数据。

10. 开发信息管理系统的第一步是(　　),分析系统需要存储哪些数据和需要具备哪些功能。

(3) 简答题

1. 表、数据库、记录和字段之间有什么关系?
2. 在 VB 中,记录集有几种类型?
3. 如何利用数据窗体向导制作数据窗体?
4. 用 ADO 代码如何实现数据库的连接与返回记录集?
5. ADO 数据控件与 Data 控件的异同?

参考文献

[1] 廖彬山. Visual Basic 中文版面向对象与可视化程序设计[M]. 北京:清华大学出版社,2000.
[2] 龚沛曾. Visual Basic 程序设计简明教程[M]. 北京:高等教育出版社,2003.
[3] 刘炳文. Visual BASIC 程序设计教程[M]. 北京:清华大学出版社,2000.
[4] 李存斌. Visual Basic 高级编程及其项目应用开发[M]. 北京:中国水利水电出版社,2003.
[5] 李敬有. Visual Basic 程序设计方法[M]. 北京:北京航空航天大学出版社,2007.
[6] (美)Jeffrey P McManus. Visual Basic 6 数据库访问技术[M]赵军锁,等译. 北京:机械工业出版社,1999.
[7] 张勇等. Visual Basic 课程设计案例精编[M]. 北京:水利水电出版社,2003.